力学・電磁気学・熱力学のための
基礎数学

中央大学名誉教授
理学博士
松下　貢　著

裳　華　房

INTRODUCTORY MATHEMATICS
FOR
MECHANICS, ELECTROMAGNETISM
AND THERMODYNAMICS

by

Mitsugu MATSUSHITA, DR. SC.

SHOKABO

TOKYO

はじめに

―なぜ数学は必要なのか―

数学というと，教える側も教わる側も理工学の中では別格という感じがするようで，教わる側は何かとりつきにくい気持ちになってしまうところがある．これは筆者自身がかつて学生時代にもった正直な感想である．思うに，教える側は数学そのものの美しさ，完成された姿に感動して数学者あるいは数学教育者になったのであろうが，教わる側にはその感動は容易には伝わってこない．その上，大学入学と共に数学を一生懸命に勉強しなければならない理工系でも，大部分の学生は数学の必要性は認めても，数学そのものに興味があるわけではないからであろう．

数学科以外の理工系学科だけでなく，文系でも経済学部，商学部のいくつかの学科の学生諸君にとって，数学の勉強は欠かせない．しかし，それは自分の専門分野の学習に数学が必要だからである．その意味で，物理学に限らず自然科学，工学，社会科学にとって，数学は道具にすぎない．しかし，その必要性から考えて，非常に有用で貴重な道具なのである．

すべての道具に使用する対象と使用目的があるのと同様に，道具としての数学にも使用の動機がある．本書『力学・電磁気学・熱力学のための 基礎数学』はシリーズ『物理学講義』の中の１冊であるために，基本的には，本書を読めば大学の理工系に入ってすぐに学ぶ物理学の各分野がスムーズに理解できるように書いてある．それだけでなく，自然科学と工学のどの分野を学ぶにしても数学が必要なので，大学初年級の学生諸君全般を念頭に置いて，それぞれの章で述べる数学がどうして必要なのかを記した上で，それをわかりやすく説明したつもりである．

実は，本シリーズ『物理学講義』の既刊３冊『力学』，『電磁気学』，『熱力学』でも，数学は物理学を学ぶための道具であるという方針で，数学の海におぼれないように，物理的な説明を重視して書いてある．そこで本書では，既刊の『力学』，『電磁気学』，『熱力学』に共通する数学をまとめて見直し，数学的厳密性はほとんど気にせず，直観的な説明が可能なところは極力それに努めた．

また，既刊の『力学』，『電磁気学』，『熱力学』では，高等学校で物理を履修したことを前提にしなかった．本書でも高等学校でどのような数学を学んできたかとか，苦手だったかなどということは一切気にせずに，初心に帰って自分で考えながら学んでほしい．その手助けとなる書き方はしたつもりである．それに，大学に入って最も大切なことの1つは，何につけても自分で考えて行動することだと思う．

数学科や物理学科以外の理工系学科にいる学生にとって，高等学校までの経験から，「数学は計算ばかりで嫌いだ」とか「物理は数式がたくさんあって嫌いだ」などという先入観があって，それがほとんど固定観念になっていることが多い．しかし，大学に入っても高等学校のときからもち続けている苦手意識だけで，物理学や数学を学ぶことに対して拒否反応を示すのは，とてももったいないことである．ぜひとも，「考えればわかるようになる」という，人間のごく普通の能力を発揮してほしいものである．

日頃ほとんど無意識に使っている携帯電話やスマートフォンのことを考えてみればわかるように，どのような道具でも常日頃の手入れが大切であって，なおかつ使い慣れていなければならない．数学を道具としてみる立場では，これも「習うより慣れる」ことが重要であるのは論を待たない．そのため本書では，重要な事柄には理解の手助けとなる例題をつけてあり，ちゃんと理解しているかどうかを確認できるように，関連した問題も与えた．例題はしっかり理解し，問題はともかく自分で考えて解いてみることが，道具としての数学に慣れるために何より重要である．それでも解けない場合には，巻末に詳しい問題解答を記しておいたので，それを参考にして理解するように努力してほしい．

最初の2章の微分と積分は，物理学に限らず理工系のどの分野でも必須であり，経済学部や商学部などの文系の一部の分野でも必要とされている．したがって，何はともあれ，微分と積分にはまず習熟すべきである．それに続く各章は，微分と積分を学んだことを前提にしつつ一応順を追って書いてあるが，それぞれの章の主題がそれぞれの章で独立して理解できるようにしてある．したがって，第3章以下は，それぞれの学科の科目を学びながら必要に応じて取り組んでも構わない．

最後の章の行列と行列式は，ごく基礎的なことを説明するだけにして，その内容は最小限にとどめた．しかし，その後の学習，特に量子力学の理解には必須なので，将来使う数学的道具と思って学んでほしいと思う．

そうはいっても，数学を道具とみなすことに不満をもつ読者は必ずいることと思う．日頃道具として使っている携帯電話やスマートフォンでも，一部の機能に物足りなさを感じ，どのようにしたらいいかを考えるのはごく自然なことである．道具に不満があれば改良すればよいのと同様，道具として使っている数学に不満や物足りなさを感じたら，数学そのものに興味をもち，もっと深く学べばいい．どこが物足りないかを追求すれば，数学の発展に寄与するかもしれないし，それがまた道具としての数学の発展につながり，理工学の発展に寄与しないとも限らない．

本書が，大学に入りたての学生諸君が理工学を学ぶ際の基礎数学の教科書として役立つことを，筆者は心から願っている．もしそれに少しでも成功しているとすれば，それは筆者が長年に亘って中央大学理工学部で物理学及びそれに関連した基礎数学の授業をし，その受講生からいろいろな質問を受けて考えさせられてきた経験のおかげである．多くの受講生諸君に深く感謝したい．

本書の校正には注意したつもりであるが，誤りがまだ残っているかもしれない．読者諸氏のご指摘により随時修正していきたいと思う．遅筆な筆者を暖かく督促し，激励していただいた裳華房編集部の小野達也，石黒浩之の両氏に心からのお礼を申し上げる．特に，理工系学部学生のためのこれからの教科書の在り方についての小野氏の熱意には，常日頃から感服しており，彼のいくつもの具体的な提案で大変お世話になっている．ここに記して謝意を表する．

2016年6月

松下　貢

本書の流れを図に示しておく．微分と積分は理工学において最も基礎的なものなので，何はともあれ習熟すべきである．その後は，必要に応じてどの章から学んでもよいが，これからの長い理工学の学習のことを考えると，本書全体を一歩一歩着実に理解しながら読み進むことが望ましい．特に，第4章の「関数の微小変化と偏微分」は微分の知識があればわかるはずで，これを読んで理解しておくと，それ以後の章や理工学の他の科目の学習に大いに役立つであろう．第8章の「行列と行列式」は他の章との関連は薄いが，数を1行に並べたベクトルを拡張して，複数行に亘って並べたものが行列だと思えば，第5章の「ベクトルとその性質」の後に読むとわかりやすいかもしれない．

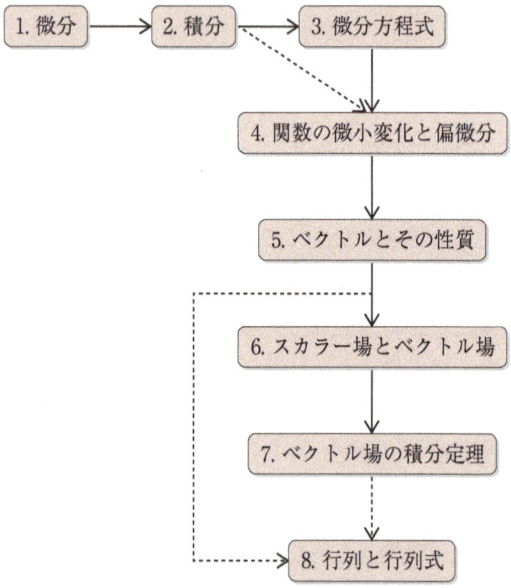

本書の流れ

目　　次

1. 微　分

2. 積　分

3. 微分方程式

4. 関数の微小変化と偏微分

5. ベクトルとその性質

6. スカラー場とベクトル場

7. ベクトル場の積分定理

8. 行列と行列式

1 微　分

学習目標

- 微分の意味と必要性を理解する.
- 関数の微小変化と微分との関係を理解する.
- 初等関数の微分に慣れる.
- テイラー展開を理解し，使えるようになる.
- 指数関数の重要性を理解する.
- オイラーの公式を理解する.

物理学は自然界にみられる，一見複雑にみえるいろいろな現象の中から単純な規則性（法則）を引き出し，その規則性をできるだけ少数の原理を仮定して説明しようとする．したがって，何はともあれ，注目する現象を記述するための物理量を定めなければならない．次に問題となるのは，その物理量が空間的・時間的にどのような振舞いをするかである．非常に多くの場合，その振舞いに規則性が秘められているからである．

ある物理量が時間的にどのように変化するかは，ある時刻からごく短い時間が経った後の時刻への変化の仕方，すなわち変化率で調べることができる．空間的な変化の場合も同様であり，それがその物理量の時間あるいは空間による微分である．すなわち，物理量の空間的・時間的な振舞いは，その量の空間的・時間的な微分で表すことができる．物理量を長い目で積算してみると，その結果には，途中で物理量に作用するいろいろな影響が入り込んでしまい，単純な規則性をみえなくしてしまう可能性が高い．それに比べて，物理量の変化率である微分は，その時刻，その場所だけの作用の影響で決まるはずで，注目する物理量がなぜ変化するのかを決めやすい．そのために物理法則の多くが微分で表されるのであり，物理学や工学において微分が重要な役割を果たす理由である．

本章では微分の意味を明らかにし，その幾何学的な議論を行った上で，物理学に限らず自然科学や工学によく出てくる初等関数の微分について述べる．次に，関数を何度も微分する高階微分を理解した上で，関数のテイラー展開について述べる．自然科学や工学，社会科学を問わず，すべての分野で指数関数がなぜ必要とされるのかを述べ，その自然な導入の仕方を議論する．そして，以上のすべてのまとめとして，人類の宝とも称されるオイラーの公式を導く．

1.1　1変数関数の微分

1.1.1　関数の1階微分

いま，独立変数を x の1つだけとし，その値によって決まる関数を $f(x)$ としよう．図1.1のように，x の連続的な変化に対して $f(x)$ は滑らかに変わるような，ごく普通の関数であるとする．ここで x の値が微小量 $\varDelta x$ だけ変化したときの f の微小な変化 $\varDelta f$ は，図からわかるように，

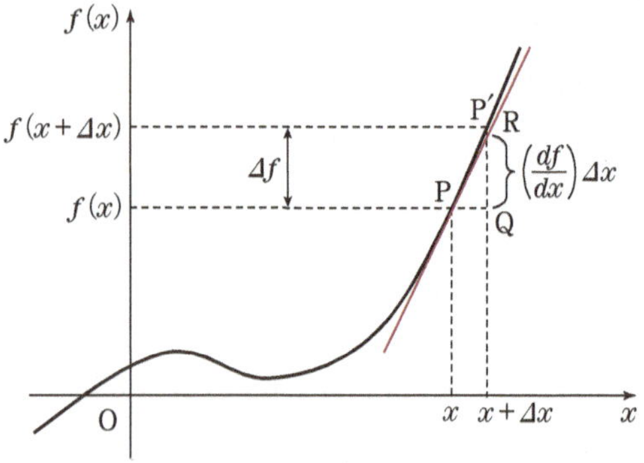

図 1.1　x が $\varDelta x$ だけ変化したときの $f(x)$ の変化

$$\varDelta f = f(x + \varDelta x) - f(x) \tag{1.1}$$

で与えられる．

関数 $f(x)$ の x による微分 $f'(x)$ というのは，x の変化量 $\varDelta x$ に対する f の変化量 $\varDelta f$ の割合を表す比 $\varDelta f/\varDelta x$ をつくり，この比において $\varDelta x$ を限りなくゼロに近づけたとき $(\varDelta x \to 0)$ の値で定義される．したがって，これを式で表すと，

$$f'(x) = \frac{df}{dx} \equiv \lim_{\varDelta x \to 0} \frac{f(x + \varDelta x) - f(x)}{\varDelta x} \tag{1.2}$$

となる．ここで，記号 $\equiv$ は，その左辺の定義を右辺で表すことを示す．

このように，微分の本質は微小量の割り算にすぎず，決して極限や微分記号などの記号に惑わされるべきではない．

ここはポイント!

この式 (1.2) は図1.1でみると，$\varDelta x \to 0$ の極限で $f(x + \varDelta x)$ を表す点 P′ が点 P に限りなく接近するので，直線 PP′ は点 P での曲線 $f(x)$ の接線に限りなく近づくことを意味する．したがって，点 P での関数 $f(x)$ の変化の割合である微分 $f'(x) = df/dx$ というのは，その点での関数 $f(x)$ の接線の

傾きであるという幾何学的な意味をもつことがわかる．

例題 1

$f(x) = 2x^2 + 3x + 5$ の微分 $f'(x)$ を，微分の定義にならって求めよ．

解
$$\begin{aligned} f(x+\Delta x) &= 2(x+\Delta x)^2 + 3(x+\Delta x) + 5 \\ &= 2\{x^2 + 2x\,\Delta x + (\Delta x)^2\} + 3x + 3\Delta x + 5 \\ &= 2x^2 + 3x + 5 + (4x+3)\,\Delta x + 2(\Delta x)^2 \end{aligned}$$

となるので，

$$f(x+\Delta x) - f(x) = (4x+3)\,\Delta x + 2(\Delta x)^2$$

となり，

$$\frac{f(x+\Delta x) - f(x)}{\Delta x} = (4x+3) + 2\Delta x$$

を得る．これを微分の定義式 (1.2) に代入して，

$$f'(x) = \lim_{\Delta x \to 0} \frac{f(x+\Delta x) - f(x)}{\Delta x} = \lim_{\Delta x \to 0} \{(4x+3) + 2\Delta x\} = 4x + 3$$

が得られる．

多項式の微分

例えば，$y = x^n$ $(n = 0, 1, 2, \cdots)$ の微分の計算には，$(x+\Delta x)^n$ の 2 項展開が必要になるが，Δx の 2 次以上の項は $\Delta x \to 0$ の極限で消えてしまうので，微分の計算には Δx の 1 次までの近似で十分であり，このとき

$$(x+\Delta x)^n \cong x^n + nx^{n-1}\Delta x$$

と近似できる．これを微分の定義 (1.2) に代入すると，

$$y' = \frac{dy}{dx} = \frac{dx^n}{dx} = nx^{n-1} \qquad (n = 0, 1, 2, \cdots) \tag{1.3}$$

が得られる．

これまでは，微分の定義の意味をはっきりさせるために丁寧に計算したが，これからは特別な場合を除き，微分の結果は簡略に記すことにする．すなわち，(1.3) の結果は当たり前のように使っていくことにする．

問題 1　次の微分を求めよ．

（1）　$x^3 + 5x^2 + 4x + 7$　　（2）　$x^4 + 8x^2$　　（3）　x^5

三角関数の微分

三角関数は自然科学や工学にしばしば現れる重要な関数なので，その微分を次の例題を通して少し丁寧に述べよう．

例題 2

三角関数 $f(x) = \sin x$ の微分を求めよ．

解 図 1.2 で，△OAH，△OBI は直角三角形であり，その斜辺 $\overline{\mathrm{OA}}$ と $\overline{\mathrm{OB}}$ の長さは等しく，r とする．すなわち，頂点 A と B は O を中心とする半径 r の円周上にある．$\angle \mathrm{AOH} = x$ とし，$\angle \mathrm{AOB} = \varDelta x$ は微小な角であるとする．ただし，ここでの角度の単位はラジアンであることに注意しておく．このとき，三角関数の定義から

$$\overline{\mathrm{AH}} = r \sin x \qquad (1)$$

$$\overline{\mathrm{BI}} = r \sin (x + \varDelta x) \qquad (2)$$

である．また，$\varDelta x$ は微小角なので，線分 AB は O を中心とする半径 r の円周上の円弧 $\overset{\frown}{\mathrm{AB}}$ に等しいとみなすことができ，$\overline{\mathrm{AB}} \cong r \varDelta x$ と近似できる．

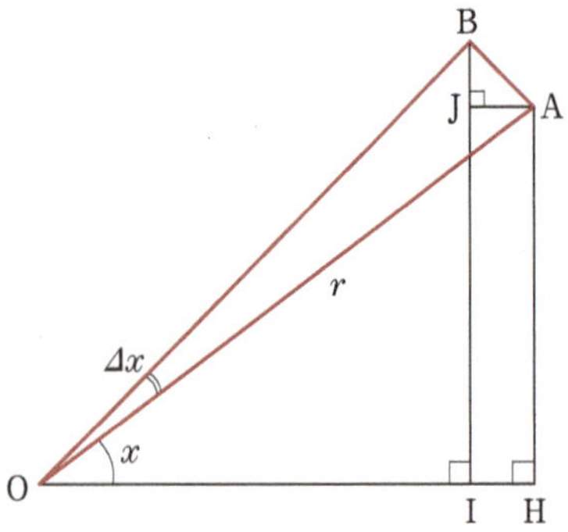

図 1.2

点 A から辺 BI に下した垂線の足を J とする．再び，$\varDelta x$ が微小角なので，△OAB は頂角 $\varDelta x$ の非常に小さな 2 等辺三角形であって $\angle \mathrm{OAB}$ は直角とみなすことができ，$\angle \mathrm{ABJ} = \angle \mathrm{OAJ} = \angle \mathrm{AOH} = x$ である．したがって，三角関数の定義から

$$\overline{\mathrm{BJ}} = \overline{\mathrm{AB}} \cos x \cong r \varDelta x \cos x \qquad (3)$$

である．

ところで，図 1.2 から，

$$\overline{\mathrm{BI}} = \overline{\mathrm{JI}} + \overline{\mathrm{BJ}} = \overline{\mathrm{AH}} + \overline{\mathrm{BJ}}$$

であり，これに (1)～(3) を代入して，共通因子の r をとり除くと，

$$\sin (x + \varDelta x) \cong \sin x + \varDelta x \cos x$$

が得られる．これを微分の定義式 (1.2) に代入すると，

$$\frac{d}{dx} \sin x = \cos x \qquad (1.4)$$

が導かれる．すなわち，三角関数 $\sin x$ を x で微分すると，別の三角関数 $\cos x$ が得られる．

問題 2 上の例題と同様にして，図 1.2 を使って

$$\frac{d}{dx}\cos x = -\sin x \tag{1.5}$$

を示せ．

問題 3 図 1.2 の $\triangle$OAB で，$\angle \mathrm{AOB} = \Delta x$ が微小角であることを使って，Δx の 1 次までの近似で

$$\sin \Delta x \cong \Delta x, \qquad \cos \Delta x \cong 1 \tag{1.6}$$

であることを示せ．

1.1.2 1変数関数の微小変化

前にも述べたように，微分の本質は微小量の割り算なので，(1.2) の微分の定義式において Δx を微小量とすると，近似的に

$$\frac{f(x+\Delta x)-f(x)}{\Delta x} \cong f'(x)$$

が成り立つことがわかる．したがって，

$$f(x+\Delta x)-f(x) \cong f'(x)\,\Delta x \qquad (\Delta x \to 0) \tag{1.7}$$

とおくことができる．ここで $\Delta x \to 0$ は，Δx がゼロの極限で上式が成り立つことを意味する．そして，この (1.7) を (1.1) に代入すれば，f の微小な変化量 Δf は f の微分を使って

$$\Delta f \cong f'(x)\,\Delta x = \left(\frac{df}{dx}\right)\Delta x \tag{1.8}$$

と表される．

以上のことについては，幾何学的な説明の方がわかりやすいかもしれない．図 1.1 に示したように，x 座標が x と $x+\Delta x$ での曲線 $f(x)$ 上の点を P と P′ とする．点 P を通って横軸に平行な直線と，点 P′ を通って縦軸に平行な直線との交点を Q とすると，線分 $\overline{\mathrm{PQ}}$ は Δx に等しく，線分 $\overline{\mathrm{QP'}}$ は Δf に等しい．点 P で曲線 $f(x)$ の接線を引き，それと線分 $\overline{\mathrm{QP'}}$ との交点を R とすると，接線の傾きは微分の定義から df/dx なので，線分 $\overline{\mathrm{QR}}$ は $(df/dx)\,\Delta x$

である．Δx がゼロの極限では，曲線 $\widetilde{\mathrm{PP'}}$ は直線と区別がつかず，したがって線分 $\overline{\mathrm{QP'}}$ と $\overline{\mathrm{QR}}$ との差も無視できる．それが(1.7)あるいは(1.8)の意味である．これらの表式は今後しばしば利用することになる重要な関係式である．

1.1.3 関数の積・商・べき関数・合成関数の微分

関数の積の微分

2つの関数 $f(x)$ と $g(x)$ の積 $P(x)=f(x)\,g(x)$ の x による微分 $P'(x)$ を考えてみよう．この微分の計算に必要な $P(x+\Delta x)$ は，(1.7) を使って

$$\begin{aligned} P(x+\Delta x) &= f(x+\Delta x)\,g(x+\Delta x) \\ &\cong \{f(x)+f'(x)\,\Delta x\}\{g(x)+g'(x)\,\Delta x\} \\ &\cong f(x)\,g(x)+\{f'(x)\,g(x)+f(x)\,g'(x)\}\Delta x \\ &= P(x)+\{f'(x)\,g(x)+f(x)\,g'(x)\}\Delta x \end{aligned}$$

となる．ここで，最後から2番目の式への変形で，Δx は微小なので $(\Delta x)^2$ を含む2次の項は省略した．

この結果を微分の定義 (1.2) に代入すると，2つの関数の積の微分は

$$P'(x)=\frac{d}{dx}\{f(x)\,g(x)\}=\{f(x)\,g(x)\}'=f'(x)\,g(x)+f(x)\,g'(x) \tag{1.9}$$

で与えられることがわかる．

例題 3

次の関数の微分を求めよ．

（1） $y=(x^2+2x+4)\sin x$　　（2） $y=\sin^2 x$

解 （1） この関数は $f(x)=x^2+2x+4$ と $g(x)=\sin x$ の積とみなされるので，その微分は (1.9) より

$$y'=(2x+2)\sin x+(x^2+2x+4)\cos x$$

となる．

（2） やはり (1.9) を使って

$$y'=\frac{d}{dx}\sin^2 x=\frac{d}{dx}(\sin x\cdot\sin x)=\cos x\sin x+\sin x\cos x=2\sin x\cos x$$

となる．

問題 4 次の関数の微分を求めよ.

(1) $x^2\cos x$ (2) $\sin x\cos x$ (3) $\cos^2 x$

関数の商の微分

次に,2つの関数 $f(x)$ と $g(x)$ の商 $Q(x)=f(x)/g(x)$ の x による微分 $Q'(x)$ を考える.積の場合と同様に,まず $Q(x+\Delta x)$ を微小量 Δx の1次の項までの近似で計算すると,

$$
\begin{aligned}
Q(x+\Delta x) &= \frac{f(x+\Delta x)}{g(x+\Delta x)} \cong \frac{f(x)+f'(x)\,\Delta x}{g(x)+g'(x)\,\Delta x} = \frac{f(x)+f'(x)\,\Delta x}{g(x)\left\{1+\dfrac{g'(x)}{g(x)}\Delta x\right\}} \\
&\cong \frac{f(x)+f'(x)\,\Delta x}{g(x)}\left\{1-\frac{g'(x)}{g(x)}\Delta x\right\} \\
&= \frac{f(x)}{g(x)}\left\{1+\frac{f'(x)}{f(x)}\Delta x\right\}\left\{1-\frac{g'(x)}{g(x)}\Delta x\right\} \\
&\cong \frac{f(x)}{g(x)}\left\{1+\frac{f'(x)}{f(x)}\Delta x-\frac{g'(x)}{g(x)}\Delta x\right\} \\
&= Q(x)+\left\{\frac{f'(x)}{g(x)}-\frac{f(x)g'(x)}{g^2(x)}\right\}\Delta x
\end{aligned}
\tag{1.10}
$$

が得られる.上の4番目の式の変形では,ε の絶対値が微小な場合 ($|\varepsilon|\ll 1$) に成り立つ近似式

$$
\frac{1}{1+\varepsilon}\cong 1-\varepsilon
$$

を使った.これは ε の1次までの近似で $(1-\varepsilon)(1+\varepsilon)=1-\varepsilon^2\cong 1$ であることから直ちにわかるであろう.また,(1.10) の最後から2番目の式では,$(\Delta x)^2$ を含む2次の項を省略した.

(1.10) の最後の結果を微分の定義 (1.2) に代入すると,2つの関数の商の微分は

$$
Q'(x)=\frac{d}{dx}\left\{\frac{f(x)}{g(x)}\right\}=\frac{f'(x)g(x)-f(x)g'(x)}{g^2(x)} \tag{1.11}
$$

となることがわかる.特に,上式で $f(x)=1$ の場合には定数の微分がゼロなので,

$$\frac{d}{dx}\frac{1}{g(x)} = -\frac{g'(x)}{g^2(x)} \tag{1.12}$$

が成り立つ．

例題 4

次の関数の微分を求めよ．

（1）　$y = \dfrac{x+2}{x^2+3x+4}$　　（2）　$y = \dfrac{1}{\sin x}$　　（3）　$y = \tan x$

解（1）　(1.11) で $f(x) = x+2$, $g(x) = x^2+3x+4$ とおけばよいので，

$$y' = \frac{(x^2+3x+4)-(x+2)(2x+3)}{(x^2+3x+4)^2} = -\frac{x^2+4x+2}{(x^2+3x+4)^2}$$

となる．

（2）　(1.12) で $g(x) = \sin x$ とおけばよいので，

$$y' = -\frac{\cos x}{\sin^2 x}$$

となる．

（3）　$\tan x = \sin x/\cos x$ なので (1.11) を使って，

$$y' = \frac{\cos^2 x - (-\sin^2 x)}{\cos^2 x} = \frac{\sin^2 x + \cos^2 x}{\cos^2 x} = \frac{1}{\cos^2 x}$$

となる．

例題 5

$y = x^{-m}$ $(m = 1, 2, 3, \cdots)$ の微分を求めよ．

解 $y = x^{-m} = \dfrac{1}{x^m}$ なので，その微分では (1.12) で $g(x) = x^m$ とすればよく，(1.3) より

$$y' = -\frac{mx^{m-1}}{x^{2m}} = -mx^{-m-1} \tag{1.13}$$

が得られる．

(1.13) で注意すべきことは，この式で $m = -n$ とおくと (1.3) がそのまま得られることである．すなわち，(1.3) と (1.13) を組み合わせると (1.3) はすべての整数について成り立ち，

$$\frac{dx^n}{dx} = nx^{n-1} \quad (n : \text{任意の整数}) \tag{1.14}$$

となる．

問題 5　次の関数の微分を求めよ．

（1）$\dfrac{x}{x^2+2x+2}$　（2）$\dfrac{1}{\cos x}$　（3）$\cot x = \dfrac{\cos x}{\sin x}$　（4）$\dfrac{1}{x^5}$

べき関数の微分

次に，べき関数 $y = x^a$ の微分を考えてみよう．いま，べき指数 a が任意の整数 n と m を使って $a = n/m$ と表されるものとする．すなわち，a は有理数であるとする．例えば，$y = \sqrt{x} = x^{1/2}$ の場合は $n = 1$, $m = 2$ であることは容易にわかるであろう．

$y = x^{n/m}$ の両辺を m 乗すると

$$y^m = x^n$$

が得られ，この両辺を微分すると

$$my^{m-1}y' = nx^{n-1}$$

となる．したがって，

$$y' = \frac{n}{m}\frac{x^{n-1}}{y^{m-1}} = a\frac{yx^{n-1}}{y^m} = a\frac{x^a x^{n-1}}{x^n} = ax^{a-1}$$

となり，(1.14) はさらに任意の有理数にまで拡張されて，

$$\frac{dx^a}{dx} = ax^{a-1} \qquad (a : \text{任意の有理数}) \tag{1.15}$$

が成り立つことがわかる．

なお，ここで証明したのは a が有理数の場合であるが，どのような無理数も有理数で十分よく近似できるので，a は実数としてよい．

問題 6　次の関数の微分を求めよ．

（1）$\sqrt{x}$　（2）$x^{3/2}$　（3）$\dfrac{1}{\sqrt{x}}$　（4）$x^{-5/3}$

合成関数の微分

最後に，2つの関数 $f(x)$ と $g(x)$ の合成関数 $y=f(g(x))$ の x による微分 y' を考えてみる．$u=g(x)$ とおくと，この合成関数は $y=f(u)$ と表され，その変数は u とみなしてよい．したがって，その微小変化は (1.8) より

$$\Delta y \cong \left(\frac{dy}{du}\right)\Delta u = \frac{df(u)}{du}\Delta u$$

と表される．ところで，$u=g(x)$ の微小変化は，やはり (1.8) より $\Delta u \cong (dg/dx)\,\Delta x$ なので，これを上式に代入して

$$\Delta y \cong \left(\frac{dy}{du}\right)\Delta u = \frac{df(u)}{du}\frac{dg(x)}{dx}\Delta x = \frac{dy}{du}\frac{du}{dx}\Delta x$$

となる．

こうして，$u=g(x)$ とおいたときの合成関数 $y=f(g(x))$ の x による微分は

$$\frac{dy}{dx} = \frac{d}{dx}f(g(x)) = \frac{df(u)}{du}\frac{dg(x)}{dx} = \frac{dy}{du}\frac{du}{dx} \tag{1.16}$$

で与えられることがわかる．

例 題 6

$y=\sin(ax+b)$ の微分を求めよ．ただし，a，b は定数である．

解 この関数は $y=\sin u$，$u=ax+b$ の合成関数とみなすことができる．したがって，その微分は (1.16) を使って，

$$y' = \frac{d\sin u}{du}\frac{du}{dx} = a\cos u = a\cos(ax+b)$$

となる．

問 題 7 次の関数の微分を求めよ．

（1） $\cos(ax+b)$ （2） $\sqrt{x^2+1}$ （3） $\sqrt[3]{x^2+2}$

（4） $\sqrt{\dfrac{x-a}{x+a}}$

1.1.4 関数の高階微分

関数 $f(x)$ の x による微分 $f'(x)$ も一般に x の関数なので，それをさらに x で微分することができ，

$$\frac{d}{dx}f'(x)=f''(x)=f^{(2)}(x)=\frac{d^2}{dx^2}f(x)=\frac{d^2f(x)}{dx^2} \tag{1.17}$$

のように表し，これを関数 $f(x)$ の x による2階微分という．そして，関数 $f(x)$ の2階微分も一般に x の関数なので，さらに微分して，3階，4階などの高階微分が可能である．

こうして，一般に関数 $f(x)$ の x による n 階微分は

$$f^{(n)}(x)=\frac{d^n}{dx^n}f(x)=\frac{d^nf(x)}{dx^n} \qquad (n=0,1,2,\cdots) \tag{1.18}$$

のように表される．ただし，$f^{(0)}(x)$ は $f(x)$ を微分しないこと，すなわち $f(x)$ そのものを表すものと約束しておく．このように約束しておくと，次節での関数の高階微分による展開が簡潔に表されるからである．

例題 7

三角関数 $\sin x$ と $\cos x$ の2階微分を求めよ．

解 $\sin x$ の微分は (1.4) より $\cos x$ であり，それをさらに微分すると，(1.5) より

$$\frac{d^2}{dx^2}\sin x=-\sin x \tag{1.19}$$

が得られる．全く同様にして，(1.4) と (1.5) を使って

$$\frac{d^2}{dx^2}\cos x=-\cos x \tag{1.20}$$

が得られる．

問題 8 次の関数の2階微分を求めよ（a, b：任意の定数）．

（1） $\sin(ax+b)$　（2） $\cos(ax+b)$　（3） x^2+1　（4） $\sqrt{x}$

（5） $x\sin x$

ここはポイント!

上の例題7で重要なことは，三角関数を2度微分すると，負号は付くけれども，元の三角関数が得られる点である．これは力学での振り子やバネの振

動などの単振動だけでなく，電気回路などを含めて，自然科学や工学の分野でみられる多くの振動現象を扱う際に三角関数が現れる根本的な理由である．このことについては，後の微分方程式の章で述べる．

1.2 テイラー展開

任意の関数 $f(x)$ が与えられていて，それが x の無限項の多項式で

$$f(x) = a_0 + a_1 x + a_2 x^2 + \cdots + a_n x^n + \cdots = \sum_{n=0}^{\infty} a_n x^n \quad (1.21)$$

と展開できるものとしよう．このとき，展開の係数 a_n $(n = 0, 1, 2, \cdots)$ をあいまいさなく一義的に決めることができれば，この展開は可能だということになる．そこでまず，(1.21) で $x = 0$ とおくと，

$$f(0) = a_0, \qquad \therefore \quad a_0 = f(0) \quad (1.22)$$

となって，これは展開の初項 a_0 が決まったことを意味する．

次に，(1.21) の両辺を 1 度微分すると，

$$f'(x) = a_1 + 2a_2 x + 3a_3 x^2 + \cdots + na_n x^{n-1} + \cdots = \sum_{n=1}^{\infty} na_n x^{n-1} \quad (1.23)$$

となり，この式で $x = 0$ とおくと，

$$f'(0) = a_1, \qquad \therefore \quad a_1 = f'(0) = \frac{1}{1}f'(0) \quad (1.24)$$

となって，展開の第 2 項目の係数 a_1 が決まる．ここでわざわざ 1/1 を記したのは，後で係数の形を整えるためである．

(1.23) の両辺をもう 1 度微分すると，

$$f''(x) = 1\cdot 2a_2 + 2\cdot 3a_3 x + 3\cdot 4a_4 x^2 + \cdots + (n-1)\cdot na_n x^{n-2} + \cdots$$

であり，この式で $x = 0$ とおくことによって，

$$a_2 = \frac{1}{1\cdot 2}f''(0) \quad (1.25)$$

が得られることは明らかであろう．

さらに微分を続けることによって，(1.21) の n 階微分 $f^{(n)}(x)$ を計算して $x = 0$ とおけば

$$f^{(n)}(0) = 1 \cdot 2 \cdot 3 \cdot \cdots \cdot (n-1) \cdot n a_n = n!\, a_n$$

となり，これより

$$a_n = \frac{1}{1 \cdot 2 \cdot 3 \cdot \cdots \cdot (n-1) \cdot n} f^{(n)}(0) = \frac{1}{n!} f^{(n)}(0) \qquad (n = 0, 1, 2, 3, \cdots) \tag{1.26}$$

が得られることも容易にわかるであろう．すなわち，任意の展開の係数が決められたことになる．ここで，展開の係数 a_n に含まれる $n!$ は 1 から n までの整数を順に掛けることを表す記号で，

$$n! = 1 \cdot 2 \cdot 3 \cdot \cdots \cdot (n-1) \cdot n \tag{1.27}$$

であり，これを n の階乗という．ただし，$0! = 1$ と約束する．

こうして，任意の関数 $f(x)$ の展開 (1.21) の展開の係数がすべて決まり，このような展開が可能であることがわかる．そして，(1.27) を (1.21) に代入すると，この展開は

$$\begin{aligned} f(x) &= \frac{1}{0!} f(0) + \frac{1}{1!} f'(0)\, x + \frac{1}{2!} f''(0)\, x^2 + \cdots + \frac{1}{n!} f^{(n)}(0)\, x^n + \cdots \\ &= \sum_{n=0}^{\infty} \frac{1}{n!} f^{(n)}(0)\, x^n \end{aligned} \tag{1.28}$$

と表される．ここで，$f^{(n)}(0)$ は関数 $f(x)$ の n 階微分 $(n = 0, 1, 2, \cdots)$ で $x = 0$ とおいて得られる数値であり，定数である．このような関数の展開 (1.28) を**テイラー展開**という．

例題 8

$f(x) = \dfrac{1}{1-x}$ のテイラー展開を求めよ．

解 まず，$f(0) = 1$ である．次に，(1.12) より

$$f'(x) = \frac{1}{(1-x)^2} = (1-x)^{-2}$$

なので，$f'(0) = 1$ となる．微分を次々に繰り返していくと，

$$f''(x) = 2!\,(1-x)^{-3}, \quad f^{(3)}(x) = 3!\,(1-x)^{-4}, \quad \cdots,$$
$$f^{(n)}(x) = n!\,(1-x)^{-n-1}, \quad \cdots$$

となり，任意の n $(n = 0, 1, 2, \cdots)$ に対して

$$f^{(n)}(0) = n!$$

が得られる．これを (1.28) に代入すると，$\dfrac{1}{1-x}$ のテイラー展開として

$$\frac{1}{1-x} = \sum_{n=0}^{\infty} x^n = 1 + x + x^2 + \cdots + x^n + \cdots \tag{1.29}$$

が求められる．

なお，x が微小量で，その 2 次以上の高次項が無視できるときに，近似式

$$\frac{1}{1-x} \cong 1 + x \tag{1.30}$$

が成り立つことも，(1.29) から容易にわかるであろう．これが (1.10) の計算の途中で使った近似式であることも，思い出されるはずである．

問題 9 $\dfrac{1}{1+x}$ のテイラー展開を求めよ．

三角関数のテイラー展開

三角関数は理工学にとって重要な関数なので，それをテイラー展開で表しておくと便利なことが多い．

例題 9

$f(x) = \sin x$ のテイラー展開を求めよ．

解 まず，$\sin 0 = 0$，$\cos 0 = 1$ に注意しよう．したがって，$f(0) = 0$ である．次に，三角関数の微分 (1.4) より $f'(x) = \cos x$ なので，$f'(0) = 1$．さらに微分を次々に繰り返していくと，三角関数の微分 (1.4) と (1.5) を使って，

$$f^{(2)}(x) = -\sin x,\quad f^{(3)}(x) = -\cos x,\quad f^{(4)}(x) = \sin x,\quad f^{(5)}(x) = \cos x,$$
$$f^{(6)}(x) = -\sin x,\quad f^{(7)}(x) = -\cos x,\quad f^{(8)}(x) = \sin x,\quad f^{(9)}(x) = \cos x, \cdots$$

となる．

ここで，微分しない場合も含めて偶数回の微分項はいずれも $\pm\sin x$ であり，$x = 0$ とおくと

$$f(0) = f^{(2)}(0) = f^{(4)}(0) = f^{(6)}(0) = f^{(8)}(0) = \cdots = 0$$

である．他方，奇数回の微分項はいずれも $\pm\cos x$ であり，$x = 0$ とおくと

$$f^{(1)}(0) = f^{(5)}(0) = f^{(9)}(0) = \cdots = 1$$
$$f^{(3)}(0) = f^{(7)}(0) = f^{(11)}(0) = \cdots = -1$$

となる．これを 1 つにまとめると，

$$f^{(2n+1)}(0) = (-1)^n$$

と表すことができる．例えば，上式に $n=2$ を代入すると $f^{(5)}(0)=1$ が得られ，$n=3$ を代入すると $f^{(7)}(0)=-1$ が得られることは容易にわかるであろう．

以上の結果を (1.28) に代入すると，$\sin x$ のテイラー展開として

$$\sin x = x - \frac{1}{3\,!}x^3 + \frac{1}{5\,!}x^5 - \frac{1}{7\,!}x^7 + \frac{1}{9\,!}x^9 - \frac{1}{11\,!}x^{11} + \cdots$$

$$= \sum_{n=0}^{\infty} \frac{(-1)^n}{(2n+1)\,!}x^{2n+1} \tag{1.31}$$

が求められる．これより，x が微小量のときの近似式

$$\sin x \cong x \tag{1.32}$$

が得られることもわかるであろう．これが，問題 3 で幾何学的に求めた近似式 (1.6) の 1 つであることも思い出されるはずである．

問 題 10　$\cos x$ のテイラー展開が

$$\cos x = 1 - \frac{1}{2\,!}x^2 + \frac{1}{4\,!}x^4 - \frac{1}{6\,!}x^6 + \frac{1}{8\,!}x^8 - \frac{1}{10\,!}x^{10} + \cdots$$

$$= \sum_{n=0}^{\infty} \frac{(-1)^n}{(2n)\,!}x^{2n} \tag{1.33}$$

であることを示せ．

三角関数 $\sin x$ のテイラー展開 (1.31) より，その右辺には x の奇数のべきしか含まれず，x の符号を変えると全体の符号が変わることがわかる．すなわち，$\sin(-x) = -\sin x$ であり，$\sin x$ は奇関数である．同様にして，(1.33) より，$\cos x$ は $\cos(-x) = \cos x$ を満たす偶関数であることがわかる．

ここはポイント!

1.3　指数関数とその微分

ここでは，指数関数を全く知らないものとして，それがどのようなものかを発見的に考えてみよう．例えば，x^2 を微分すると $2x$ になり，$\sin x$ を微分すると $\cos x$ になることはすでに述べたが，これらの関数は微分すると別の関数になることを示している．それでは，ある関数を 1 度微分しても関数形が変わらないような関数はないであろうか．そのような関数を探してみよう．実際，$\sin x$ を 4 度微分すると $\sin x$ そのものになることは容易に確かめられる．ここでは，1 度微分しただけで自分自身になるような関数を探そう

というわけである.

問 題 11 $\sin x$, $\cos x$ を 4 度微分すると，それぞれ $\sin x$, $\cos x$ になることを示せ.

ある関数 $y = f(x)$ を微分すると，関数形が変わらずに自分自身になるということを式で表すと，

$$\frac{d}{dx}f(x) = f(x) \tag{1.34}$$

となる．これは関数 $f(x)$ を求めようとしている方程式とみなすことができ，しかもこの式には関数の微分が含まれているので，このような方程式を**微分方程式**という.

この式 (1.34) の左辺は関数の変化率を表すので，この方程式は変化率が自分自身に一致することを意味する．例えば，栄養豊富な環境にいる大腸菌が増殖するとき，その増殖率は現在いる大腸菌の数に比例するであろう．人口が爆発的に増えるときも，その増加率は人口そのものに比例する．また，原子力発電所の原子炉や原子爆弾では，ウランなどの核物質を中性子で分裂させる際に放出される莫大なエネルギーを使っている．そのときに分裂した核物質から中性子が放出され，それがさらに別の核物質を分裂させる．この場合も，中性子の増加率はその時点での中性子の数に比例する．さらには，企業などの規模も資本金が 1 つの尺度であり，その発展の割合はそのときの資本額に比例する時期があるかもしれない.

ここはポイント!

このように，自然科学，工学，社会科学を問わず，変化の割合が少なくとも近似的に (1.34) で表される場合が非常に多く，微分方程式 (1.34) がいかに重要であるかがわかるであろう.

1.3.1 図を使って考える

微分方程式の一般的な議論は後の章に譲るとして，ここでは微分方程式としては最も単純で簡単そうな形をしている (1.34) の解を図形的に考えてみよう.

(1.34) の解 $y = f(x)$ が求められたとすると，それは x を与えると y が決まるという関数関係にあり，xy 平面上の曲線で示される．また，(1.34) の左辺 dy/dx は点 $(x,\ y)$ での関数 y の傾きであり，(1.34) は $dy/dx = y$ と表されるので，その右辺から傾きは y の値だけで決まり，x によらないことがわかる．

傾きをその傾きをもつ矢印で表すと，図 1.3 のように，x 軸に平行な直線上ではすべて同じ傾きであり，y が正で大きくなると傾きも大きくなる．これは矢印の長さで表されている．そして，傾きを表す矢印は xy 平面上を滑らかに変化している．したがって，ある 1 点 $(x_0,\ y_0)$ を通って矢印を滑らかにつなぐ曲線は，ただ 1 本だけ描くことができる．それが点 $(x_0,\ y_0)$ を通る，(1.34) の解である．例として，図 1.3 では点 (0, 1) を通る解が曲線で示されている．

ここはポイント!

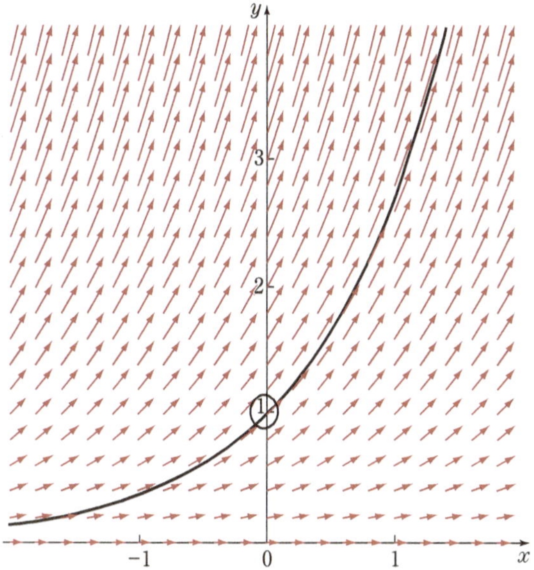

図 1.3

1.3.2 テイラー展開を使って考える

(1.34) は $f'(x)=f(x)$ と表される．この両辺をもう 1 度微分すると $f''(x)=f'(x)$ となり，$f''(x)=f'(x)=f(x)$ が成り立つ．結局，この関数は何度微分しても変わらず，

$$f(x)=f'(x)=f''(x)=\cdots=f^{(n)}(x)=\cdots \tag{1.35}$$

が成り立つことがわかる．この式で $x=0$ とおいて得られる定数は任意であって何でもよいから，ここでは最も簡単に，

$$f(0)=f'(0)=f''(0)=\cdots=f^{(n)}(0)=\cdots=1 \tag{1.36}$$

として関数 $f(x)$ を求めてみよう．これは図 1.3 でいえば，y 軸 $(x=0)$ 上の $y=1$ という点，すなわち，xy 平面上の点 (0, 1) を通る曲線を表す解を求めることに相当する．

そうすると，この関数 $f(x)$ のテイラー展開は，(1.28) より

$$f(x)=1+\frac{1}{1\,!}x+\frac{1}{2\,!}x^2+\cdots+\frac{1}{n\,!}x^n+\cdots=\sum_{n=0}^{\infty}\frac{1}{n\,!}x^n \tag{1.37}$$

という単純できれいな形になることがわかる．しかも，この式を何度微分しても関数形が変わらないことも容易にわかるであろう．すなわち，(1.37) は間違いなく，微分方程式 (1.34) の解である．そして，微分方程式の**解の存在**と**一意性の定理**によって，解が 1 つ決まればそれで十分なのである．

ここはポイント!

微分方程式の解の存在と一意性の定理も後の微分方程式の章で詳しく述べるが，要するに，図 1.3 において矢印を滑らかにつなぐ曲線は xy 平面上のどの点を出発点にしても必ず 1 つ描くことができ（解の存在），ただ 1 つしか描けない（解の一意性）ことにすぎない．これは図をみれば明らかであろう．

しかし，(1.37) がいくらきれいな形で表されているといっても，級数展開の形をしているため，元の関数形は何かという問題が残っている．次にそれを考えてみよう．

1.3.3 指数関数

(1.37) で x の代わりに $x+\alpha$ (α：定数) とおいて得られる式

$$f(x+\alpha)=1+\frac{1}{1\,!}(x+\alpha)+\frac{1}{2\,!}(x+\alpha)^2+\frac{1}{3\,!}(x+\alpha)^3+\frac{1}{4\,!}(x+\alpha)^4+\cdots$$

の両辺を x で微分すると，

$$\frac{df(x+\alpha)}{dx}=1+\frac{1}{1\,!}(x+\alpha)+\frac{1}{2\,!}(x+\alpha)^2+\frac{1}{3\,!}(x+\alpha)^3+\frac{1}{4\,!}(x+\alpha)^4+\cdots=f(x+\alpha) \tag{1.38}$$

となって，この関数 $f(x+\alpha)$ も $f(x)$ と同じく微分方程式 (1.34) を満たす．

他方，(1.37) からつくった $y=f(x)\,f(\alpha)$ という関数を x で微分すると，$f(\alpha)$ は単に定数にすぎないから，

$$\frac{dy}{dx}=f(\alpha)\,\frac{df(x)}{dx}=f(\alpha)\,f(x)=y \tag{1.39}$$

となって，関数 $y=f(x)\,f(\alpha)$ も，やはり微分方程式 (1.34) を満たすことがわかる．

以上より，(1.37) からつくった2つの関数 $f(x+\alpha)$ と $f(x)\,f(\alpha)$ は共に微分方程式 (1.34) の解である．しかも，$x=0$ のときには (1.37) より $f(0)=1$ なので，両者は同じ値 $f(\alpha)$ となる．したがって，微分方程式の解の一意性（図1.3で1点を通る曲線は1本だけ）によって，これら2つの関数は一致しなければならず，

$$f(x+\alpha)=f(x)\,f(\alpha) \tag{1.40}$$

ここはポイント!

が成り立つことになる．そして，任意の x と α の値に対して，(1.40) の関係が常に成り立つ関数 $f(x)$ は指数関数とよばれるものだけであり，a を正の定数として

$$f(x)=a^x \tag{1.41}$$

と表される．

次に問題なのは，微分方程式 (1.34) の解としての指数関数 (1.41) の正の定数 a（この数を**底**という）は何かということである．これまでの議論から，関数 (1.37) と (1.41) が一致するので，

$$a^x = 1 + \frac{1}{1\,!}x + \frac{1}{2\,!}x^2 + \frac{1}{3\,!}x^3 + \frac{1}{4\,!}x^4 + \frac{1}{5\,!}x^5 + \cdots$$

が成り立ち，この式で $x = 1$ とおくと，定数 a は

$$a = 1 + \frac{1}{1\,!} + \frac{1}{2\,!} + \frac{1}{3\,!} + \frac{1}{4\,!} + \frac{1}{5\,!} + \cdots$$

で与えられることがわかる．この級数がどれほど速く収束するかは，実際に計算してみれば容易に確かめられ，各項の計算を進めるにつれて数値計算の精度が改善されていくことがわかる．

こうして得られた特別な数値

$$e = 1 + \frac{1}{1\,!} + \frac{1}{2\,!} + \frac{1}{3\,!} + \frac{1}{4\,!} + \frac{1}{5\,!} + \frac{1}{6\,!} + \frac{1}{7\,!} + \frac{1}{8\,!} + \frac{1}{9\,!} + \frac{1}{10\,!} + \cdots$$
$$= 2.718281828459045235360287471353\cdots \tag{1.42}$$

を**ネイピア数**という．

以上により，微分方程式 (1.34) を満たす関数は

$$f(x) = e^x$$
$$= 1 + \frac{1}{1\,!}x + \frac{1}{2\,!}x^2 + \frac{1}{3\,!}x^3 + \frac{1}{4\,!}x^4 + \frac{1}{5\,!}x^5 + \cdots \tag{1.43}$$

であることがわかった．したがって，この特別な指数関数は微分方程式

$$\frac{de^x}{dx} = e^x \tag{1.44}$$

ここはポイント!

を満たす．すなわち，ネイピア数 e を底とする指数関数 e^x は「何度微分しても自分自身に等しい」というすばらしい性質をもつ．それだけでなく，微分方程式 (1.34) のところで述べたように，この微分方程式やそれに類似したものが自然科学だけでなく，工学や社会科学の世界に頻繁に現れるために，指数関数 e^x は最もよく現れる関数の１つであるということができる．

ネイピア数 e は円周率 π と同じく無理数の一種である．その具体的な数値は，円周率 π に比べて，(1.42) に与えた級数の計算によって容易に，しかも精度良く求められる．ところが，誰もが知っているように，円周率 π の意味は容易にわかるが，このネイピア数 e の意味するところがよくわからない．結局は，この世界によく現れる微分方程式 (1.34) の解がネイピア数 e を底

とする指数関数 e^x であるということに尽きるのであろうか.

ネイピア数 e についてもう一言付け加えると，ほとんどの微分・積分の教科書では e の定義として

$$e = \lim_{n \to \infty} \left(1 + \frac{1}{n}\right)^n \tag{1.45}$$

が与えられているが，これは次のようにして導かれる.

まず，(1.43) で x を $\varDelta x$ に置き換え，$\varDelta x$ を微小量とすれば，その 1 次までの近似で

$$e^{\varDelta x} \cong 1 + \varDelta x \tag{1.46}$$

となる．そして，この式で $\varDelta x = 1/n$ とおいた $e^{1/n} \cong 1 + 1/n$ の両辺を n 乗して $n \to \infty$ とすれば，(1.45) が容易に得られることがわかる.

ネイピア数 e のこの定義 (1.45) で問題なのは，現実との関連においてその意味が一層わかりにくいだけでなく，具体的な数値を得る際に収束がとんでもなく遅いことである．その理由は，(1.45) のように，展開の 1 次の項だけで済ませているためであり，$n = 100 = 10^2$ で 2 桁の精度，$n = 10000 = 10^4$ で 4 桁の精度しか得られない．1 桁の精度しか得られない $n = 10$ の場合の $(1 + 1/10)^{10}$ の計算ですら，計算ソフトを備えたパソコンがない限り難しいであろう．数学では $n \to \infty$ はそれだけのことかもしれないが，理工学などのそれ以外の分野では“どれくらい無限大か”が問題なのである．したがって，数学以外の世界では定義式 (1.45) は円周率のような現実性に欠けるだけでなく，収束があまりにも遅くて使いものにならない.

例題 10

$y = e^{ax}$ (a：定数) の微分を求めよ.

解 $u = ax$ とおくと $y = e^u$ と表されるので，合成関数の微分公式 (1.16) を使えば

$$\frac{dy}{dx} = \frac{dy}{du}\frac{du}{dx} = e^u a = ae^{ax}$$

が得られる.

上の結果から，微分方程式

$$\frac{dy}{dx} = ay \qquad (a：定数)$$

の解は $y = e^{ax}$ であることがわかるであろう．

問題 12 次の関数の微分を求めよ．

（1） e^{2x+3} （2） xe^{3x} （3） $x^2 e^{-x}$ （4） $e^{\sin x}$

（5） $e^{ax} \cos bx$ （a，b：定数）

1.4 対数関数とその微分

前節の (1.43) で導入した指数関数

$$y = e^x \tag{1.47}$$

において x と y を入れ換えると，

$$x = e^y \tag{1.48}$$

が得られる．これを y について表したのが，ネイピア数 e を底とする対数関数

$$y = \log_e x \tag{1.49}$$

である．

指数関数 (1.47) と対数関数 (1.49) を表す曲線を xy 平面に図示すると，図 1.4 のようになる．(1.47) と (1.49) は x と y を入れ換えた関係にあるので，図 1.4 のように，それぞれの曲線は直線 $y = x$ の上に鏡を立てたときの鏡像の関係にあることがわかる．

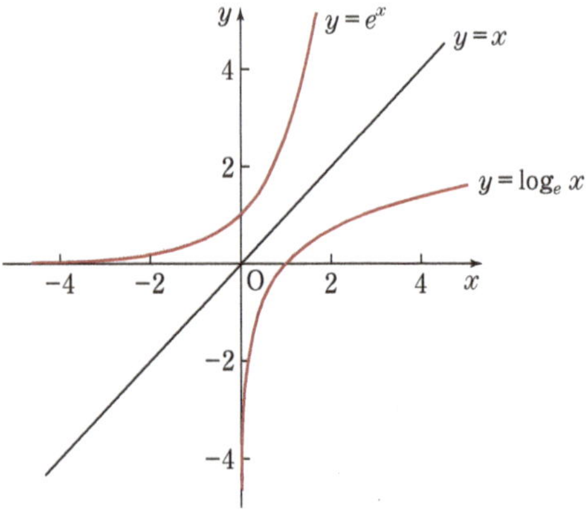

図 1.4

ネイピア数 e を底とする対数関数 (1.49) は特に**自然対数**とよばれ，底を省略したり略記したりして

$$y = \log x = \ln x \tag{1.50}$$

と表すことが多い．本書でも，以降は簡単のために，自然対数ではいつも底

を省略する．すなわち，底のない対数は自然対数だと約束することにしよう．

また，(1.48) の右辺に (1.49) を代入したり，逆に (1.49) の右辺に (1.48) を代入すれば容易にわかるように，

$$x = e^{\log x}, \qquad y = \log e^y \tag{1.51}$$

が成り立つ．これは対数関数の指数をとったり，指数関数の対数をとったりすると，元に戻ることを示しており，指数関数と対数関数が互いに逆関数の関係にあることを表している．

ここはポイント!

(1.48) の右辺にある y が対数関数であることはすでに述べた．そこで，(1.48) の両辺を x で微分すると，指数関数の微分公式 (1.44) を使って

$$1 = e^y y' = xy', \qquad \therefore \quad y' = \frac{1}{x}$$

であることが容易に導かれる．すなわち，対数関数の微分は

$$\frac{d}{dx}\log x = \frac{1}{x} \tag{1.52}$$

となる．

例題 11

$y = \log(ax+b)$ （a, b：定数）の微分を求めよ．

解 $u = ax + b$ とおくと $y = \log u$ となるので，合成関数の微分公式 (1.16) を使えばよい．対数関数の微分公式 (1.52) などにより

$$\frac{dy}{dx} = \frac{dy}{du}\frac{du}{dx} = \frac{1}{u}a = \frac{a}{ax+b}$$

となる．

問題 13 次の関数の微分を求めよ．

（1） $\log(x^2+1)$ （2） $x\log x$ （3） $x^2\log(x^2+2)$

底が一般的な指数関数・対数関数の微分

a $(a>0,\ a\neq 1)$ を底とする一般的な指数関数は，(1.41) より

$$y = a^x \tag{1.53}$$

であり，その逆関数の a $(a>0,\ a\neq 1)$ を底とする対数関数は

$$y = \log_a x \tag{1.54}$$

と表される.

例 題 12

$a\ (a > 0,\ a \neq 1)$ を底とする一般的な指数関数 $y = a^x$ の微分を求めよ.

解 与式の両辺の自然対数をとると, $\log y = x \log a$. この式の両辺を x で微分すると

$$\frac{y'}{y} = \log a, \qquad \therefore \quad y' = y \log a = a^x \log a$$

となる. これより,

$$\frac{d}{dx} a^x = a^x \log a \tag{1.55}$$

となる.

問 題 14 $a\ (a > 0,\ a \neq 1)$ を底とする一般的な対数関数 $y = \log_a x$ の微分は

$$\frac{d}{dx} \log_a x = \frac{1}{x \log a} \tag{1.56}$$

であることを示せ.

1.5 複素数とオイラーの公式

実数と複素数

実数とよばれる普通の数を 2 乗すると必ず正になることは誰もが知っている. 逆にいうと, 負の数の平方根は実数の世界では存在しない. 歴史的にみると, 私たちは 1, 2, 3, … からなる自然数を出発点にして, それに 0 や負の数 −1, −2, −3, … を加えて整数に広げた. そして, 分数や小数などを含めた有理数に拡張し, $\sqrt{2}$ などの無理数, さらに, その無理数に円周率 π や前節に導入したネイピア数 e などの超越数とよばれる数も加えて, 数の世界を次々に拡張してきた.

したがって, 負の数の平方根を考えて数の世界を一層広げることも, それ

ほど無理な発想ではないであろう．そこで，最も基本的な負の数である -1 の平方根として，**虚数単位**とよばれる

$$i = \sqrt{-1} \tag{1.57}$$

が導入された．この虚数単位 i を使うと，例えば，-2 の平方根は $\sqrt{-2} = \sqrt{-1\cdot 2} = \sqrt{-1}\sqrt{2} = i\sqrt{2}$ と表される．このように虚数単位 i を含む数を**虚数**といい，x と y を実数として

$$z = x + iy \tag{1.58}$$

のように，実数と虚数を和の形で含む数を**複素数**という．

上の複素数の x の部分を**実（数）部**，虚数単位 i の付いている部分を**虚（数）部**といい，

$$x = \mathrm{Re}\, z, \qquad y = \mathrm{Im}\, z \tag{1.59}$$

と表す (Re は Real，Im は Imaginary の略である)．また，複素数 z の大きさを表す絶対値 $|z|$ は

$$|z| = \sqrt{x^2 + y^2} \tag{1.60}$$

と定義される．

このようにして，数の世界は実数から複素数の世界に拡張されたことになる．ところで，20 世紀初頭に確立された現代物理学の 3 本柱である，特殊相対性理論，一般相対性理論，量子力学は複素数なくして議論することはできない．しかも，日常的に使っている電化製品や携帯電話，スマートフォンなどの科学技術の成果だけでなく，宇宙の起源についての説明までも現代物理学に基礎をおいていることを考えると，虚数単位 i を導入して数の世界を複素数にまで拡張することがいかに重要であるかがわかるというものである．

ここはポイント!

オイラーの公式

ここで，指数関数のテイラー展開 (1.43) において $x = i\theta$ (θ : 実数) を代入すると，

$$e^{i\theta} = 1 + \frac{1}{1!}i\theta + \frac{1}{2!}i^2\theta^2 + \frac{1}{3!}i^3\theta^3 + \frac{1}{4!}i^4\theta^4 + \frac{1}{5!}i^5\theta^5 + \frac{1}{6!}i^6\theta^6 + \frac{1}{7!}i^7\theta^7 + \frac{1}{8!}i^8\theta^8 + \frac{1}{9!}i^9\theta^9 + \cdots$$

であり，(1.57) より $i^2 = -1$, $i^3 = -i$, $i^4 = 1$, $i^5 = i$, $i^6 = -1$, $i^7 = -i$,

$i^8 = 1$, $i^9 = i$, … であるから，これらを上式に代入して実数部と虚数部を分けて整理すると，

$$e^{i\theta} = \left(1 - \frac{1}{2\,!}\theta^2 + \frac{1}{4\,!}\theta^4 - \frac{1}{6\,!}\theta^6 + \frac{1}{8\,!}\theta^8 + \cdots\right) + i\left(\frac{1}{1\,!}\theta - \frac{1}{3\,!}\theta^3 + \frac{1}{5\,!}\theta^5 - \frac{1}{7\,!}\theta^7 + \frac{1}{9\,!}\theta^9 + \cdots\right)$$

となる．ところが，上式の右辺のカッコの中を (1.31)，(1.33) と比較すると，それぞれが $\cos\theta$，$\sin\theta$ のテイラー展開と一致することがわかる．このことから，

$$e^{i\theta} = \cos\theta + i\sin\theta \tag{1.61}$$

という簡潔な式が導かれ，これを**オイラーの公式**という．

オイラーの公式 (1.61) は人類が見出した最も美しい数学公式ともいわれ，非常に重要な公式である．その有用性の一例として，次の三角公式の導出が挙げられる．

(1.61) で $\theta = \alpha + \beta$ とおくと

$$e^{i(\alpha+\beta)} = \cos(\alpha+\beta) + i\sin(\alpha+\beta) \tag{1.62}$$

であるが，他方で

$$e^{i(\alpha+\beta)} = e^{i\alpha}e^{i\beta} = (\cos\alpha + i\sin\alpha)(\cos\beta + i\sin\beta) = (\cos\alpha\cos\beta - \sin\alpha\sin\beta) + i(\cos\alpha\sin\beta + \sin\alpha\cos\beta) \tag{1.63}$$

となる．そこで，(1.62) の右辺と (1.63) の最後の式の実数部と虚数部を別々に比較すると，

$$\cos(\alpha+\beta) = \cos\alpha\cos\beta - \sin\alpha\sin\beta \tag{1.64a}$$

$$\sin(\alpha+\beta) = \cos\alpha\sin\beta + \sin\alpha\cos\beta \tag{1.64b}$$

という関係式がいとも簡単に導かれる．これは高等学校の数学で呪文のように覚えさせられる三角公式の例である．

問 題 15 次の関係式

$$\cos\theta = \frac{1}{2}(e^{i\theta} + e^{-i\theta}), \qquad \sin\theta = \frac{1}{2i}(e^{i\theta} - e^{-i\theta}) \tag{1.65}$$

を導け．［ヒント：(1.61) と，この式で θ を $-\theta$ に置き換えた式，および $\cos\theta$ が偶

関数，$\sin\theta$ が奇関数であることを使えばよい.］

問 題 16 三角公式

$$\cos^2\theta = \frac{1}{2}(1+\cos 2\theta), \qquad \sin^2\theta = \frac{1}{2}(1-\cos 2\theta) \tag{1.66}$$

を導け.［ヒント：(1.65) を使えばよい.］

複素平面

複素数を 2 次元平面上の点で表すと便利なことが多い．図 1.5 のように，横軸に x を表す実数軸を，縦軸に iy を表す虚数軸をとれば，座標 (x, iy) で指定される点 P が (1.58) に記した複素数 $z = x + iy$ を表すことになる．この平面を**複素平面**といい，特にこの場合は単に z 平面ともいう．また，複素数 z の絶対値 (1.60) は図 1.5 では原点 O と点 P との間の直線距離である.

さらに，オイラーの公式 (1.61) に現れる $e^{i\theta} = \cos\theta + i\sin\theta$ の絶対値は，(1.60) より

$$|e^{i\theta}| = \sqrt{\cos^2\theta + \sin^2\theta} = 1 \tag{1.67}$$

となって，この特別な複素数 $e^{i\theta}$ は図 1.5 のように原点 O を中心とする半径 1 の単位円周上にあることがわかる.

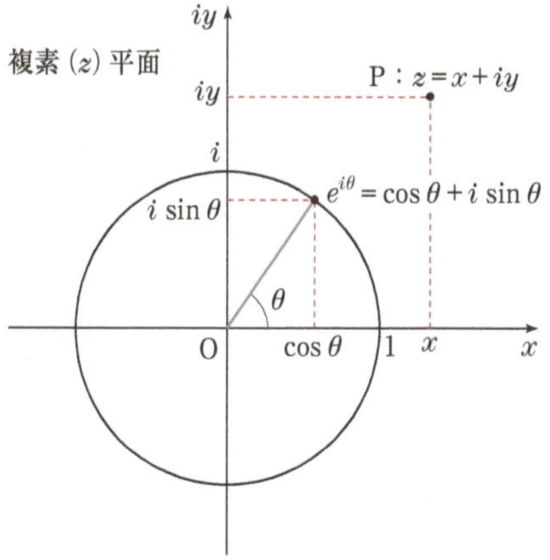

図 1.5

1.6 まとめとポイントチェック

本章で学んだ微分と次章で学ぶ積分をまとめて微積分学という．この微積分学で基本になる関数を**初等関数**といい，多項式や三角関数，指数関数，対数関数など，本章で微分を計算してみた関数はすべて初等関数である．ここで，初等関数の微分をまとめておこう．

$$\frac{dx^n}{dx} = nx^{n-1} \qquad (n：任意の整数) \tag{1.68}$$

$$\frac{dx^a}{dx} = ax^{a-1} \qquad (a：任意の実数) \tag{1.69}$$

$$\frac{d}{dx}\sin x = \cos x \tag{1.70}$$

$$\frac{d}{dx}\cos x = -\sin x \tag{1.71}$$

$$\frac{de^x}{dx} = e^x \tag{1.72}$$

$$\frac{d}{dx}a^x = a^x \log a \tag{1.73}$$

$$\frac{d}{dx}\log_e x = \frac{d}{dx}\log x = \frac{d}{dx}\ln x = \frac{1}{x} \tag{1.74}$$

$$\frac{d}{dx}\log_a x = \frac{1}{x\log a} \tag{1.75}$$

以上の初等関数の微分の結果は，次章で学ぶ初等関数の積分で重要になるだけでなく，以後の各章でしばしば使うことを予め注意しておく．

ポイントチェック

次章に進む前に，本章で学んだことをチェックしてみよう．もしよくわからなかったり，理解があいまいだったりするところがあれば，直ちに本章の関連する節に戻ってはっきりさせることが，これからの学習に非常に重要である．これは次章以下のポイントチェックでも同様である．

- □ 微分の定義がわかった.
- □ 微分と曲線の接線の関係が理解できた.
- □ 三角関数の微分がわかった.
- □ 1 変数関数の微小変化の表式が理解できた.
- □ 関数の積・商・合成関数の微分がわかった.
- □ べき関数の微分がわかった.
- □ 関数の高階微分がわかった.
- □ 関数のテイラー展開が理解できた.
- □ なぜ指数関数が必要かが理解できた.
- □ 指数関数の微分は指数関数であることがわかった.
- □ 指数関数の底であるネイピア数の意味がわかった.
- □ 対数関数は指数関数の逆関数であることがわかった.
- □ 対数関数の微分がわかった.
- □ オイラーの公式が理解できた.

それでは，微分と密接な関係にある積分を理解するために，次に進むことにしよう.

2 積　分

学習目標

- 積分の意味と必要性を理解する．
- 微分と積分の関係を理解する．
- 初等関数の積分に慣れる．
- 置換積分と部分積分を使えるようになる．
- 2 重積分と 3 重積分を理解し，計算できるようになる．

現実の物理現象の法則が微分で表されるとしても，微分は時間的には瞬間的な変化を，空間的にはごく近傍への変化を表すだけである．しかし実際には，注目する現象の瞬間的な様子ではなく，その後の変化の振舞いを知りたいことが多い．すなわち，時間的にはある時刻からずっと後の状況を，空間的にはある地点から遠く離れた場所での状態を知りたい場合も多いのである．そのためには，微分で得られた微小な変化を次々に加え合わせていけばよく，それが積分である．また，微分と積分は互いに逆の演算であり，微分した結果を積分したり，積分した結果を微分したりすると元に戻る関係にある．

本章では，積分とはどのような演算かの説明に始まり，前章の微分でとり上げた初等関数の積分を議論する．さらに，複雑な関数を積分する際に便利な方法である置換積分や部分積分について述べる．理工学で問題にする現象は線上で 1 次元的に起こることもあるが，一般には平面上で 2 次元的に生じたり，3 次元空間で起こるのが普通である．そのような状況で積分を使う場合，平面上の積分である 2 重積分や空間内の積分である 3 重積分など，多重積分が必要になる．そこで，多重積分に便利な積分変数のとり方などについても述べる．

2.1 面積と積分

いま，変数 x の関数 $y=f(x)$ が図 2.1 のように与えられているとする．ここで図のように，曲線 $f(x)$ と x 軸の間を微小な幅 Δx の n 個の長方形で覆う．特に，x_i にある色付きの i 番目の長方形に注目すると，高さが

$f_i = f(x_i)$ で幅が Δx なので，その面積は $f_i\,\Delta x$ である．したがって，x の値が a から b までの n 個の長方形の総面積 S_n は，それぞれの長方形の面積をすべて加え合わせればよいので

$$S_n = \sum_{i=0}^{n-1} f_i\,\Delta x \qquad (2.1)$$

と表される．ただし，$f_0 = f(a)$ とする．

ここで長方形の幅 Δx を限りなく小さくすると，その数は限りなく増える．すると，図 2.1 ではっきり見えている長方形のつながりのギザギザがみえなくなって，(2.1) の S_n は曲線 $f(x)$ と x 軸および $x = a$ から b までの間の面積 S に限りなく近づくことがわかるであろう．

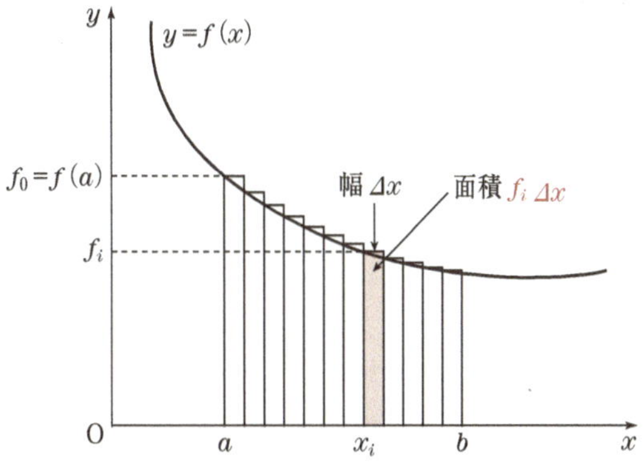

図 2.1 関数 $y = f(x)$ の変数 x による a から b までの積分

このように，和についての極限をとる $(S = \lim_{n\to\infty} S_n)$ ことを**積分**といい，

$$S = \int_a^b f(x)\,dx \qquad (2.2)$$

と表す．右辺は関数 $f(x)$ を変数 x について a から b まで積分することを意味する数学的な記号であり，積分される関数 $f(x)$ を**被積分関数**という．幾何学的には，この積分の値は図 2.1 で曲線 $f(x)$ と x 軸の間の a から b までの面積であり，関数を積分することは，その関数と変数を表す座標軸（いまの場合は x 軸）の間の面積を求めることに相当する．ただし，面積といっても，ここでは被積分関数がとる値によって負の値にもなり得る，一般化された面積であると考えておく．

2.2 微分と積分の関係

前章で強調したように，関数の微分は関数の微小変化と結び付いている．一方，前節の積分の定義と図 2.1 からわかるように，関数の積分とは，高さがその関数の値をもつ微小な幅の長方形の面積の足し合わせである．したがって，微分と積分には必ず強い関係があるはずである．これを考えてみよう．

いま図 2.2 のように，関数 $f(x)$ を a から x まで積分することを考えてみよう．(2.2) の書き方に従えば，この積分は

$$\int_a^x f(x')\,dx' \quad (2.3)$$

と表される．ただし上式では，積分範囲の終端である x と被積分関数 $f(x)$ の変数 x を区別するために，被積分関数の変数をあえて x' としたことに注意しよう．なお，積分変数は積分のための変数なので，t にしようが，z にしようが，他の量と区別がついて混乱さえしなければ何でも構わない．

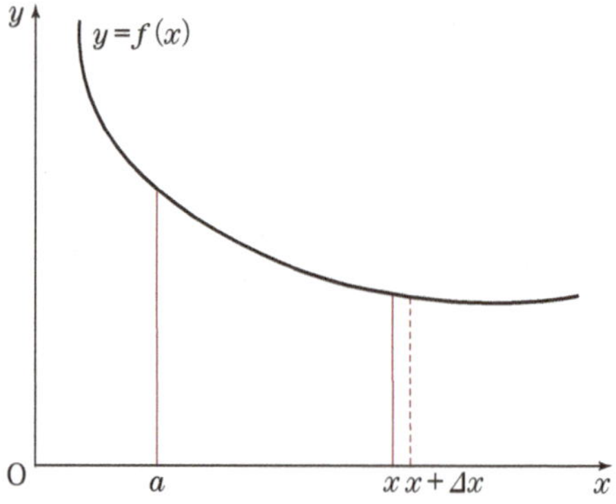

図 2.2 関数 $y = f(x)$ の a から x までの積分

(2.3) で積分範囲の初めの値 a を固定して終りの値 x を変えると，積分の結果も変わることになる．このことは，図 2.2 で x を変えると関数 $f(x)$ と x 軸の間の面積が変わることから，容易に理解できるであろう．すなわち，(2.3) の積分は，x を変数とする関数とみなすことができ，これを $F(x)$ とすると，(2.3) は

$$F(x) = \int_a^x f(x')\,dx' \quad (2.4)$$

と表される．

図 2.2 で積分範囲の初めの値 a は固定したままで，終りの値 x を微小量 Δx だけ増して $x + \Delta x$ まで積分すると，(2.4) は

$$F(x+\varDelta x) = \int_a^{x+\varDelta x} f(x')\,dx' \tag{2.5}$$

となる．もちろん，積分が関数$f(x)$とx軸の間の面積を求めることなので，aから$x+\varDelta x$までの積分は，aからxまでの積分とxから$x+\varDelta x$までの積分の和であり，

$$\begin{aligned} F(x+\varDelta x) &= \int_a^x f(x')\,dx' + \int_x^{x+\varDelta x} f(x')\,dx' \\ &= F(x) + \int_x^{x+\varDelta x} f(x')\,dx' \end{aligned} \tag{2.6}$$

と表される．

ところが，図2.2からもわかるように，xから$x+\varDelta x$までの積分は$\varDelta x$が微小なので，高さが$f(x)$で幅が$\varDelta x$の長方形の面積で近似できて，

$$\int_x^{x+\varDelta x} f(x')\,dx' \cong f(x)\,\varDelta x \tag{2.7}$$

となる．これを(2.6)に代入して整理すると，

$$\begin{aligned} \varDelta F &= F(x+\varDelta x) - F(x) \\ &\cong f(x)\,\varDelta x \end{aligned} \tag{2.8}$$

が得られる．左辺の$\varDelta F$は(1.1)で定義した関数$F(x)$の微小変化である．ここで，(2.8)の両辺を$\varDelta x$で割って$\varDelta x \to 0$の極限をとると，微分の定義(1.2)より

$$\frac{dF(x)}{dx} = f(x) \tag{2.9}$$

が得られる．

(2.9)の簡潔な結果は重要かつ有用であり，その有用性は2.4節で述べる．(2.4)と(2.9)を並べ，(2.4)から(2.9)の順にみるとわかるように，ある関数を積分して得られる関数を微分すると，元の関数に戻る．逆に，(2.9)から(2.4)の順にみると，ある関数を微分して得られる関数を積分しても，元の関数に戻る．すなわち，微分と積分は互いに逆の演算操作に相当することがわかる．

2.3 定積分と不定積分

関数 $f(x)$ の積分が (2.4) で与えられているとしよう．このとき，図 2.3 のように，関数 $f(x)$ を a から b まで積分してみる．これは (2.2) より

$$\int_a^b f(x)\,dx \qquad (2.10)$$

と表される．

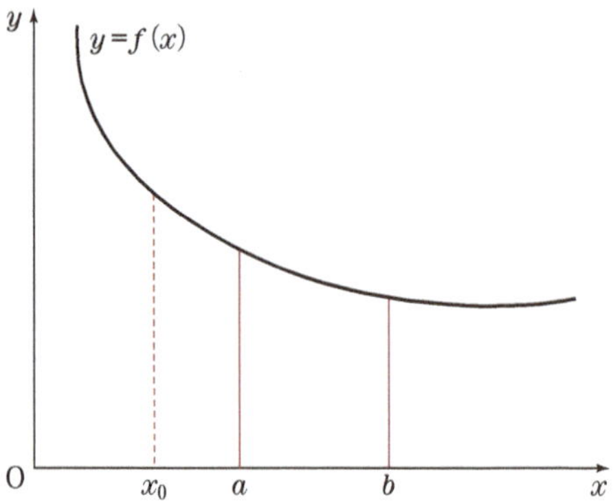

図 2.3 関数 $y=f(x)$ の a から b までの積分

他方で，(2.10) が a から b までの関数 $f(x)$ と x 軸との間の面積を表すことから，この面積は x_0 から b までの面積から x_0 から a までの面積を差し引いたものに等しい．ところが，それぞれの面積は (2.4) より，

$$F(b) = \int_{x_0}^b f(x')\,dx', \qquad F(a) = \int_{x_0}^a f(x')\,dx'$$

と表されるので，(2.10) の積分は

$$\int_a^b f(x)\,dx = F(b) - F(a) = [F(x)]_a^b \qquad (2.11)$$

となる．ここで上式の最後の表式 $[F(x)]_a^b$ は，2 つの関数値の差をとる場合に使われる表現である．

(2.10) のように，積分範囲をはっきりと指定して実行する積分を**定積分**という．それに対して，(2.4) では積分範囲の終わりの値 x を変数とみなしているだけでなく，初めの値 a も実は 0 でも 1 でも何でもよくて，指定していない．このような積分を**不定積分**という．そして，不定積分ではわざわざ積分範囲を書かずに，通常，

$$F(x) = \int f(x)\,dx \qquad (2.12)$$

と表す．

(2.12) の表式の方が，これまでのように積分変数を x' にするより面倒でなく，$F(x)$ を微分したら $f(x)$ になることもわかりやすい．ただし，具体的に積分の計算をする場合には，積分変数と積分範囲を表す数量との区別をはっきりさせなければならない．

関数 $f(x)$ の不定積分 $F(x)$ が (2.12) のようにわかっていれば，その定積分は (2.11) によっていつでも求められる．そこで関数の積分では，その不定積分を求めることが問題となる．それを次に考えてみよう．

2.4 初等関数の不定積分

ここはポイント！

(2.9) は，与えられた関数を積分するには，微分したらその関数になるような関数を探せばよいということを意味する．最も簡単な関数の例として，定数 1 を積分することを考えてみよう．

微分したら 1 になるような関数は，変数を x とすれば，x そのものであることは明らかであろう．実際には，これに定数 C を加えて $x+C$ としても微分すると 1 になるので，1 の不定積分は

$$\int 1\,dx = \int dx = x + C \tag{2.13}$$

となる．ここで，積分した結果として現れる定数 C を**積分定数**という．ただ，この積分定数は，どのような関数でもそれに定数を加えて微分しても結果が変わらないということから現れる，ほとんど当たり前のものである．また定積分では，(2.11) から，不定積分 $F(x)$ に積分定数 C が入っていても計算の途中で消えるので，結果に変わりはない．なお，本書では，C のことをいちいち積分定数とは書かずに用いることにする．

(2.13) の結果を，積分の定義 (2.3) に戻って，面積の立場でみてみよう．図 2.4 から明らかなように，関数 $y=f(x)=1$ と x 軸との間の，a $(a<x)$ から x までの面積は $x-a$ である．したがって，

$$\int_a^x 1\,dx' = \int_a^x dx'$$
$$= x - a$$

となる．ここで，$-a$ は積分範囲の初めの値からくる定数である．

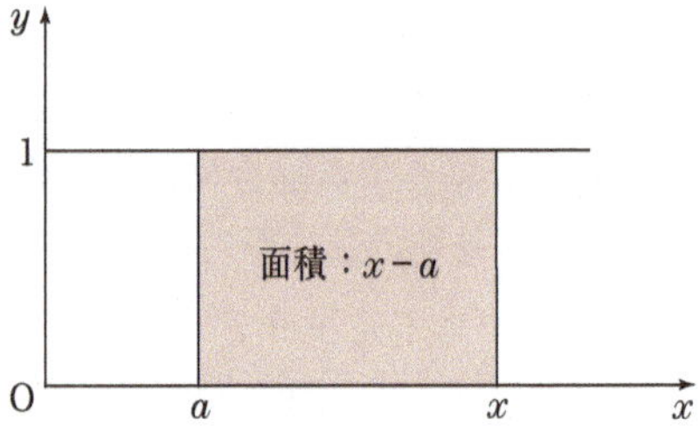

図 2.4　関数 $y = f(x) = 1$ の a から x までの積分

次に，もう1つの簡単な例として，関数 $y = f(x) = x$ の積分を考える．微分したら x になる関数が $x^2/2$ であることは，実際にこれを微分してみたらすぐにわかる．したがって，x の不定積分は

$$\int x\,dx = \frac{1}{2}x^2 + C \tag{2.14}$$

となる．また，この関数の2から4までの定積分は，(2.11) より

$$\int_2^4 x\,dx = \left[\frac{1}{2}x^2\right]_2^4 = 8 - 2 = 6$$

のように求められる．

問題 1　(2.14) の積分結果を，積分の定義 (2.3) に戻って，面積の立場で求めよ．

問題 2　不定積分 $\int x^2\,dx$ および定積分 $\int_3^6 x^2\,dx$ を求めよ．

問題 3　$x^3 + 4x^2 + 3x + 2$ の不定積分を求めよ．

べき関数の不定積分

初等関数の微分がわかっていれば，それから初等関数の積分が直ちに求められる．例えば，(1.69) で a を $a+1$ とおいた上で両辺を $a+1$ で割ってみればわかるように，

$$\int x^a\,dx = \frac{1}{a+1}x^{a+1} + C \qquad (a : a \neq -1 \text{ を満たす任意の実数})$$

(2.15)

である．この場合も，右辺の積分結果を微分すると，左辺の被積分関数 x^a になることは明らかであろう．ただし，$a = -1$ の場合には上式右辺にある分数の分母がゼロになるので，注意しなければならない．この場合については，$1/x$ の不定積分として後で述べることにする．

問題 4 $x^{1/2}$，$x^{2/3}$ の不定積分を求めよ．

三角関数と指数関数の不定積分

三角関数 $\sin x$，$\cos x$ の不定積分は容易である．(1.70) と (1.71) を考慮すれば，

$$\int \sin x \, dx = -\cos x + C \tag{2.16}$$

$$\int \cos x \, dx = \sin x + C \tag{2.17}$$

であることはすぐにわかるであろう．

(1.72) より指数関数 e^x は何度微分しても変わらないので，逆の演算である積分を実行しても変わらない．したがって，

$$\int e^x \, dx = e^x + C \tag{2.18}$$

である．

問題 5 次の関数の不定積分を求めよ．

（1） $\sin 2x$　（2） $\cos 3x$　（3） e^{5x}

問題 6 一般の指数関数 a^x (a：任意の正の数) の積分は

$$\int a^x \, dx = \frac{1}{\log a} a^x + C \tag{2.19}$$

であることを示せ．

$1/x$ の不定積分

ここで，(2.15) で除外した $a = -1$ の場合について考えてみよう．この場合，積分したい関数 (被積分関数) は $1/x$ となるが，微分して $1/x$ になる

関数は (1.74) より対数関数なので，積分結果を $\log x$ としたくなる．ところが，図 1.4 から $\log x$ は $x > 0$ でしか意味がないにもかかわらず，被積分関数の $1/x$ では，x は正でも負でも構わない．したがって，$1/x$ の積分そのものは x の正負に関係なく計算できるが，その結果を単純に $\log x$ とするわけにはいかないのである．

ただし，積分変数 x' が正の場合には，何も問題なく，

$$\int_a^x \frac{1}{x'}\,dx' = \log x - \log a \tag{2.20}$$

となる. ここで,積分変数 x' を正の領域に限っているので,a も x も正である.

問題になるのは，積分変数 x' が負の場合である．この場合には，$x' = -t$ とおくと，$t > 0$ であり $dx' = -dt$ なので，求めたい積分は

$$\int_a^x \frac{1}{x'}\,dx' = \int_{-a}^{-x} \frac{1}{-t}(-dt) = \int_{|a|}^{|x|} \frac{1}{t}\,dt \tag{2.21}$$

と表される．上の第 2 式で，x' の積分範囲の初めの値が a であり，終わりの値が x のとき，t の積分範囲の初めの値は $-a$ であり，終わりの値は $-x$ となることを使った．また，第 3 式では x が負のとき $-x$ は正であることから $|x|$ と表されることなどを使った．ここで，$|a|$ は

$$|a| = \begin{cases} a & (a > 0) \\ -a & (a < 0) \end{cases}$$

であり，a の**絶対値**という．したがって，$|a|$ は a の正負によらず常に正の値である．

こうして，(2.21) では積分範囲の初めと終わりの値が正となり，(2.20) と同様に問題がなくなって，

$$\int_a^x \frac{1}{x'}\,dx' = \log|x| - \log|a| \tag{2.22}$$

が得られる．

積分変数 x' が負の場合，$a < x < 0$ とすると $|a| > |x| > 0$ である．対数関数は図 1.4 より単調増加関数なので，このとき，$\log|x| < \log|a|$ となって (2.22) の積分は負となる．これは被積分関数 $1/x'$ が負の値をとる領域での積分であることによる当然の結果である．

$x > 0$ の場合も x を $|x|$ とおいて何の問題もないので，(2.20) と (2.22) をひとまとめにして，関数 $1/x$ の不定積分は

$$\int \frac{1}{x}\, dx = \log|x| + C \tag{2.23}$$

と表すことができる．これが，(2.15) で除外した $a = -1$ の場合の積分結果である．

問題 7 定積分

(1) $\displaystyle\int_1^{10} \frac{1}{x}\, dx$ (2) $\displaystyle\int_{-5}^{-2} \frac{1}{x}\, dx$

を求めよ．

2.5 置換積分

これまでは主に単純な形をした初等関数の積分について述べてきた．ところが，現実の世界では，初等関数をそのまま積分しなければならないことはめったにない．例えば，力学や電磁気学などで三角関数はよく現れるが，大抵は $\sin x$ や $\cos x$ などの単純な形ではなく，$\sin(ax+b)$ や $\cos(x^2+1)$ などの形をとっていることが多い．これらを積分するにはどうしたらよいであろうか．

このような場合でも，関数の中の $ax+b$ や x^2+1 を例えば別の変数 t に置き換えてしまえば，形式的には単純な形の関数 $\sin t$，$\cos t$ になる．こうしておいて，変数 t で積分するとうまくいく場合がある．このようにして行う積分を**置換積分**という．

いま，被積分関数 $f(x)$ の不定積分 $\int f(x)\, dx$ において，積分変数 x が別の変数 t の関数で

$$x = \varphi(t) \tag{2.24}$$

と表されるとしよう．すると，x の微小変化 dx は，(1.8) で微小量を表す記号 Δ を d とみなして，

$$dx = \left(\frac{d\varphi}{dt}\right) dt = \varphi'(t)\, dt \tag{2.25}$$

と表される．したがって，元の不定積分は

$$\int f(x)\, dx = \int f(\varphi(t))\, \varphi'(t)\, dt \tag{2.26}$$

となって，後は，関数 $f(\varphi(t))\, \varphi'(t)$ が t で積分できるかどうかだけの問題となる．

これについては逆の見方もできる．不定積分が (2.26) の右辺のように一見複雑な形で与えられたとしよう．すると，(2.24) のような置き換えによって，(2.26) の左辺のようなすっきりした不定積分に変えられることになり，積分の見通しが非常によくなるということである．

置換積分のいろいろな例

不定積分の具体例を，いくつかの例題と問題を通して概観してみよう．

例 題 1

次の不定積分を求めよ．

（1） $\displaystyle\int (2x+3)^2\, dx$ （2） $\displaystyle\int e^{3x+2}\, dx$

（3） $\displaystyle\int \cos(4x-5)\, dx$

解 （1） $2x+3=t$ とおくと，$x=(t-3)/2$ で $dx=dt/2$ である．(2.26) より

$$\int (2x+3)^2\, dx = \int t^2 \frac{1}{2}\, dt = \frac{1}{2}\int t^2\, dt$$
$$= \frac{1}{6} t^3 + C = \frac{1}{6}(2x+3)^3 + C$$

となる．最後の結果を x で微分すると，被積分関数になることが確かめられるであろう．

（2） $3x+2=t$ とおくと，$x=(t-2)/3$ で $dx=dt/3$ である．(2.26) より

$$\int e^{3x+2}\, dx = \int e^t \frac{1}{3}\, dt = \frac{1}{3}\int e^t\, dt$$
$$= \frac{1}{3} e^t + C = \frac{1}{3} e^{3x+2} + C$$

となる．この場合も，最後の結果を微分すると，被積分関数になることがわかる．

（3） $4x-5=t$ とおくと，$x=(t+5)/4$ で $dx=dt/4$ である．(2.26) より

$$\int \cos(4x-5)\,dx = \int (\cos t)\frac{1}{4}\,dt = \frac{1}{4}\int \cos t\,dt$$
$$= \frac{1}{4}\sin t + C = \frac{1}{4}\sin(4x-5) + C$$

となる．

問題 8 次の不定積分を求めよ．

（1） $\int (x+2)^3\,dx$ （2） $\int \frac{1}{3x+1}\,dx$ （3） $\int \sin(2x-3)\,dx$

関数 $f(x)$ の不定積分を $F(x)$ とすると，

$$F(x) = \int f(x)\,dx$$

である．このとき $f(ax+b)$ の不定積分は，$ax+b=t$ とおくと $x=(t-b)/a$ より $dx=dt/a$ だから，

$$\int f(ax+b)\,dx = \frac{1}{a}\int f(t)\,dt = \frac{1}{a}F(t) + C = \frac{1}{a}F(ax+b) + C$$

すなわち，一般に

$$\int f(ax+b)\,dx = \frac{1}{a}F(ax+b) + C \qquad (a \neq 0) \qquad (2.27)$$

が成り立つ．上の例題や問題をもう一度見直してみるとわかるように，それらはすべて，この場合の具体例に相当している．

例題 2

次の不定積分

$$\int \{f(x)\}^a f'(x)\,dx = \frac{1}{a+1}\{f(x)\}^{a+1} + C \qquad (a \neq -1) \qquad (2.28)$$

が成り立つことを示せ．

解 $f(x)=t$ とおくと，t の微小変化 dt は (2.25) より $dt=f'(x)\,dx$ である．これらを (2.28) の左辺に代入すると，

$$\int \{f(x)\}^a f'(x)\,dx = \int t^a\,dt = \frac{1}{a+1}t^{a+1} + C = \frac{1}{a+1}\{f(x)\}^{a+1} + C$$

となり，(2.28) が示された．

問題 9 次の不定積分

$$\int \frac{f'(x)}{f(x)}\,dx = \log|f(x)| + C \tag{2.29}$$

が成り立つことを示せ．これは (2.28) で除いた $a=-1$ の場合である．［ヒント：$f(x)=t$ とおいて，不定積分 (2.23) を使えばよい．］

例題 3

次の不定積分を求めよ．

（1） $\displaystyle\int \frac{x}{\sqrt{x^2+2}}\,dx$ （2） $\displaystyle\int \frac{x}{x^2+1}\,dx$ （3） $\displaystyle\int \frac{1}{x\log x}\,dx$

解（1） $\sqrt{x^2+2}=t$ とおくと，$x^2+2=t^2$ であり，この両辺の微小変化をとると

$$2x\,dx = 2t\,dt, \qquad \therefore\quad x\,dx = t\,dt$$

となるので，

$$\int \frac{x\,dx}{\sqrt{x^2+2}} = \int \frac{t\,dt}{t} = \int dt = t + C = \sqrt{x^2+2} + C$$

となる．

（2） $x^2+1=t$ とおいて，この両辺の微小変化をとると，

$$2x\,dx = dt, \qquad \therefore\quad x\,dx = \frac{1}{2}\,dt$$

となるので，これらを使って，

$$\int \frac{x}{x^2+1}\,dx = \frac{1}{2}\int \frac{1}{t}\,dt = \frac{1}{2}\log|t| + C = \frac{1}{2}\log(x^2+1) + C$$

となる．t の積分では形式的に絶対値の記号を使ったが，$t=x^2+1$ は正なので，最終結果には絶対値の記号はいらない．

（3） $\log x = t$ とおいて両辺の微小変化をとると，$dx/x = dt$．よって，

$$\int \frac{1}{x\log x}\,dx = \int \frac{1}{t}\,dt = \log|t| + C = \log|\log x| + C$$

となる．

問題 10 次の不定積分を求めよ.

(1) $\int x\sqrt{x^2+3}\,dx$　(2) $\int x^3\sqrt{x^2+1}\,dx$　(3) $\int xe^{x^2}\,dx$

定積分の積分範囲

定積分の場合には，置換積分を行う際，積分範囲に十分注意しなければならない．(2.26) の左辺は変数 x の積分であり，右辺は変数 t の積分だからである．t の積分の際には，関係 $x=\varphi(t)$ に従って，x の積分範囲から t の積分範囲を決めて，定積分をしなければならないのである．

例題 4

次の定積分を求めよ．

(1) $\int_1^2 x\cos(x^2+1)\,dx$　(2) $\int_0^3 xe^{-x^2}\,dx$

解 (1) $x^2+1=t$ とおいて両辺の微小変化をとると，$x\,dx=dt/2$ であり，積分範囲は $x=1$ のときに $t=2$，$x=2$ のときに $t=5$ なので，

$$\int_1^2 x\cos(x^2+1)\,dx=\frac{1}{2}\int_2^5\cos t\,dt=\frac{1}{2}[\sin t]_2^5=\frac{\sin 5-\sin 2}{2}$$

となる．

(2) $x^2=t$ とおいて両辺の微小変化をとると，$x\,dx=dt/2$ であり，積分範囲は $x=0$ のときに $t=0$，$x=3$ のときに $t=9$ なので，

$$\int_0^3 xe^{-x^2}\,dx=\frac{1}{2}\int_0^9 e^{-t}\,dt=-\frac{1}{2}[e^{-t}]_0^9=\frac{1-e^{-9}}{2}$$

となる．

問題 11 次の定積分を求めよ．

(1) $\int_1^3 x\sin(x^2+2)\,dx$　(2) $\int_1^6 \frac{x}{\sqrt{x+3}}\,dx$　(3) $\int_0^2 xe^{-x^2/2}\,dx$

2.6 部分積分

物理学だけでなく，自然科学や工学の問題では，2つの関数の積の積分に出会うことが多い．しかも，その一方の関数がある関数 $g(x)$ の微分 $g'(x)$ であって，被積分関数が $f(x)\,g'(x)$ での形になっていることがしばしばある．このとき，関数の積の微分 (1.9) から

$$f(x)\,g'(x) = \{f(x)\,g(x)\}' - f'(x)\,g(x)$$

と表され，両辺の不定積分は

$$\int f(x)\,g'(x)\,dx = \int \{f(x)\,g(x)\}'\,dx - \int f'(x)\,g(x)\,dx$$

となる．右辺第1項の不定積分は容易で，この場合，微分したら被積分関数になる関数は $f(x)\,g(x)$ そのものである．したがって，上式は

$$\int f(x)\,g'(x)\,dx = f(x)\,g(x) - \int f'(x)\,g(x)\,dx \qquad (2.30)$$

と表される．

(2.30) をみただけでは，左辺の積分を右辺第2項の別の積分に変えただけのように思われるかもしれない．しかし，このように変形したときに微分 $f'(x)$ が簡単な関数になって，右辺第2項の積分が容易にできるようになる場合がある．このようにして実行する積分を**部分積分**という．また，積分範囲が a から b までの定積分の部分積分は，(2.30) より，

$$\int_a^b f(x)\,g'(x)\,dx = \Big[f(x)\,g(x)\Big]_a^b - \int_a^b f'(x)\,g(x)\,dx \quad (2.31)$$

と表される．

部分積分の具体例

ここでも，部分積分の代表的な例を例題や問題を通して考えてみよう．

例題 5

次の不定積分を求めよ．

(1) $\displaystyle\int xe^x\,dx$　　(2) $\displaystyle\int x^2e^x\,dx$　　(3) $\displaystyle\int x\cos x\,dx$

解 (1) $f(x) = x$, $g'(x) = e^x$ とおくと, $f'(x) = 1$, $g(x) = e^x$ なので, (2.30) より

$$\int xe^x\,dx = xe^x - \int e^x\,dx = xe^x - e^x + C = (x-1)e^x + C$$

となって, 容易に積分できる. また, 最後の式を微分してみれば, この積分結果が正しいことがわかる.

(2) 同様にして, $f(x) = x^2$, $g'(x) = e^x$ とおくと, $f'(x) = 2x$, $g(x) = e^x$ なので, (2.30) より

$$\int x^2e^x\,dx = x^2e^x - 2\int xe^x\,dx = x^2e^x - 2(x-1)e^x + C = (x^2-2x+2)e^x + C$$

が得られる.

なお, 上の計算で (1) の結果を使ったことに注意すると, 不定積分 $\int x^3e^x\,dx$ が (1) と (2) の結果から部分積分でき, これを続ければ, $\int x^ne^x\,dx$ ($n = 1, 2, 3, \cdots$) も積分できることがわかる.

(3) 同様にして,

$$\int x\cos x\,dx = \int x(\sin x)'dx = x\sin x - \int \sin x\,dx = x\sin x + \cos x + C$$

が得られる.

問題 12 次の不定積分を求めよ.

(1) $\int xe^{-x}\,dx$ (2) $\int x^2e^{-x}\,dx$ (3) $\int x\sin x\,dx$

例題 6

次の不定積分

$$\int \log x\,dx = x\log x - x + C \tag{2.32}$$

を示せ.

解 $f(x) = \log x$, $g'(x) = 1$ とおくと, $f'(x) = 1/x$, $g(x) = x$ であり, (2.30) より

$$\int \log x\,dx = \int \log x\cdot 1\,dx = x\log x - \int \frac{1}{x}x\,dx$$
$$= x\log x - \int 1\,dx = x\log x - x + C$$

となって，(2.32) が導かれる．

問 題 13 不定積分 $\int x \log x \, dx$ を求めよ．

定積分の部分積分

部分積分を実行する場合には，一般に積分変数を変える必要がないで，積分範囲もそのままで変わらない．

例 題 7

次の定積分を求めよ．

（1） $\displaystyle\int_0^{\infty} xe^{-x} \, dx$ （2） $\displaystyle\int_0^{\pi/2} x \cos x \, dx$ （3） $\displaystyle\int_1^{e} \log x \, dx$

解（1） $f(x) = x$，$g'(x) = e^{-x}$ とおくと，$f'(x) = 1$，$g(x) = -e^{-x}$ なので，(2.31) より

$$\int_0^{\infty} xe^{-x} \, dx = -\left[xe^{-x}\right]_0^{\infty} + \int_0^{\infty} e^{-x} \, dx = -\left[e^{-x}\right]_0^{\infty} = 1$$

となる．x が増すとき，指数関数 e^x がはるかに速く増大するので，上の第 2 式の計算の際に両者の比 $xe^{-x} = x/e^x$ が x の無限大の極限でゼロになることを使った．

（2） 例題 5 の（3）の結果と (2.31) より

$$\int_0^{\pi/2} x \cos x \, dx = \left[x \sin x\right]_0^{\pi/2} + \left[\cos x\right]_0^{\pi/2} = \frac{\pi}{2} + (0-1) = \frac{\pi}{2} - 1$$

となる．ここで，$\sin(\pi/2) = 1$，$\cos(\pi/2) = 0$ などを使った．

（3） (2.31) と (2.32) より

$$\int_1^{e} \log x \, dx = \left[x \log x - x\right]_1^{e} = (e \log e - e) - (\log 1 - 1) = 1$$

となる．ここで，自然対数についての等式 $\log e = 1$，$\log 1 = 0$ を使った．

問 題 14 次の定積分を求めよ．

（1） $\displaystyle\int_0^{\infty} x^2 e^{-x} \, dx$ （2） $\displaystyle\int_1^{2} (x-1)(x-2)^2 \, dx$

（3） $\displaystyle\int_0^{\pi/2} x \sin x \, dx$

2.7 多重積分

これまでは1変数の関数の積分だけを取り扱ってきた．しかし，後の章で述べるように，2変数関数や3変数関数の微分が物理学への応用に必須である．したがって，このような多変数関数の積分も必要に迫られる．多変数関数の積分は**多重積分**とよばれ，ここではこれまでの積分の拡張の例として，2変数関数と3変数関数の積分である2重積分と3重積分について述べる．

2.7.1 2重積分

x と y の2つの変数に対して1つの値 $f(x, y)$ が決まるような，2変数関数 $f(x, y)$ があるとしよう．この場合，xy 平面上の1点 $\mathrm{P}(x, y)$ に対して2変数関数 $f(x, y)$ の値を z 軸にとると，図2.5のように，曲面 $z = f(x, y)$ が決まる．これは図2.2で1変数関数 $f(x)$ を y 軸にとった場合の素直な拡張であることに注意しよう．すなわち，図2.2では変数値 x が x 軸にとられ，関数値 $f(x)$ が y 軸にとられていたが，ここでは変数値 x, y が xy 平面にとられ，関数値 $f(x, y)$ が z 軸にとられているのである．

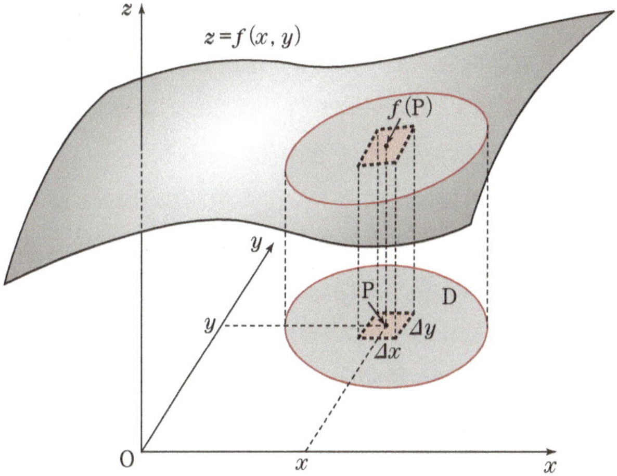

図 2.5

ここで，xy 平面上で点 P を中心にした，辺の長さ $\varDelta x$, $\varDelta y$ の微小な長方形をとり，それを z 軸方向に曲面 $z = f(x, y)$ にぶつかるまで伸ばすと，図 2.5 において点線で示したような四角柱が得られる．xy 平面上の長方形が十分小さければ，曲面上での四角柱の高さの変化（バラツキの程度）は小さくなり，この四角柱の高さは代表して $f(\mathrm{P})$ とみなすことができる．したがって，この四角柱の体積は $f(\mathrm{P})\,\varDelta x\,\varDelta y$ とおくことができる．

図 2.5 のように，xy 平面上に領域 D をとり，それを微小な長方形で敷き詰め，それぞれを z 軸方向に伸ばすと，領域 D を底辺とする四角柱の束ができる．この四角柱の総数を n とすると，四角柱全体の束の体積 V_n は，

$$V_n = \sum_i^n f(\mathrm{P}_i)\,\varDelta x_i\,\varDelta y_i = \sum_i^n f(\mathrm{P}_i)\,\varDelta S_i \qquad (2.33)$$

と表される．ここで，領域 D を敷き詰める n 個の微小な長方形のうち，i 番目の長方形の辺の長さを $\varDelta x_i$, $\varDelta y_i$, その面積を $\varDelta x_i\,\varDelta y_i = \varDelta S_i$, i 番目の四角柱の高さを $f(\mathrm{P}_i)$ とした．

(2.33) で，$n \to \infty$ の極限をとって，四角柱の底面である長方形を限りなく小さくすると，これは x と y について積分することになり，この極限 $\lim_{n \to \infty} V_n$ は

$$\iint_{\mathrm{D}} f(x, y)\,dx\,dy = \iint_{\mathrm{D}} f(x, y)\,dS \qquad (2.34)$$

と表される．これを 2 変数関数 $f(x, y)$ の積分領域 D における **2 重積分**といい，$dS = dx\,dy$ を**面積要素**という．また，$\iint_{\mathrm{D}}$ は 2 つの変数について，その領域 D にわたって 2 重に積分することを表す記号である．

(2.33) から (2.34) への過程は，図 2.1 で 1 変数関数 $f(x)$ と x 軸との間を長方形で覆って，その幅 $\varDelta x$ をゼロの極限にした手続きと同じであることがわかるであろう．そのときの微小な幅 $\varDelta x$ の長方形が，ここでは微小な底面積 $\varDelta S = \varDelta x\,\varDelta y$ の四角柱になっているわけである．

ここはポイント!

このように，1 変数関数 $f(x)$ の積分は，それと x 軸との間の面積を求めることであったが，2 変数関数 $f(x, y)$ の 2 重積分は，それと積分領域 D の間の体積を求めるという幾何学的な意味をもっているのである．

例題 8

図の色付けした部分を積分領域Dとして，次の2重積分を求めよ．

$$\iint_D (x+y)\,dx\,dy$$

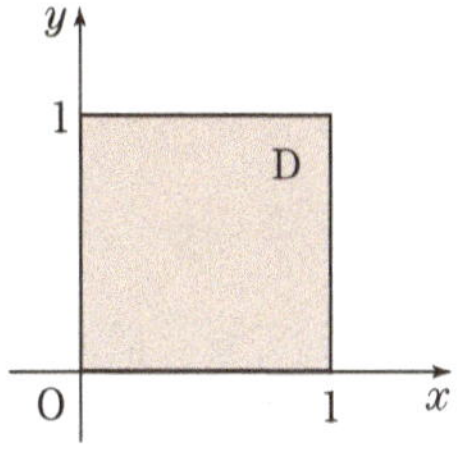

解 領域Dにわたって積分することは，x も y も共に0から1まで積分することなので，それをするために，まず y を固定して x について0から1まで積分し，次に y について0から1まで積分してみよう．これは元の与えられた積分を

$$\iint_D (x+y)\,dx\,dy = \int_0^1 \left\{\int_0^1 (x+y)\,dx\right\} dy \tag{1}$$

と表すことに相当する．{ } 内の積分では y は固定されているので定数とみなしてよく，

$$\int_0^1 (x+y)\,dx = \left[\frac{1}{2}x^2 + xy\right]_0^1 = \frac{1}{2} + y$$

となる．これを (1) の右辺に代入すると，

$$\iint_D (x+y)\,dx\,dy = \int_0^1 \left(\frac{1}{2}+y\right) dy = \left[\frac{1}{2}y + \frac{1}{2}y^2\right]_0^1 = \frac{1}{2} + \frac{1}{2} = 1$$

が得られる．

例題8では，領域Dを積分でカバーするのに，図2.6 (a) のように，まず y を固定して x について積分し，次に y について積分した．しかし，領域Dをカバーするのに，図2.6 (b) のように，x を固定して先に y について積分し，次に x について積分しても構わないはずで，要は，領域Dをくまなくカバーして積分すればよいのである．したがって，当然のことながら，図2.6

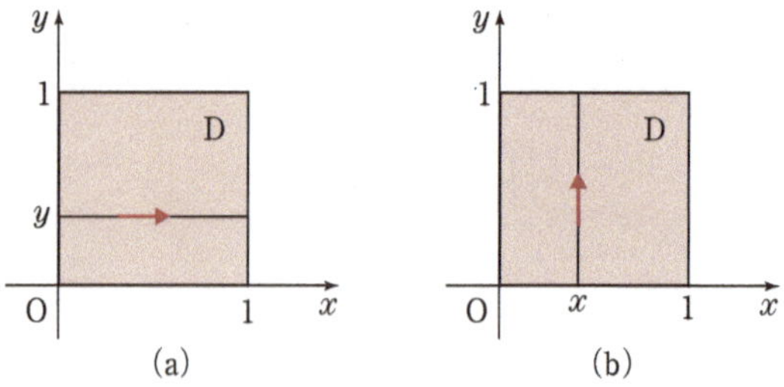

図 2.6

(a) と (b) のどちらの仕方で積分しても，同じ結果が得られることになる．

問 題 15 例題 8 の 2 重積分を図 2.6 (b) の手続きで求めよ．

問 題 16 図の色付けした積分領域 D で，次の 2 重積分を求めよ．

$$\iint_{\mathrm{D}} xy\,dx\,dy$$

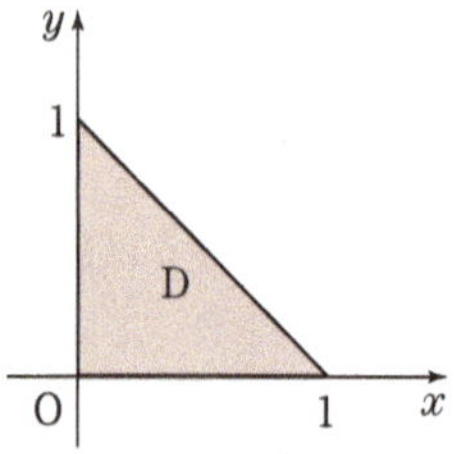

［ヒント：図 2.6 (a) のように，まず y を固定して x について積分するには，x はどこからどこまで積分しなければならないかを考えよ．］

問 題 17 問題 16 の 2 重積分を，図 2.6 (b) のように，まず x を固定して y について積分し，次に x について積分して求めよ．

2 次元極座標による 2 重積分

2 次元平面上の点 P の位置を指定するのに，通常はデカルト座標 (x, y) が使われる．しかし，図 2.7 のように，原点からの距離 r と x 軸からの角 φ を使っても，同じく点 P の位置を指定することができる．このとき，x, y を r と φ で表すと，

$$x = r\cos\varphi, \qquad y = r\sin\varphi \tag{2.35}$$

となる.

このように, r と φ で表す座標 (r, φ) を**2次元極座標**といい, デカルト座標 (x, y) より便利なことが多い. そこで次に, 2次元極座標 (r, φ) を使って, 2重積分することを考えてみよう.

いま, 任意に領域Dが与えられていて, その領域で2重積分したいとしよう. 図2.5では, この領域を微小な長方形 $\varDelta S = \varDelta x\,\varDelta y$ で分割した. しかし, ポイントは領域Dを微小な図形でくまなく分割することであって, それが微小な長方形である必要はない. 特に, 図2.7のように, 領域Dが原点Oを中心とする円のような場合には, 図のように, 動径方向に r を $\varDelta r$ だけ伸ばし, 方位角 φ を $\varDelta\varphi$ だけ増やしてできる微小な長方形に近い図形でDを分割する方が, 計算する上で非常に便利であることがわかる.

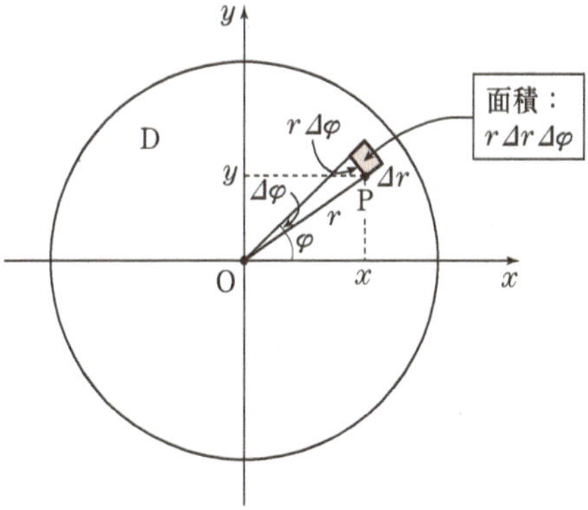

図 2.7

図2.7のように, この微小な図形の面積は $\varDelta S = r\varDelta\varphi\cdot\varDelta r = r\,\varDelta r\,\varDelta\varphi$ なので, この場合の面積要素はこれまでの $dS = dx\,dy$ に対して $dS = r\,dr\,d\varphi$ となり, 2次元極座標表示での2重積分は

$$\iint_{\mathrm{D}} f(r, \varphi)\,dS = \iint_{\mathrm{D}} f(r, \varphi)\,r\,dr\,d\varphi \tag{2.36}$$

と表される. なお, 具体的に r と φ で積分する際には, 領域Dをくまなく覆うように r と φ の積分範囲を指定しなければならないことはいうまでもない.

例題 9

次の積分を求めよ.

$$I = \int_0^\infty e^{-x^2}\,dx$$

解 この積分は簡単そうであるが，置換積分などではうまくいかない．しかもこれは一見したところ，2 重積分ではなく，まして 2 次元極座標とは何の関係もなさそうにみえる．ところが，次のように変形すると，2 次元極座標を使って容易に積分できる．

まず，被積分関数 e^{-x^2} は偶関数なので，これを $-\infty$ から 0 まで積分しても同じく I となる．したがって，$-\infty$ から ∞ まで積分した場合には

$$2I = \int_{-\infty}^{\infty} e^{-x^2}\,dx \tag{1}$$

と表すことができる．次に，(1) で積分変数を x から y に変えても，もちろん積分値は変わらないので，

$$2I = \int_{-\infty}^{\infty} e^{-y^2}\,dy \tag{2}$$

となり，(1) と (2) を掛け合わせると，

$$4I^2 = \left(\int_{-\infty}^{\infty} e^{-x^2}\,dx\right)\left(\int_{-\infty}^{\infty} e^{-y^2}\,dy\right) = \iint_{\mathrm{D}} e^{-x^2-y^2}\,dx\,dy \tag{3}$$

のように，2 重積分が得られる．このとき，積分領域 D は 2 次元平面全体である．

(3) において 2 次元極座標表示 (2.35) を使うと $x^2 + y^2 = r^2$ なので，被積分関数は単に e^{-r^2} となり，全平面を覆うための面積要素として $dS = r\,dr\,d\varphi$ を使うと，

$$4I^2 = \iint_{\mathrm{D}} e^{-r^2}\,r\,dr\,d\varphi = \int_0^{2\pi} d\varphi \int_0^{\infty} e^{-r^2}\,r\,dr \tag{4}$$

と表される．ここで，全平面にわたって積分するために，r の積分範囲を 0 から ∞ に，φ の積分範囲を 0 から 2π にとった．被積分関数に φ が含まれていないので，φ の積分は単に 2π になるだけである．r の積分は，$r^2 = t$ とおくと $dt = 2r\,dr$ なので，

$$\int_0^{\infty} e^{-r^2}\,r\,dr = \frac{1}{2}\int_0^{\infty} e^{-t}\,dt = \frac{1}{2}\left[-e^{-t}\right]_0^{\infty} = \frac{1}{2}$$

となる．これを (4) に代入して，

$$4I^2 = \pi, \qquad \therefore\ I = \int_0^{\infty} e^{-x^2}\,dx = \frac{\sqrt{\pi}}{2} \tag{2.37}$$

が得られる．

この積分は確率・統計や統計物理学によく出てくるガウス（正規）分布に関する積分で，非常に有用な積分公式である．

積分領域Dが円形の場合には，特に2次元極座標 (r, φ) を使って積分する方が便利である．これは，図2.7の様子から理解できるであろう．もしデカルト座標 (x, y) を使うと，例えば y を固定して x で積分するときなど，その積分範囲が複雑になり，とても不便である．

問題 18 半径 a の円の面積 S を，面積要素 $dS = r\,dr\,d\varphi$ を使って求めよ．

問題 19 長径 a，短径 b の楕円の面積 S を求めよ．[ヒント：$y = (b/a)\,t$ として y 軸を a/b 倍した xt 平面では，元の楕円が半径 a の円になる．]

2.7.2 3重積分

2重積分 (2.34) の素直な拡張として，**3重積分**

$$\iiint_V f(x, y, z)\,dV = \iiint_V f(x, y, z)\,dx\,dy\,dz \qquad (2.38)$$

も考えられる．ここで，Vは3次元空間の中の積分領域である．3重積分の場合には，2重積分のときの曲面 $z = f(x, y)$ と xy 平面との間の体積などという簡単な幾何学的な意味付けはできないので，ここでは単に (2.34) で積分変数を1つ増やした場合であると割り切って考えよう．

例題 10

図に示した立方体を積分領域Vとして，次の3重積分を求めよ．

$$\iiint_V (x + y + z)\,dx\,dy\,dz$$

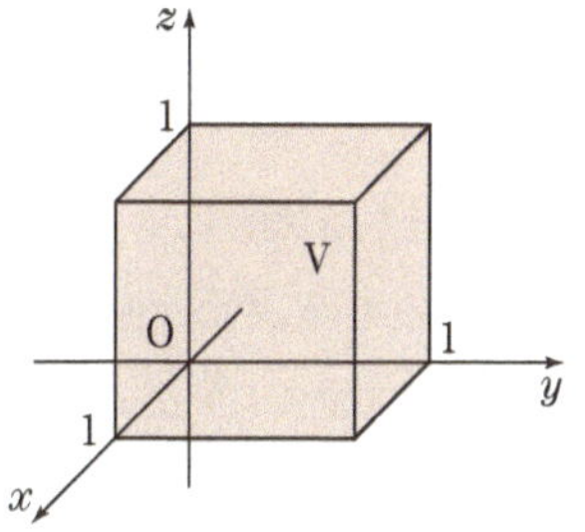

解 与えられた積分を

$$\int_0^1 \left[\int_0^1 \left\{\int_0^1 (x+y+z)\,dx\right\} dy\right] dz \tag{1}$$

と変形して，x，y，z について順次積分すればよい．

初めに x について積分する際は，y，z は定数とみなすので，

$$\int_0^1 (x+y+z)\,dx = \left[\frac{1}{2}x^2 + xy + xz\right]_0^1 = \frac{1}{2} + y + z$$

次に，これを (1) の y についての積分に代入すると，z は定数とみなすので，

$$\int_0^1 \left(\frac{1}{2} + y + z\right) dy = \left[\frac{1}{2}y + \frac{1}{2}y^2 + yz\right]_0^1 = 1 + z$$

そして最後に，これを (1) の z についての積分に代入すると，

$$\int_0^1 (1+z)\,dz = \left[z + \frac{1}{2}z^2\right]_0^1 = \frac{3}{2}$$

となる．

以上によって，

$$\iiint_V (x+y+z)\,dx\,dy\,dz = \int_0^1 \left[\int_0^1 \left\{\int_0^1 (x+y+z)\,dx\right\} dy\right] dz$$
$$= \frac{3}{2}$$

が得られる．

問 題 20 例題10と同じ立方体を積分領域Vとして，3重積分

$$\iiint_V xyz\,dx\,dy\,dz$$

を求めよ．

3次元極座標による3重積分

3次元空間の点Pの位置を指定する場合にも，通常はデカルト座標 (x, y, z) が使われる．しかし，この場合にも2次元極座標と同様，図2.8のように，原点からの距離 r，z 軸からの角（極角）θ と xy 平面上で x 軸からの角（方位角）φ を使っても，点Pの位置を指定することができる．このとき，x，y，z を r，θ，φ で表すと，

$$x = r\sin\theta\cos\varphi, \quad y = r\sin\theta\sin\varphi, \quad z = r\cos\theta \tag{2.39}$$

となる．

このように，r, θ と φ で表す座標 $(r,\ \theta,\ \varphi)$ を**3次元極座標**といい，デカルト座標 $(x,\ y,\ z)$ より便利なことが多い．そこで，2次元のときと同様に，3次元極座標 $(r,\ \theta,\ \varphi)$ を使って3重積分することを考えてみよう．

いま，空間に領域Vが与えられていて，その領域で3重積分したいとする．これまでは暗黙の裡に，この領域を微小な直方体 $\varDelta V = \varDelta x\,\varDelta y\,\varDelta z$ で分割するものと考え，それで体積要素を $dV = dx\,dy\,dz$ としたのである．しかし，ポイントは領域Vを微小な3次元図形でくまなく分割することであって，それが微小な直方体である必要がないことは2重積分の場合と同じである．特に，図2.8のように，領域Vが原点Oを中心とする球のような場合には，図のように，点Pから動径方向に r を $\varDelta r$ だけ伸ばし，θ を $\varDelta\theta$ だけ増やし，φ を $\varDelta\varphi$ だけ増やしてできる微小な直方体に近い図形でDを分割する方が，計算する上で非常に便利であることがわかる．

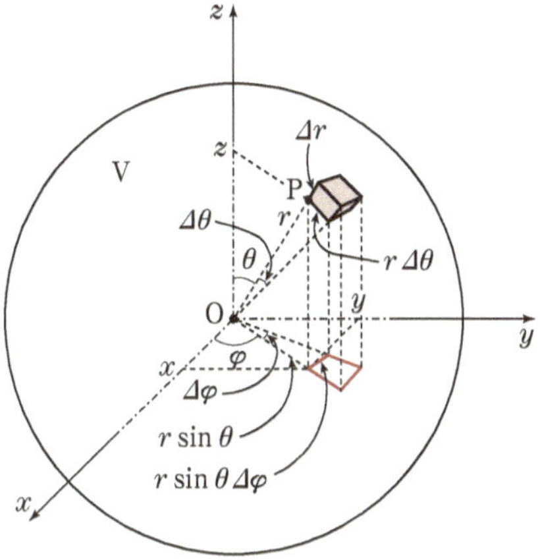

図 2.8

図2.8に示してあるように，この図形の体積は

$$\varDelta V = r\,\varDelta\theta \cdot \varDelta r \cdot r \sin\theta\,\varDelta\varphi = r^2 \sin\theta\,\varDelta r\,\varDelta\theta\,\varDelta\varphi$$

なので，この場合の積分要素は，これまでの $dV = dx\,dy\,dz$ の代わりに

$$dV = r^2 \sin\theta\,dr\,d\theta\,d\varphi$$

となり，3次元極座標表示での領域Vの3重積分は

$$\iiint_V f(r,\ \theta,\ \varphi)\,dV = \iiint_V f(r,\ \theta,\ \varphi)\,r^2 \sin\theta\,dr\,d\theta\,d\varphi \quad (2.40)$$

と表される．具体的に r, θ, φ で積分する際には，領域Vをくまなく覆うように r, θ, φ の積分範囲を指定しなければならないことはいうまでもない．

例題 11

次の積分が

$$\int_0^\infty e^{-x^2} x^2\, dx = \frac{\sqrt{\pi}}{4} \qquad (2.41)$$

となることを示せ.

解 これも例題9と同様に，一見したところ，3重積分とは関係なく，まして3次元極座標とは何の関係もなさそうにみえる．さらに，問題10の(3)や例題4の(2)で行ったように，$x^2 = t$ とおくと容易に積分できそうであるが，やってみるとうまくいかないことがわかる（各自やってみよ）．そこで，(2.41)において被積分関数を e^{-r^2} とおき，積分領域Vを全空間にわたるものとしよう．すると，この積分は

$$\iiint_V e^{-r^2} r^2 \sin\theta\, dr\, d\theta\, d\varphi = \int_0^\infty e^{-r^2} r^2\, dr \int_0^\pi \sin\theta\, d\theta \int_0^{2\pi} d\varphi \qquad (1)$$

となる．ここで，Vが空間全域にわたるので，r の積分範囲が0から ∞ まで，θ の積分範囲が z 軸の正の向きから負の向きまでの0から π まで，φ の積分範囲が xy 平面をぐるりと1周する0から 2π までとなることは図2.8から明らかであろう．

(1)の右辺のポイントは，r, θ, φ の積分がそれぞれ，すべて別々に分離されていることである．特に，φ の積分は容易で 2π になる．θ の積分は，$\cos\theta = \mu$ とおくと，$d\mu = -\sin\theta\, d\theta$ であり，

$$\int_0^\pi \sin\theta\, d\theta = \int_1^{-1} (-d\mu) = \int_{-1}^1 d\mu = 2$$

となる．ここで，$\cos 0 = 1$，$\cos\pi = -1$ を使った．

以上の結果を(1)の右辺に代入すると，

$$\iiint_V e^{-r^2} r^2 \sin\theta\, dr\, d\theta\, d\varphi = 4\pi \int_0^\infty e^{-r^2} r^2\, dr \qquad (2)$$

が得られる．(2)で注目すべきことは，右辺の積分変数は r であるが，積分変数は何を選んでも構わないので，それを x とすれば(2.41)の左辺の積分と同じになることである．

ところで，(2)の左辺の積分を通常の (x, y, z) 座標系で表すと，積分領域Vが全空間であることに注意して，

$$\iiint_V e^{-r^2} r^2 \sin\theta\, dr\, d\theta\, d\varphi = \iiint_V e^{-(x^2+y^2+z^2)}\, dx\, dy\, dz$$
$$= \int_{-\infty}^\infty e^{-x^2}\, dx \int_{-\infty}^\infty e^{-y^2}\, dy \int_{-\infty}^\infty e^{-z^2}\, dz$$

$$= \left(\int_{-\infty}^{\infty} e^{-x^2}\,dx \right)^3 \qquad (3)$$

となる．(3) の最後の積分はすでに例題 9 で求められているので，それを使うと，

$$\iiint_V e^{-r^2} r^2 \sin\theta\, dr\, d\theta\, d\varphi = \pi\sqrt{\pi}$$

となる．これを (2) の左辺に代入し，右辺の積分の積分変数を r から x に変えると，

$$\pi\sqrt{\pi} = 4\pi \int_0^{\infty} e^{-x^2} x^2\,dx, \qquad \therefore\ \int_0^{\infty} e^{-x^2} x^2\,dx = \frac{\sqrt{\pi}}{4}$$

が得られ，確かに (2.41) が示された．

なお，(2.41) も (2.37) と同様に，確率・統計や統計物理学によく出てくるガウス（正規）分布に関する積分であり，非常に有用な積分公式である．

問題 21 3 重積分 (2.40) を使って，半径 a の球の体積を求めよ．

2.8 まとめとポイントチェック

本章では積分の定義から始まって，積分と面積の関係を示し，微分と積分がちょうど逆の演算であることを述べた．積分の範囲を指定するのが定積分であるが，それを指定しない不定積分は積分結果を示すのに簡素で便利なので，初等関数の積分を示すのに使った．置換積分や部分積分は被積分関数が単純な関数ではない場合の積分に便利であり，ぜひ使い慣れておかなければならない．

2 重積分や 3 重積分などの多重積分は，2 次元平面や 3 次元空間などでの問題で普通に出会うので重要である．その場合，さらに 2 次元極座標や 3 次元極座標の表示で積分した方がはるかに容易になる場合があり，それを詳しく述べた．

ポイントチェック

- □ **積分の定義がわかった．**
- □ **積分と面積の関係が理解できた．**
- □ **微分と積分が逆の演算であることがわかった．**

- □ 代表的な初等関数の不定積分が計算できるようになった.
- □ 不定積分ができると定積分が計算できることがわかった.
- □ 置換積分や部分積分の有用さが理解できた.
- □ 2 重積分と体積の関係が理解できた.
- □ 2 重積分や 3 重積分の仕方がわかった.
- □ 2 次元極座標表示や 3 次元極座標表示がなぜ便利かがわかった.
- □ 2 次元極座標による 2 重積分が理解できた.
- □ 3 次元極座標による 3 重積分が理解できた.

3 微分方程式

学習目標

- 微分方程式とは何かを理解する.
- 微分方程式がなぜ必要かを説明できるようになる.
- 微分方程式の解の存在と一意性を理解する.
- 線形微分方程式の性質と解き方を理解する.
- 定係数 2 階微分方程式を解けるようになる.

通常，物理学や工学では物理量は連続的に変化するものとみなされ，微分できることが前提となっている．その上で，注目する物理量が空間的，時間的にどのように変化するかを議論する．物理量の変化は何らかの原因があって起こるのであって，この因果関係は，物理量の変化率が変化の原因である作用に関係する．例えば，物体に力が作用すると，その物体の運動状態が変わる．運動状態は速度で表され，その変化率は速度の時間微分である．したがって，この場合の因果関係は，物体の速度の時間微分がそれに作用する力に関係するということになる．これを実験で調べたのがガリレオであり，さらに数式にまとめたのがニュートンであって，ニュートンの運動方程式とよばれている．

力学の基礎方程式であるニュートンの運動方程式は，物体の質量と速度の時間微分の積がそれに作用する力に等しいという方程式である．例えば，私たちが知りたい量が物体の速度とすると，この運動方程式の中には速度そのものではなくて，その微分が入っている．このように，求めたい量の微分が入っている方程式を微分方程式という．力学におけるニュートンの運動方程式に限らず，電磁気学，熱力学に現れる物理現象を記述する法則は微分方程式で表されることが非常に多い．

高等学校までの数学で学んだ未知数を x とする方程式を解くことは，その方程式を満たす数値 x を求めることであった．それに対して，微分方程式は，変数を x とする関数を $y = f(x)$ とするとき，未知関数 y の微分が満たす方程式である．したがって，微分方程式を解くというのは，それを満たす関数を求めるのであって，数値を求めることではない．y に関する微分方程式から y の微分が求められると，答えとしての関数を得るには，さらにその微分を積分しなければならない．つまり，微分方程式を解くことは，積分をすることともいえる．

微分方程式は物理学を学ぶ際に必須である．ただ，微分方程式を解くというと何か難しそうに思われるかもしれないが，要は，その方程式を満たす関数を探すだけのことである．本章では，この微分方程式の基礎を議論し，簡単な微分方程式の解き方について述べる．

3.1 微分方程式の階数

x を変数とする未知関数を $y=f(x)$ として，

$$x, \quad y=f(x), \quad y'=\frac{dy}{dx}, \quad y''=\frac{d^2y}{dx^2}, \quad \cdots$$

から構成される方程式

$$F(x, y, y', y'', \cdots)=0 \tag{3.1}$$

を**常微分方程式**という．

後の章でみるように，変数が複数個ある場合のそれぞれの変数についての微分を**偏微分**という．それに対して，上のように変数が1つだけの場合の微分を**常微分**という．(3.1) は常微分に関する方程式なので常微分方程式といい，偏微分が含まれる方程式を**偏微分方程式**というが，本書では後者については述べない．したがって，本書で微分方程式といえば，常微分方程式のことである．

微分の回数のことを，通常，**階数**といい，y の n 階微分 $y^{(n)}=d^ny/dx^n$ が (3.1) に含まれる最高階数の微分のとき，(3.1) を n 階微分方程式という．例えば，x 軸上で力 $f(x)$ を受けて運動する質量 m の質点の時刻 t での座標 $x(t)$ は，ニュートンの運動方程式

$$m\frac{d^2x}{dt^2}=f(x) \tag{3.2}$$

に従う．質点とは，質量をもつが大きさのない点のことで，物体を理想化したものであり，左辺の2階微分 d^2x/dt^2 は質点の加速度である．(3.2) は変数が t で未知関数が $x(t)$ の微分方程式であり，微分の最高階数が2なので，2階微分方程式である．

ところで，上の問題で質点がポテンシャル $V(x)$ の中を力学的エネルギー

E で運動しているとすると，エネルギー保存則より，

$$\frac{1}{2}m\left(\frac{dx}{dt}\right)^2 + V(x) = E \tag{3.3}$$

が成り立つ．ここで，左辺第1項の1階微分 dx/dt は質点の速度であり，この第1項は質点の運動エネルギーを表す．この方程式に含まれる微分は dx/dt だけなので，(3.3) は1階微分方程式である．

例題 1

力学で学ぶように，質点がポテンシャル $V(x)$ の中にあるとき，質点にはたらく力は $f(x) = -dV(x)/dx$ と表される．このことを使って，力学的エネルギー保存則 (3.3) からニュートンの運動方程式 (3.2) が導かれることを示せ．

解 (3.3) の両辺を時間 t で微分すると，

$$\frac{d}{dt}\left\{\frac{1}{2}m\left(\frac{dx}{dt}\right)^2\right\} + \frac{d}{dt}V(x) = \frac{d}{dt}E \tag{1}$$

となる．上式の左辺第1項の微分は

$$\frac{d}{dt}\left\{\frac{1}{2}m\left(\frac{dx}{dt}\right)^2\right\} = \frac{1}{2}m\frac{d}{dt}\left\{\left(\frac{dx}{dt}\right)^2\right\} = m\frac{dx}{dt}\frac{d}{dt}\left(\frac{dx}{dt}\right) = m\frac{dx}{dt}\frac{d^2x}{dt^2} \tag{2}$$

となる．x が t の関数 $x(t)$ なので，(1) の左辺第2項は $V(x(t))$ と表され，その t による微分は合成関数の微分 (1.16) より

$$\frac{d}{dt}V(x(t)) = \frac{dV(x)}{dx}\frac{dx}{dt} = -f(x)\frac{dx}{dt} \tag{3}$$

となる．

一方，右辺の力学的エネルギー E は，エネルギー保存則から時間 t によらず一定なので，これを t で微分すると

$$\frac{d}{dt}E = 0 \tag{4}$$

である．

以上，(2)～(4) を (1) に代入すると，

$$\left\{m\frac{d^2x}{dt^2} - f(x)\right\}\frac{dx}{dt} = 0$$

が成り立つ．この等式が質点の速度 dx/dt の値によらず常に成り立つことから，(3.2) が導かれることがわかる．

問題 1　上の例題 1 とは逆に，(3.2) から (3.3) を導け．すなわち，物理法則として，(3.2) と (3.3) は等価である．［ヒント：(3.2) の両辺に dx/dt を掛けて，例題 1 の解の逆を辿り，最後の結果を積分すればよい．］

3.2　1 階微分方程式

3.2.1　解の存在と一意性

微分方程式の解の存在やその一意性というととても難しそうに聞こえるが，数学的な厳密さにこだわらず直観的な理解でよければ，それほど難しいことではない．

1 階微分方程式の最も一般的な形は (3.1) より

$$F(x,\ y,\ y') = 0 \tag{3.4}$$

である．これを y' について解くと，

$$y' \equiv \frac{dy}{dx} = f(x,\ y) \tag{3.5}$$

と表される．

微分方程式 (3.5) の幾何学的な意味を考えてみよう．この微分方程式の解があったとして，その解曲線を例えば図 3.1 のように描く．この曲線上の任意の点 P の座標を図のように $(x,\ y)$ とすると，その点での曲線の接線の傾きは，(3.5) より $f(x,\ y)$ でなければならない．なぜなら，図 1.1 に関連して述べたように，y' は幾何学的には曲線の傾きを表すからである．したがって，微分方程式 (3.5) を解いてその解 $\varphi(x)$ を求めるというのは，点 $(x,\ y)$ でその接線の傾きがちょうど $f(x,\ y)$ となる

ここはポイント!

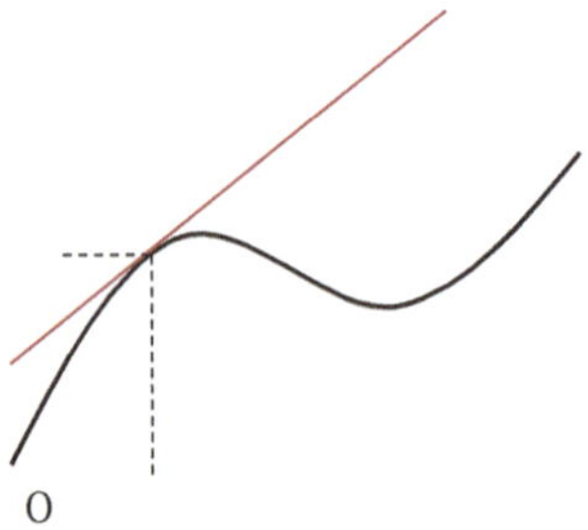

ような曲線 $y = \varphi(x)$ を見出すことなのである．

このことから，微分方程式 (3.5) を幾何学的に解く方法が考えられる．xy 平面上の任意の点 (x, y) で $f(x, y)$ を計算し，その値を傾きとしてもつ単位長さの矢印（これを**単位ベクトル**という）を，この点 (x, y) から描く．これを xy 平面上の数多くの点で行うと，図 3.2 に示したような図が得られる．これはちょうど水の流れのような，矢印の流れ図とみなされる．この矢印の流れに沿って滑らかな曲線を描くと，この曲線上のどの点でも (3.5) が満たされていることは明らかであろう．したがって，こうして得られた曲線は微分方程式 (3.5) の解曲線 $y = \varphi(x)$ を与えることになる．しかも，(3.5) の右辺の関数 $f(x, y)$ が値をもたなかったり，2 個以上の値をもつような異常な振舞いをしない素直な関数である限り，上のように解曲線を求めることはいつでも可能である．これは微分方程式 (3.5) の**解の存在**を意味する．

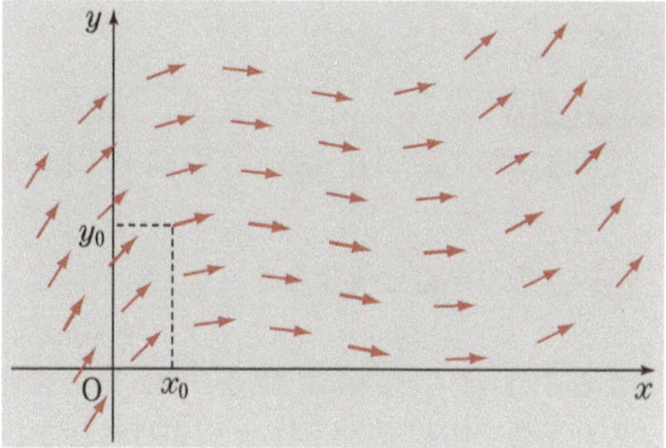

図 3.2

図 3.2 からわかるように，矢印の流れに沿って滑らかにつないでできる解曲線はいくらでもある．これらの無数にある解の集合（集まり）を**一般解**という．ところが，図 3.2 で示したように，1 点 (x_0, y_0) を選ぶと，その点を通る解曲線がただ 1 つ決まる．この点 (x_0, y_0) のように，解曲線 $y = \varphi(x)$ がどこを通るか指定する条件を**初期条件**という．初期条件 $y_0 = \varphi(x_0)$ をつけると，無数にある一般解の中からこの初期条件を満たす 1 つの解だけが選ばれ，これをその初期条件を満たす**特解**という．

もし初期条件を満たす特解が 2 個以上あるとすると，それらの解曲線は点 (x_0, y_0) で交わることになる．しかし，もしそうだとすると，その交点で関数 $f(x, y)$ が 2 個以上の値をもつことになり，$f(x, y)$ が素直な関数であることと矛盾する．このことが，初期条件を満たす特解はただ 1 つだけ存在するという，**解の一意性**を保証するのである．

このようにして，微分方程式 (3.5) の解の存在と一意性が示されたことになる．この議論はあまりに直観的で数学的でないと思われるかもしれないが，数学のソフトウェアでは，実際に上のような操作で微分方程式を数値的に解いているのである．

例題 2

初期条件 $x_0 = 0$，$y_0 = 0$ を満たす微分方程式 $y' = \cos x$ の解を求めよ．

解 与式の両辺を積分して

$$y = \sin x + C \tag{1}$$

となる．(1) が与えられた微分方程式の一般解であることは，それを微分すると与えられた微分方程式 $y' = \cos x$ が得られることから明らかであろう．

(1) を図示すると，図 3.3 のように，積分定数 C の値に依存する曲線群が得られる．初期条件より，(1) に $x_0 = 0$ を代入することによって，$y_0 = C = 0$ となる．したがって，この場合の特解は

$$y = \sin x$$

であり，無数にある一般解の中から，図のように，色付きの線で示された解曲線が 1 つだけ選ばれることになる．

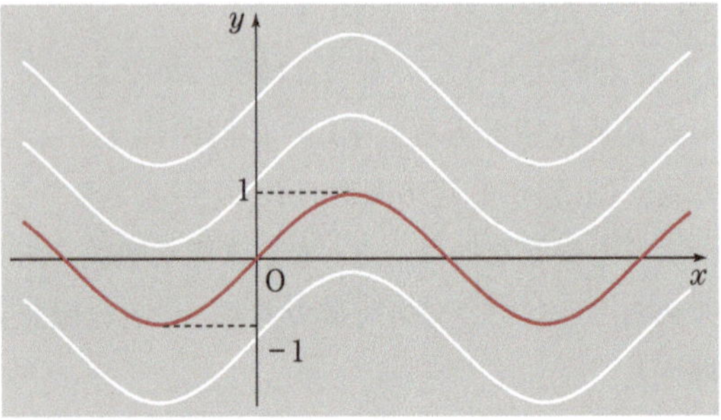

図 3.3

問題 2 初期条件 $x_0 = 0$，$y_0 = 1$ を満たす微分方程式 $y' = -\sin x$ の解を求めよ．

3.2.2 1階線形微分方程式

(3.5) の右辺の関数 $f(x, y)$ が y について 1 次関数のとき，(3.5) は一般に

$$y' + P(x)\,y = R(x) \tag{3.6}$$

と表される．上式には求めたい y について y^2 や y^3 などの非線形項がなく，

1次（線形）なので，(3.6) は**1階線形微分方程式**という．ただし，本書では非線形微分方程式を扱わないので，以後「線形」を省略する．また，y を含まない右辺の $R(x)$ を微分方程式の**非同次項**といい，$R(x)=0$ のときの上の微分方程式を**同次微分方程式**, $R(x) \neq 0$ のときを**非同次微分方程式**という．

同次微分方程式の一般解

このとき，$R(x)=0$ なので，(3.6) は

$$y' + P(x)\,y = 0 \tag{3.7}$$

であり，

$$\frac{dy}{dx} = -P(x)\,y \tag{3.8}$$

と表される．ここで，微分は微小量 dy と dx の割り算であることを思い出すと，上式は

$$\frac{dy}{y} = -P(x)\,dx \tag{3.9}$$

と変形でき，これも微分方程式 (3.7) の別の表し方である．この (3.9) で特徴的なことは, x と y が右辺と左辺に別々に分かれているということであり，このような場合を**変数分離型**の微分方程式という．

変数分離型の1階微分方程式 (3.9) は，形式的には次のように容易に解くことができる．(3.9) の両辺を積分すると，左辺の積分は $\int \frac{dy}{y}$ となるが，これは (2.22) より $\log y$ とおくことができる．ただし，ここでは y は正の値だけをとるものとしておく．このとき，(3.9) の両辺の積分は

$$\log y = -\int^x P(x')\,dx' + c' \qquad (c'：積分定数)$$

となり，y については

$$y = ce^{-\int^x P(x')\,dx'} \qquad (c = e^{c'}) \tag{3.10}$$

と表される．これが同次微分方程式 (3.7) の一般解である．積分した際に加わる積分定数は c' であるが，解の表式 (3.10) においては積分定数が指数関数の係数として現れていることに注意しよう．

問題 3 (3.10) が微分方程式 (3.8) の解であることを確かめよ．［ヒント：$F(x) = \int^x P(x')\,dx'$ とおき，合成関数の微分 (1.16) および積分の微分 (2.9) を考

慮せよ.]

上の議論では y を正の値に限定したが，(3.10) の係数 c を初期条件で決まる定数とみなせば，負の値をとる場合にも (3.10) は (3.7) の解としてそのまま使える．(3.10) の解は右辺に積分が含まれているので，形式的な解であって，まだちゃんとした答えになっていないと思われるかもしれない．しかし，どのような関数 $P(x)$ に対しても，ともかくその積分ができれば，(3.10) から直ちに解が求まるという意味で有用である．自然科学や工学に限らず，社会科学においても，1 階微分方程式に出会うことが多いので，重要であるということもできる．さらに物理学では，いちいち解を詳しく求めないで形式的に (3.10) のようにしたままで議論を進めると，かえって面白い結果が得られる場合にもしばしば出くわすことがある．

例 題 3

同次微分方程式

$$y' + xy = 0$$

の一般解を求めよ．また，初期条件 $x_0 = 0$，$y_0 = 2$ を満たす解はどうなるか．

解 この場合は $P(x) = x$ であり，$\int^x x'\,dx' = \dfrac{x^2}{2}$ となり，これを (3.10) に代入すると，一般解

$$y = ce^{-x^2/2}$$

が得られる．実際に与えられた微分方程式に代入してみれば，これが解であることは容易に確かめられる．

上式で $x = 0$ とおくと $y = c$ なので，初期条件 $x_0 = 0$，$y_0 = 2$ を満たすためには $c = 2$ でなければならず，その場合の解は

$$y = 2e^{-x^2/2}$$

となる．

問 題 4 同次微分方程式 $y' + 2y = 0$ の一般解を求めよ．また，初期条件 $x_0 = 0$，$y_0 = 3$ を満たす解はどうなるか．

非同次微分方程式の一般解

非同次項 $R(x)$ がゼロでない場合の (3.6) の特解 y_{p} が 1 つみつかったとすると，この解は

$$y_{\mathrm{p}}' + P(x)\,y_{\mathrm{p}} = R(x) \tag{3.11}$$

を満たす．ここで (3.6) の一般解 y を意図的に

$$y = y_{\mathrm{p}} + y_{\mathrm{g}} \tag{3.12}$$

とおき，付け加えた y_{g} が何を意味するかを考えてみよう．

(3.12) を (3.6) に代入すると，

$$(y_{\mathrm{p}}' + y_{\mathrm{g}}') + P(x)\,(y_{\mathrm{p}} + y_{\mathrm{g}}) = R(x) \tag{3.13}$$

となる．ここで，(3.13) から (3.11) を差し引くと，

$$y_{\mathrm{g}}' + P(x)\,y_{\mathrm{g}} = 0 \tag{3.14}$$

が得られる．これが，y_{g} の満たすべき微分方程式である．

すなわち，(3.6) の一般解 y を (3.12) のように表して，非同次微分方程式の特解 y_{p} に付け加えた y_{g} は，(3.6) の非同次項をゼロとした同次微分方程式の一般解であり，その解はすでに (3.10) で求められている．したがって，(3.6) の一般解 y は

$$y = y_{\mathrm{p}} + ce^{-\int^{x} P(x')\,dx'} \tag{3.15}$$

と表されることがわかる．

この結果は非常に重要で，

非同次 1 階微分方程式 (3.6) の一般解は，1 つの特解とそれに対する同次微分方程式の一般解の和で与えられる

とまとめることができる．これは，(3.6) が y について線形であることがポイントであって，そのために (3.13) から (3.11) を引いて (3.14) が得られたことに注意すべきである．もし y^2 などの非線形項があったら，決して (3.14) のような同次微分方程式は導かれない．すなわち，上のようなまとめは，線形微分方程式についていえることなのである．

ここはポイント!

このように，非同次微分方程式の一般解を求めるには，何らかの方法でその特解を求めることがポイントとなる．あてずっぽうでも構わないから，ともかく特解を 1 つみつけて (3.15) のような形にすればよい．そうすると，前項の「解の存在と一意性」によって，それが非同次微分方程式の一般解だ

と保証されるのである.

例題 4

非同次微分方程式

$$y' + 2xy = 2x$$

の一般解を求めよ.

解 与えられた非同次微分方程式に対応する同次微分方程式 $y' + 2xy = 0$ の一般解 y_g は, 例題2と同様に計算して

$$y_g = ce^{-x^2} \tag{1}$$

であることがわかる.

他方, 特解の方は

$$y_p = 1 \tag{2}$$

とすれば, $y_p{}' = 0$ より左辺が $2x$ となって, 与えられた非同次微分方程式を満たすことが容易に確かめられる.

こうして (3.12) または (3.15) より, この非同次微分方程式の一般解は

$$y = 1 + ce^{-x^2}$$

となる.

問題 5 非同次微分方程式 $y' + 2y = 4$ の一般解を求めよ.

3.2.3 定係数 1 階微分方程式

1 階微分方程式 (3.6) で, 左辺の y の係数 $P(x)$ が特に定数 a の

$$y' + ay = R(x) \qquad (a：定数) \tag{3.16}$$

を, **定係数 1 階微分方程式**という.

同次の定係数 1 階微分方程式

(3.16) の同次微分方程式は

$$y' + ay = 0 \tag{3.17}$$

であり, その一般解は $P(x) = a$ とおいて (3.10) から容易に

$$y = ce^{-ax} \tag{3.18}$$

と求められる.

ここでは, あえて (3.17) の一般解を

$$y = ce^{\lambda x} \tag{3.19}$$

とおいて, λ がどのような関係を満たさなければならないかを考えてみよう.

(3.19) を (3.17) に代入して整理すると，$c(\lambda+a)\,e^{\lambda x}=0$ が得られる．ところで，指数関数 $e^{\lambda x}$ は x のすべての値でゼロではない．また，c をゼロにしたら解としての意味がなくなるので，c はゼロではない．結局，

$$\lambda+a=0 \tag{3.20}$$

が得られる．これより，$\lambda=-a$ となり，これを (3.19) に代入すれば，確かに同次方程式 (3.17) の一般解 (3.18) が得られる．

(3.20) の λ についての関係式を，同次の定係数 1 階微分方程式 (3.17) の**特性方程式**という．特性方程式から一般解を求めるこの方法は，次節でみるように，定係数 2 階微分方程式などの高階の定係数微分方程式に容易に拡張できる．

問 題 6　同次の定係数 1 階微分方程式

（1）　$y'-2y=0$　　（2）　$y'+3y=0$　　（3）　$y'-5y=0$

の一般解を特性方程式から求めよ．

非同次の定係数 1 階微分方程式

次に非同次の (3.16) に戻って，その一般解を考えてみる．(3.16) は 1 階微分方程式 (3.6) の特殊な場合にすぎないので，(3.15) より，その**一般解**は非同次微分方程式 (3.16) の特解 y_{p} と同次微分方程式 (3.17) の一般解 (3.19) との和

$$y=y_{\mathrm{p}}+ce^{\lambda x} \tag{3.21}$$

で与えられる．

次の問題は，いかにして特解 y_{p} を求めるかである．前述したように，特解はただ 1 つみつけるだけでよいのであるが，一般にはそれが難しい．しかし，(3.16) の非同次項 $R(x)$ が多項式，指数関数，三角関数，あるいはそれらの積の場合には，特解 y_{p} を予想してそれに含まれる係数を決めて特解を求めるという，**未定係数法**が有効である．多項式や指数関数，三角関数では，それらを何度微分しても多項式，指数関数，三角関数に留まるという性質があるからである．しかも，理工学の世界では，多項式，指数関数，三角関数，あるいはそれらの積が非同次項として現れることが非常に多い．そこで，

この未定係数法の具体例を以下の例題でみてみよう．

例題 5

次の定係数1階微分方程式の一般解を求めよ．

（1） $y' - y = -x^2$　　（2） $y' + 2y = 3e^{2x}$

（3） $y' - 3y = \sin 2x$　　（4） $y' - 2y = x^2 e^{-x}$

解 （1） 同次微分方程式の一般解は，特性方程式 $\lambda - 1 = 0$ より

$$y_{\mathrm{g}} = ce^{x} \qquad (c：定数) \tag{1}$$

である．

非同次項が x^2 なので，特解として多項式

$$y_{\mathrm{p}} = a_0 + a_1 x + a_2 x^2 \tag{2}$$

と予想して，未定の係数 a_0, a_1, a_2 の決定を試みる．(2) のような解を予想した理由は，多項式を微分すると1次低い多項式になるだけであり，与式の左辺が右辺の非同次項 x^2 に等しくなるためには，特解は2次の多項式で十分だからである．

与えられた微分方程式に (2) を代入して整理すると，

$$(a_1 - a_0) + (2a_2 - a_1)x - a_2 x^2 = -x^2$$

が得られる．この式が x の値によらず常に成り立つためには，

$$a_1 - a_0 = 0, \qquad 2a_2 - a_1 = 0, \qquad a_2 = 1$$

でなければならない．これより，$a_0 = a_1 = 2$, $a_2 = 1$ となり，これらを (2) に代入すると，特解として

$$y_{\mathrm{p}} = 2 + 2x + x^2 \tag{3}$$

が求められる．

このようにして未定の係数を決める方法を未定係数法というわけである．この式が与えられた微分方程式の1つの解であることは，実際に代入してみれば確かめられる．

こうして，与えられた微分方程式の一般解 y は (1) と (3) より

$$y = 2 + 2x + x^2 + ce^{x}$$

と求められる．

（2） 同次微分方程式の一般解は，特性方程式 $\lambda + 2 = 0$ より

$$y_{\mathrm{g}} = ce^{-2x} \qquad (c：定数) \tag{1}$$

である．

非同次項が e^{2x} なので，特解として指数関数

$$y_{\mathrm{p}} = ae^{2x} \tag{2}$$

と予想して，未定の係数 a の決定を試みる．その理由は，指数関数を微分しても指数関数になるだけだからである．

与えられた微分方程式に (2) を代入して整理すると，

$$4ae^{2x} = 3e^{2x}$$

が得られ，$a = 3/4$ となる．これより，特解として

$$y_{\mathrm{p}} = \frac{3}{4}e^{2x} \tag{3}$$

が求められる．この式が与えられた微分方程式の 1 つの解であることは，実際に代入してみれば容易に確かめられる．

こうして，その一般解 y は (1) と (3) より

$$y = \frac{3}{4}e^{2x} + ce^{-2x}$$

と求められる．

（3） 同次微分方程式の一般解は，特性方程式 $\lambda - 3 = 0$ より

$$y_{\mathrm{g}} = ce^{3x} \qquad (c：定数) \tag{1}$$

である．

非同次項が $\sin 2x$ なので，特解として三角関数

$$y_{\mathrm{p}} = a_1 \sin 2x + a_2 \cos 2x \tag{2}$$

と予想して，未定の係数 a_1，a_2 の値を決定する．それは，三角関数を微分しても三角関数になるからである．ただし，sin と cos は微分すると交互に代わるので，(2) のように両方とも入れておかなければならない．

与えられた微分方程式に (2) を代入して整理すると，

$$(-3a_1 - 2a_2)\sin 2x + (2a_1 - 3a_2)\cos 2x = \sin 2x$$

が得られる．この式が x の値によらず常に成り立つためには，

$$-3a_1 - 2a_2 = 1, \qquad 2a_1 - 3a_2 = 0$$

でなければならない．これより，$a_1 = -3/13$，$a_2 = -2/13$ となり，特解として

$$y_{\mathrm{p}} = -\frac{3}{13}\sin 2x - \frac{2}{13}\cos 2x \tag{3}$$

が求められる．この式が与えられた微分方程式の 1 つの解であることは，実際に代入してみれば容易に確かめられる．

こうして，与式の一般解 y は (1) と (3) より

$$y = -\frac{3}{13}\sin 2x - \frac{2}{13}\cos 2x + ce^{3x}$$

と求められる．

（4） 同次微分方程式の一般解は，特性方程式 $\lambda - 2 = 0$ より

$$y_{\mathrm{g}} = ce^{2x} \qquad (c：定数) \tag{1}$$

である．

非同次項が $x^2 e^{-x}$ なので，特解として多項式と指数関数 e^{-x} の積

$$y_{\mathrm{p}} = (a_0 + a_1 x + a_2 x^2)\, e^{-x} \tag{2}$$

を予想して，未定係数 a_0, a_1, a_2 の値を決定する．それは，多項式を微分しても多項式であり，指数関数を微分しても指数関数なので，多項式と指数関数の積を微分してもそれらの積になるからである．多項式の次数を 2 までにした理由は，(1) の問題の場合と同様である．

(2) を与えられた微分方程式に代入して整理すると，

$$\{(a_1 - 3a_0) + (2a_2 - 3a_1)x - 3a_2 x^2\}e^{-x} = x^2 e^{-x} \tag{3}$$

が得られる．この式が x の値によらず常に成り立つためには，

$$a_1 - 3a_0 = 0, \qquad 2a_2 - 3a_1 = 0, \qquad -3a_2 = 1$$

でなければならない．これより，$a_0 = -2/27$, $a_1 = -2/9$, $a_2 = -1/3$ となり，特解として

$$y_{\mathrm{p}} = -\left(\frac{2}{27} + \frac{2}{9}x + \frac{1}{3}x^2\right)e^{-x}$$

が得られる．この式が与えられた微分方程式の 1 つの解であることは，実際に代入してみれば確かめられる．

こうして，その一般解 y は (1) と (3) より

$$y = -\left(\frac{2}{27} + \frac{2}{9}x + \frac{1}{3}x^2\right)e^{-x} + ce^{2x}$$

と求められる．

問題 7 定係数 1 階微分方程式

（1） $y' - 2y = 1 + 2x$　　（2） $y' + y = 2e^x$　　（3） $y' - y = \cos x$

（4） $y' + 2y = xe^x$

の一般解を求めよ．

3.3 2 階微分方程式

3.3.1 解の存在と一意性

一般の微分方程式は (3.1) であり，1 階微分方程式は (3.4) と表された．したがって，2 階微分方程式は，求めたい未知関数 $y(x)$ の x による微分の最高階数が 2 なので，一般には

$$F(x, y, y', y'') = 0 \tag{3.22}$$

と表される．ここで，$y' = z$ とおくと $y'' = z'$ なので，(3.22)は

$$F(x, y, z, z') = 0$$

となり，これを z' について解くと，

$$z' = g(x, y, z)$$

と表される．すなわち，一般の2階微分方程式 (3.22) は

$$\begin{cases} y' = z & (3.23\text{a}) \\ z' = g(x, y, z) & (3.23\text{b}) \end{cases}$$

という，y と z についての連立1階微分方程式で表されることがわかる．

(3.23) の導き方からわかるように，(3.22) と (3.23) は等価である．しかし，ここで重要なことは，(3.23) の左辺が1階微分であって，独立変数 x の変化に対する y と z の変化の割合なので，それらの変化の向きがそれぞれの右辺によって与えられるということである．ただし，1階微分方程式 (3.5) の場合には，図3.2のように2次元の xy 平面でよかったが，ここでは図3.4のように，3次元の xyz 空間で議論しなければならない．すなわち，3次元空間の各点 (x, y, z) で，その座標の値を (3.23) のそれぞれの右辺に代入することによって，y と z の x に対する変化率が得られる．それを使えば点 (x, y, z) での (3.23) に従う変化の向きが決められ，それを示す単位ベクトルを描くことができるのである．しかも，(3.23b) が素直な関数であれば，空間の各点で描いた単位ベクトルも滑らかに変化していくであろう．すなわち，図3.4に示したように，空間に1点 (x_0, y_0, z_0) を決めると，その点を通る曲線を必ず1本，しかも1本だけ描くことができる．これは (3.23) の連立1階微分方程式，あるいはそれと等価な2階微分方程式 (3.22) に対する解の存在と一意性を意味する．

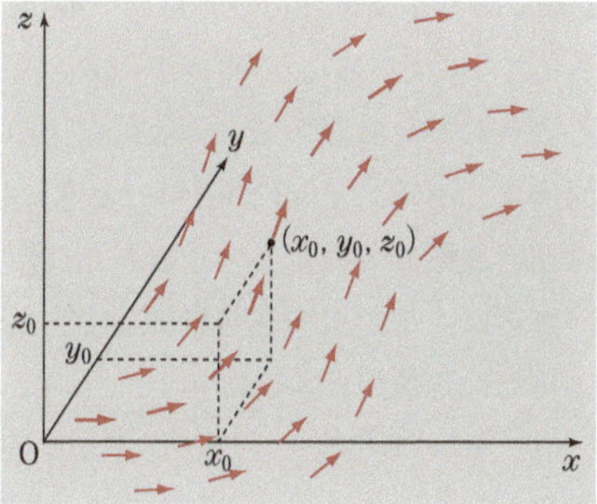

図 3.4

ここはポイント!

ここはポイント!

ここで注意しなければならないことが1つある．図3.4において，空間に1点を決めるということは，$y_0 = y(x_0)$ と $z_0 = z(x_0)$ を指定することである．したがって，連立1階微分方程式 (3.23) の解を具体的に求めるためには，y と z それぞれの初期条件が必要だということであり，これは当然であろう．ここで (3.23) と等価な2階微分方程式 (3.22) に戻って考えると，$y(x_0)$ と $y'(x_0)$ という2つの初期条件が与えられて初めて，それを満たす (3.22) の解がただ1つ存在することになる．

こうして，2階微分方程式 (3.22) の一般解は，2つの定数 c_1 と c_2 とを含めて

$$y = y(x,\ c_1,\ c_2) \tag{3.24}$$

と表される．また，2つの初期条件で定数 c_1 と c_2 を決めると，1つの特解が得られる．

逆にいうと，(3.24) には決めるべき定数が2つ含まれているので，(3.24) はそれぞれの定数にともなって2つの独立な解が存在することを示唆している．このことは，後でもう少し具体的な2階微分方程式の解を議論する際に示すことにしよう．

3.3.2 定係数2階微分方程式

1階線形微分方程式が (3.6) で表されたのに対して，y，y'，y'' について1次である2階微分方程式は，一般に

$$y'' + P(x)\,y' + Q(x)\,y = R(x) \tag{3.25}$$

と表される．右辺の $R(x)$ は，(3.6) の1階微分方程式の場合と同じく，非同次項である．$R(x)$ がゼロのときには同次微分方程式，ゼロでないときには非同次微分方程式というのも，1階微分方程式の場合と同様である．

さらに，この式の左辺にある y'，y の係数 $P(x)$ と $Q(x)$ が独立変数 x によらない定数のときには

$$y'' + ay' + by = R(x) \tag{3.26}$$

が得られる．ここで，a，b は定数である．(3.26) を**定係数2階微分方程式**という．

（1）　同次微分方程式の一般解

同次の定係数 2 階微分方程式は

$$y'' + ay' + by = 0 \tag{3.27}$$

と表される．ここで (3.27) には 2 つの解があるとして，$y = y_1(x)$ と $y = y_2(x)$ がその解とするならば，両者に定数を掛けて加えた線形結合の

$$y = c_1 y_1(x) + c_2 y_2(x) \qquad (c_1,\ c_2 : \text{定数})$$

もその解である．このことは，上式を (3.27) の左辺に代入し，それぞれの定数についてまとめると

$$y'' + ay' + by = c_1 (y_1'' + ay_1' + by_1) + c_1 (y_2'' + ay_2' + by_2)$$

となり，y_1 と y_2 が (3.27) の解であることから $y_1'' + ay_1' + by_1 = 0$，$y_2'' + ay_2' + by_2 = 0$ が成り立ち，上式の右辺がゼロになることから容易に理解できる．

上のように，2 つの関数 y_1 と y_2 があって，例えば $y_1 = x^2 + 3x$ と $y_2 = 2x^2 + 6x$ のように，一方が他方の定数倍のとき，y_1 と y_2 は互いに **1 次従属**という．これに対して，一方が他方の定数倍ではないとき，y_1 と y_2 は互いに **1 次独立**であるという．例えば，$y_1 = \sin x$ と $y_2 = \cos x$ とは，一方を他方の定数倍で表すことは決してできないので，$\sin x$ と $\cos x$ は 1 次独立である．

(3.27) の 2 つの解 $y = y_1(x)$ と $y = y_2(x)$ が 1 次従属なら，これは定数を 1 つだけ含む解にすぎず，初期条件 2 つを満たすようにはできない．このことからも，2 階微分方程式には独立な 2 つの解が必要であることがわかるであろう．

こうして，同次微分方程式 (3.27) の 1 次独立な 2 つの解 $y_1(x)$ と $y_2(x)$ の線形結合

$$y = c_1 y_1(x) + c_2 y_2(x) \qquad (c_1,\ c_2 : \text{定数}) \tag{3.28}$$

が，この同次微分方程式の一般解を表すことになる．これは**解の重ね合わせ**とよばれ，線形の微分方程式一般に成り立つ重要な性質である．したがって，同次微分方程式 (3.27) が与えられたとき，互いに 1 次独立な 2 つの解を求めることが課題となる．

例題 6

定係数 2 階微分方程式 $y'' + 4y = 0$ の一般解を求めよ.

解 三角関数を 2 階微分すると, 負号が付いた元の関数になることはすでに (1.19) と (1.20) で示した. また, 与式は 2 階微分したときの係数に 4 が現れることを表していることから, $y_1 = \sin 2x$ と $y_2 = \cos 2x$ が共に上の微分方程式を満たすことは容易に確かめられる. しかも, 両者は 1 次独立である. したがって, 与えられた同次微分方程式の一般解は

$$y = c_1 \sin 2x + c_2 \cos 2x \qquad (c_1, c_2 : \text{定数})$$

である.

(2) 同次微分方程式の解法

同次微分方程式 (3.27) には一般的な解き方があるので, それについて述べる. まず, その解として

$$y = e^{\lambda x} \tag{3.29}$$

を仮定し, これを (3.27) に代入すると,

$$(\lambda^2 + a\lambda + b)\, e^{\lambda x} = 0$$

が得られる. $e^{\lambda x} \neq 0$ だから, λ は 2 次方程式

$$\lambda^2 + a\lambda + b = 0 \tag{3.30}$$

を満たす. λ についてのこの方程式を同次の定係数 2 階微分方程式 (3.27) の**特性方程式**ということは, 同次の定係数 1 階微分方程式 (3.17) に対する (3.20) の場合と同様である. また, 特性方程式 (3.30) から求められた λ の値を (3.29) に代入すれば, それが (3.27) の解を与えることは (3.17) の場合と同様であり, 解の存在と一意性の定理からそれで十分なのである.

特性方程式 (3.30) の解は, 2 次方程式の解の公式から,

$$\lambda = \frac{1}{2}\left(-a \pm \sqrt{a^2 - 4b}\right) \tag{3.31}$$

となる. この 2 つの解を簡単のために λ_1, λ_2 とおくと, これを (3.29) に代入して得られる (3.27) の一般解は, 根号の中の判別式 $D = a^2 - 4b$ の正負によって, 以下の 3 つの場合に分けられる.

（i）　$a^2 - 4b > 0$ の場合：

このとき，$\lambda_1 \neq \lambda_2$ なので，λ_1 と λ_2 を (3.29) に代入して得られる 2 つの関数 $y_1 = e^{\lambda_1 x}$ と $y_2 = e^{\lambda_2 x}$ は互いに 1 次独立である．したがって，(3.28) より，この場合の (3.27) の一般解は

$$y = c_1 e^{\lambda_1 x} + c_2 e^{\lambda_2 x} \qquad (c_1, c_2 : \text{定数}) \tag{3.32}$$

で与えられる．

（ii）　$a^2 - 4b = 0$ の場合：

このとき，特性方程式 (3.30) は重解

$$\lambda_1 = \lambda_2 = -\frac{a}{2} = \lambda_0 \tag{3.33}$$

をもち，この場合には 1 つの解 $y_1 = e^{\lambda_0 x}$ が得られるだけである．

それでは，これに 1 次独立なもう 1 つの解 y_2 は何であろうか．実は，特性方程式が重解をもつ場合には，y_1 に x を掛けた

$$y_2 = xe^{\lambda_0 x} \tag{3.34}$$

も解であることが容易に示される．しかも，これは明らかに y_1 の定数倍ではあり得ず，y_1 に 1 次独立な解である．

以上により，この場合の (3.27) の一般解は

$$y = (c_1 + c_2 x)\, e^{\lambda_0 x} \qquad (c_1, c_2 : \text{定数}) \tag{3.35}$$

で与えられる．

問題 8　特性方程式 (3.30) が重解 (3.33) をもつとき，(3.34) が (3.27) の解であることを示せ．[ヒント：(3.34) の y_2 を実際に (3.27) に代入してみよ．このとき，λ_0 が特性方程式の解であり，(3.33) が成り立つことに注意せよ．]

（iii）　$a^2 - 4b < 0$ の場合：

この場合には λ_1，λ_2 は複素数であり，

$$\lambda_{1,2} = -\frac{a}{2} \pm \frac{i}{2}\sqrt{4b - a^2} = \alpha \pm i\beta \qquad \left(\alpha = -\frac{a}{2},\ \beta = \frac{1}{2}\sqrt{4b - a^2}\right) \tag{3.36}$$

と表される．ここで，i は (1.57) で導入された虚数単位であり，α と β は実

数の定数である．また，$\alpha + i\beta$ と $\alpha - i\beta$ のように，虚数単位の前の符号だけが正負で異なっているような 2 つの数を，互いに**複素共役**であるという．

このとき，(3.27) の一般解は

$$y = c_1 e^{\lambda_1 x} + c_2 e^{\lambda_2 x} = c_1 e^{(\alpha + i\beta)x} + c_2 e^{(\alpha - i\beta)x} = e^{\alpha x}\,(c_1 e^{i\beta x} + c_2 e^{-i\beta x})$$

で与えられる．これは (1.61) で導いたオイラーの公式

$$e^{i\theta} = \cos\theta + i\sin\theta$$

を使うと，さらに変形できて

$$\begin{aligned} y &= e^{\alpha x}\,\{c_1\,(\cos\beta x + i\sin\beta x) + c_2\,(\cos\beta x - i\sin\beta x)\} \\ &= e^{\alpha x}\,\{(c_1 + c_2)\cos\beta x + i(c_1 - c_2)\sin\beta x\} \end{aligned}$$

となる．ここで，新しい定数

$$C_1 = c_1 + c_2, \qquad C_2 = i(c_1 - c_2)$$

を定義すると，結局，この場合の (3.27) の一般解は

$$y = e^{\alpha x}\,(C_1 \cos\beta x + C_2 \sin\beta x) \tag{3.37}$$

と表される．

あるいは，さらに

$$C_1 = A\cos\delta, \qquad C_2 = -A\sin\delta$$

で定義される新しい定数 A と δ を導入して，上式を (3.37) に代入すると，三角公式

$$\cos\beta x \cos\delta - \sin\beta x \sin\delta = \cos\,(\beta x + \delta)$$

から，(3.27) の一般解は，より便利な形で

$$y = Ae^{\alpha x}\cos\,(\beta x + \delta) \tag{3.38}$$

とも表される．ここで，A と δ は C_1, C_2 と同様に，初期条件によって決められる定数である．

ここはポイント!

以上より，同次の定係数 2 階微分方程式 (3.27) の一般解は，それに対応する特性方程式 (3.30) を解くことによって容易に求められることがわかる．ここでのポイントは，特性方程式の解の性質に従って，解をすっきりした形で表現できることである．

一般解の計算

以下では，同次の定係数 2 階微分方程式の具体的な問題について，特性方

程式の解の種類の違いに注意して，一般解を求めてみよう．

例題 7

（1）　$y'' - y' - 6y = 0$　　（2）　$y'' - 4y' + 4y = 0$

（3）　$y'' - 2y' + 2y = 0$

の一般解を求めよ．

解（1）　特性方程式は $\lambda^2 - \lambda - 6 = 0$ であり，その解は $\lambda = -2, 3$ だから，一般解は

$$y = c_1 e^{-2x} + c_2 e^{3x} \qquad (c_1,\ c_2：任意定数)$$

となる．

（2）　特性方程式は $\lambda^2 - 4\lambda + 4 = 0$ であり，これは重解 $\lambda = 2$ をもつ．したがって，一般解は

$$y = (c_1 + c_2 x)\, e^{2x}$$

となる．

（3）　特性方程式は $\lambda^2 - 2\lambda + 2 = 0$ であり，その解は $\lambda = 1 \pm i$ なので，一般解は

$$y = e^x (c_1 \cos x + c_2 \sin x)$$

となる．これは

$$y = Ae^x \cos(x + \delta)$$

と表してもよい．

問題 9　次の微分方程式の一般解を求めよ．

（1）　$y'' - 5y' + 4y = 0$　　（2）　$y'' - 6y' + 9y = 0$

（3）　$y'' - 4y' + 8y = 0$

初期条件がつく場合の計算

さらに初期条件がつく場合について具体的に計算してみよう．

例題 8

微分方程式 $y'' - 5y' + 6y = 0$，初期条件 $y(0) = 1$，$y'(0) = 0$ の解を求めよ．

解 与えられた微分方程式の特性方程式は $\lambda^2 - 5\lambda + 6 = 0$ であり，その解は $\lambda = 2, 3$ だから，その一般解は

$$y = c_1 e^{2x} + c_2 e^{3x} \qquad (c_1,\ c_2：任意定数)$$

となる．初期条件より

$$y(0) = c_1 + c_2 = 1, \qquad y'(0) = 2c_1 + 3c_2 = 0$$

なので，これを解いて $c_1 = 3$，$c_2 = -2$ が得られる．したがって，この場合の解は

$$y = 3e^{2x} - 2e^{3x}$$

となる．

問題 10 次の微分方程式の解を与えられた初期条件で求めよ．

（1） $y'' - 4y' + 3y = 0$： $y(0) = 1$，$y'(0) = -2$

（2） $y'' - 6y' + 9y = 0$： $y(0) = -1$，$y'(0) = 1$

（3） $y'' - 4y' + 8y = 0$： $y(0) = 0$，$y'(0) = 4$

減衰振動

私たちの身の回りには振り子やブランコ，バネ，電気回路など，往復運動を繰り返す現象が数多くみられる．この振動現象の振れ幅である振幅は，力学や電磁気学において，時間を変数とする2階微分方程式で表されることがわかっている．実際には外から力を加え続けたりしない限り，振動の振幅は摩擦などで時間と共に減衰する．このことが微分方程式でどのように表現でき，その解がどのような振舞いをするか，次の例題で考察してみよう．

例題 9

微分方程式 $\ddot{x} + 2\gamma\dot{x} + {\omega_0}^2 x = 0$ が与えられている．$\gamma\ (\geq 0)$，$\omega_0\ (> 0)$ は共に定数である．ここで，$\dot{x} = dx/dt$, $\ddot{x} = d^2x/dt^2$ であり，t は時間を表す．初期条件が $x(0) = x_0$，$\dot{x}(0) = 0$ の場合の $t > 0$ での解の振舞いを調べよ．なお，¨ は2階，˙ は1階の微分を表す．

解 与えられた微分方程式の特性方程式は $\lambda^2 + 2\gamma\lambda + {\omega_0}^2 = 0$ であり，その解は

$$\lambda = -\gamma \pm \sqrt{\gamma^2 - {\omega_0}^2} \tag{1}$$

である．解の様子を γ と ω_0 の大小に分けて考えてみよう．

（i） $\gamma > \omega_0$ の場合：

λ は共に実数で負なので，微分方程式の一般解は

$$x(t) = c_1 e^{-(\gamma - \sqrt{\gamma^2 - {\omega_0}^2})t} + c_2 e^{-(\gamma + \sqrt{\gamma^2 - {\omega_0}^2})t} \tag{2}$$

と表される．初期条件より

$$x(0) = c_1 + c_2 = x_0, \quad \dot{x}(0) = -(\gamma - \sqrt{\gamma^2 - {\omega_0}^2})\,c_1 - (\gamma + \sqrt{\gamma^2 - {\omega_0}^2})\,c_2 = 0$$

であり，これから c_1，c_2 を求めると

$$c_1 = \frac{1}{2}\left(1 + \frac{\gamma}{\sqrt{\gamma^2 - {\omega_0}^2}}\right), \qquad c_2 = \frac{1}{2}\left(1 - \frac{\gamma}{\sqrt{\gamma^2 - {\omega_0}^2}}\right)$$

が得られる．これを (2) に代入すると

$$x(t) = \frac{1}{2}\left(1 + \frac{\gamma}{\sqrt{\gamma^2 - {\omega_0}^2}}\right) x_0\, e^{-(\gamma - \sqrt{\gamma^2 - {\omega_0}^2})t} + \frac{1}{2}\left(1 - \frac{\gamma}{\sqrt{\gamma^2 - {\omega_0}^2}}\right) x_0\, e^{-(\gamma + \sqrt{\gamma^2 - {\omega_0}^2})t} \tag{3}$$

となる．これは時間と共に指数関数的に減衰する解を表す．

（ii）　$\gamma = \omega_0$ の場合：

特性方程式は重解 $\lambda = -\gamma$ をもつので，微分方程式の一般解は

$$x(t) = (c_1 + c_2 t)\, e^{-\gamma t} \tag{4}$$

と表される．初期条件より

$$x(0) = c_1 = x_0, \qquad \dot{x}(0) = c_2 - \gamma c_1 = 0$$

なので，これから求められる c_1，c_2 を (4) に代入すると

$$x(t) = (1 + \gamma t)\, x_0\, e^{-\gamma t} \tag{5}$$

が得られる．これも時間と共に指数関数的に減衰する．

（iii）　$0 < \gamma < \omega_0$ の場合：

特性方程式の解 (1) は

$$\lambda = -\gamma \pm i\sqrt{{\omega_0}^2 - \gamma^2}$$

という共役複素数なので，微分方程式の一般解は

$$x(t) = e^{-\gamma t}\left(c_1 \cos\sqrt{{\omega_0}^2 - \gamma^2}\, t + c_2 \sin\sqrt{{\omega_0}^2 - \gamma^2}\, t\right) \tag{6}$$

と表される．初期条件より

$$x(0) = c_1 = x_0, \qquad \dot{x}(0) = -\gamma c_1 + \sqrt{{\omega_0}^2 - \gamma^2}\, c_2 = 0$$

なので，これから求められる c_1，c_2 を (6) に代入して

$$x(t) = x_0\, e^{-\gamma t}\left(\cos\sqrt{{\omega_0}^2 - \gamma^2}\, t + \frac{\gamma}{\sqrt{{\omega_0}^2 - \gamma^2}} \sin\sqrt{{\omega_0}^2 - \gamma^2}\, t\right) \tag{7}$$

が得られる．γ が正なので，これは振幅が指数関数的に減衰する振動を表す．

（iv）　$\gamma = 0$ の場合：

この場合の解は (7) で $\gamma = 0$ とおいて

$$x(t) = x_0 \cos \omega_0 t \tag{8}$$

と表される．これは減衰のない単純な振動（単振動）を表す．

以上をまとめて図示すると，概ね図 3.5 のようになる．図中の (i)～(iv) の記号が付いた曲線は，それぞれの場合の解 (3)，(5)，(7)，(8) に対応する．これらは，

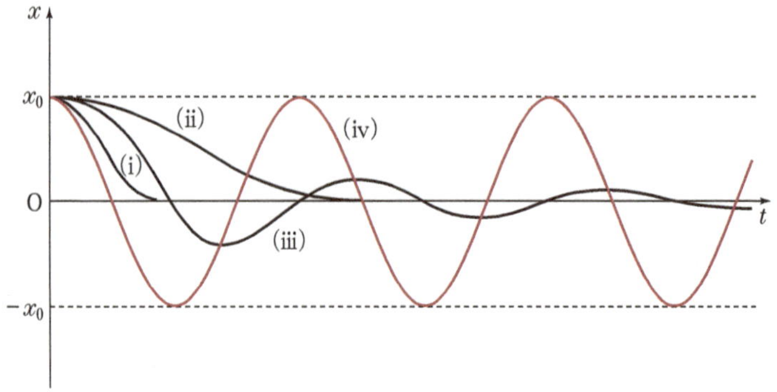

図 3.5

振り子やバネなどにおいて，初期条件として時刻 $t = 0$ で位置 x_0 から静かに放したときの振動を表しており，(ⅰ)～(ⅲ) は摩擦がある場合，(ⅳ) は摩擦がない場合の振動の様子を表している．

(3) 非同次微分方程式の解法

前に述べたように，非同次の 2 階微分方程式は

$$y'' + P(x)\,y' + Q(x)\,y = R(x) \tag{3.25}$$

と表される．いま，その特解を $y_{\mathrm{p}}(x)$ とすると，これはもちろん，

$$y_{\mathrm{p}}'' + P(x)\,y_{\mathrm{p}}' + Q(x)\,y_{\mathrm{p}} = R(x) \tag{3.39}$$

を満たす．

他方，(3.25) に対応した同次微分方程式 $y'' + P(x)\,y' + Q(x)\,y = 0$ の一般解を $y_{\mathrm{g}}(x)$ とすると，これは

$$y_{\mathrm{g}}'' + P(x)\,y_{\mathrm{g}}' + Q(x)\,y_{\mathrm{g}} = 0 \tag{3.40}$$

を満たすので，(3.39) と (3.40) を辺々加えると，

$$(y_{\mathrm{p}} + y_{\mathrm{g}})'' + P(x)\,(y_{\mathrm{p}} + y_{\mathrm{g}})' + Q(x)\,(y_{\mathrm{p}} + y_{\mathrm{g}}) = R(x) \tag{3.41}$$

ここはポイント!

が導かれる．これと (3.25) を比べると，$y = y_{\mathrm{p}} + y_{\mathrm{g}}$ が (3.25) の解であることがわかる．すなわち，非同次の 2 階微分方程式の解は，その特解と，対応する同次微分方程式の一般解の和で表される．これは非同次の 1 階微分方程式 (3.6) の場合と全く同様であり，線形の微分方程式で常に成り立つ重要

な性質である．

やはり前に述べたように，非同次の定係数 2 階微分方程式は

$$y'' + ay' + by = R(x) \tag{3.26}$$

であり，これは 2 階微分方程式 (3.25) の特殊な場合にすぎない．したがって，その一般解は元の非同次微分方程式の特解と対応する同次微分方程式の一般解の和で表される．

これまでにみてきたように，(3.26) に対応する同次微分方程式 (3.27) の一般解は，その特性方程式から容易に求められる．したがって，(3.26) の一般解を求める際のポイントは，その特解を求めることに帰着する．しかも，解の存在と一意性から，ともかく何らかの方法で特解を 1 つ求められればそれでよいのである．

未定係数法による解法

自然科学や工学に限らず，社会科学も含めて，微分方程式の応用で非同次項 $R(x)$ が出てくる際には，それは多項式，三角関数，指数関数，あるいはその組み合わせである場合が多い．そこでここでは，その場合に威力を発揮する未定係数法について述べることにする．この方法が有力な訳は，これらの関数を何度微分しても，それぞれ同じタイプの関数になる性質をもっていることであり，3.2.3 項の (2) において 1 階微分方程式の場合に述べた場合と事情は本質的に同じである．例題で具体的にみてみよう．

例 題 10

非同次の定係数 2 階微分方程式

（1）　$y'' + 3y' + 2y = \sin x$　　（2）　$y'' + y = 2xe^x$

の一般解を求めよ．

解（1）　非同次項が三角関数なので，与えられた微分方程式の特解 y_{p} を

$$y_{\mathrm{p}} = A\sin x + B\cos x$$

と仮定して，未定の係数 A と B の決定を試みる．

上式を与えられた微分方程式の左辺に代入して計算し整理すると，

$$(A - 3B)\sin x + (3A + B)\cos x = \sin x$$

が得られる．この式が x の値によらず常に成り立つためには，

$$A - 3B = 1, \qquad 3A + B = 0$$

でなければならず，これより $A = 1/10$，$B = -3/10$ が得られ，特解 y_{p} は

$$y_{\mathrm{p}} = \frac{1}{10}\sin x - \frac{3}{10}\cos x \tag{1}$$

となる．これが特解であることは，これを与えられた微分方程式に代入して確かめられる．

他方，対応する同次微分方程式 $y'' + 3y' + 2y = 0$ の一般解 y_{g} は，特性方程式から容易に得られて，

$$y_{\mathrm{g}} = c_1 e^{-x} + c_2 e^{-2x} \qquad (c_1,\ c_2 : \text{任意定数}) \tag{2}$$

と表される．したがって，与えられた非同次微分方程式の一般解 y は，(1) と (2) より

$$y = y_{\mathrm{p}} + y_{\mathrm{g}} = \frac{1}{10}\sin x - \frac{3}{10}\cos x + c_1 e^{-x} + c_2 e^{-2x}$$

となる．

（2）　非同次項の形から，この場合の特解は x の多項式と指数関数 e^x の積であることが予想される．指数関数の部分は e^x を何度微分しても変わらないから，この形しかあり得ない．多項式の部分はそれを微分する度に次数が下がるので，非同次項の最高次数以上の項を考える必要はない．

結局，特解 y_{p} は

$$y_{\mathrm{p}} = (Ax + B)\,e^x$$

として，未定の係数 A と B を決めればよい．これを与えられた微分方程式に代入して計算すると，

$$\{2Ax + 2(A + B)\}e^x = 2xe^x$$

となる．これより $A = 1$，$B = -1$ が得られ，特解として

$$y_{\mathrm{p}} = (x - 1)\,e^x \tag{1}$$

が求められる．これが特解であることは，与えられた微分方程式に代入することで確認できる．

与えられた微分方程式に対応する同次微分方程式 $y'' + y = 0$ の一般解 y_{g} は

$$y_{\mathrm{g}} = c_1 \sin x + c_2 \cos x \tag{2}$$

と表される．

こうして，元の非同次微分方程式の一般解 y は，(1) と (2) より

$$y = y_{\mathrm{p}} + y_{\mathrm{g}} = (x - 1)\,e^x + c_1 \sin x + c_2 \cos x$$

となる．

問 題 11　次の非同次微分方程式の一般解を求めよ．

（1）　$y'' - 5y' + 4y = x^2$　　（2）　$y'' - 2y' + 2y = e^{2x}$

（3）　$y'' - 6y' + 8y = \cos x$　　（4）　$y'' + 5y' + 6y = e^x \sin x$

共鳴現象

子供の頃，親にブランコの振れに応じて押してもらうと，その振れがだんだん大きくなり，面白くなったり不安になったりしたことがあるであろう．また，吊り橋で何人かの人が振れに合わせて渡り歩くうちに，振れが大きくなり過ぎて吊り橋が切れて落下するという悲劇も昔は時々聞いた話である．これらは振動の**共鳴**とよばれる現象である．これを 2 階微分方程式で考察してみよう．

例題 11

非同次の定係数 2 階微分方程式

$$\ddot{x} + \omega_0^2 x = F \sin \omega t \qquad (3.42)$$

の一般解を求めよ．ここでも例題 9 と同様に $\ddot{x} = d^2x/dt^2$ であり，t は時間を表す．また，ω_0 と F は共に定数である．

解 与えられた微分方程式には 2 つの角振動数 ω と ω_0 があるので，両者が等しい場合とそうでない場合に分けて解を求めてみよう．実際，大きく異なる結果が得られることがわかる．

（1）　$\omega \neq \omega_0$ の場合：

三角関数は 2 度微分すると符号を変えて元に戻る性質があり，しかも与えられた微分方程式に 1 階微分 $\dot{x}$ が含まれておらず，非同次項が $\sin \omega t$ に比例するので，その特解 x_{p} は

$$x_{\mathrm{p}} = A \sin \omega t$$

の形をとることが予想される．これを与えられた微分方程式に代入すると，

$$(-\omega^2 + \omega_0^2) A \sin \omega t = F \sin \omega t, \qquad \therefore \quad A = \frac{F}{\omega_0^2 - \omega^2}$$

となり，特解として

$$x_{\mathrm{p}} = \frac{F}{\omega_0^2 - \omega^2} \sin \omega t \qquad (1)$$

が得られる．

他方，同次微分方程式 $\ddot{x} + \omega_0^2 x = 0$ の一般解 x_{g} は

$$x_{\mathrm{g}} = c_1 \sin \omega_0 t + c_2 \cos \omega_0 t \qquad (2)$$

と表される．したがって，与えられた微分方程式の一般解は (1) と (2) より

$$x(t) = \frac{F}{{\omega_0}^2 - \omega^2}\sin\omega t + c_1 \sin\omega_0 t + c_2 \cos\omega_0 t \qquad (3)$$

となる．

上の解 (3) において，ω が ω_0 の値に近づくにつれて，特解にある分数の分母がゼロに近づく．すなわち，$\omega \to \omega_0$ で解が発散してしまって，$\omega = \omega_0$ の場合には上で求めた解 (3) は意味をなさない．したがって，この場合の解は別に調べなければならない．

（2） $\omega = \omega_0$ の場合：

この場合，与えられた微分方程式の非同次項が $F\sin\omega_0 t$ となって，(2) からわかるように，同次方程式の独立な解の 1 つと一致する．このようなときには，特解として

$$x_{\rm p} = A\sin\omega_0 t + B\cos\omega_0 t$$

とおいて未定の係数 A，B を決めようとしても，$\ddot{x}_{\rm p} + {\omega_0}^2 x_{\rm p} = 0$ となってしまい，決められない．

そこで，特解として

$$x_{\rm p} = At\sin\omega_0 t + Bt\cos\omega_0 t \qquad (4)$$

とおいてみよう．これは同次微分方程式の特性方程式が重解をもつ場合と同じような考え方である．このとき，

$$\dot{x}_{\rm p} = A\sin\omega_0 t + A\omega_0 t\cos\omega_0 t + B\cos\omega_0 t - B\omega_0 t\sin\omega_0 t$$
$$\ddot{x}_{\rm p} = 2A\omega_0\cos\omega_0 t - A{\omega_0}^2 t\sin\omega_0 t - 2B\omega_0\sin\omega_0 t - B{\omega_0}^2 t\cos\omega_0 t$$

となり，これらを元の微分方程式の左辺に代入すると，

$$\ddot{x}_{\rm p} + {\omega_0}^2 x_{\rm p} = 2A\omega_0\cos\omega_0 t - 2B\omega_0\sin\omega_0 t$$

となる．これが非同次項の $F\sin\omega_0 t$ と一致するとして，(4) の未定の係数は

$$A = 0, \qquad B = -\frac{F}{2\omega_0}$$

のように決めることができる．

これより，特解は

$$x_{\rm p} = -\frac{F}{2\omega_0}t\cos\omega_0 t$$

となり，同次微分方程式の一般解 (2) を加えて，元の微分方程式の一般解は

$$x(t) = -\frac{F}{2\omega_0}t\cos\omega_0 t + c_1\sin\omega_0 t + c_2\cos\omega_0 t \qquad (5)$$

で与えられる．

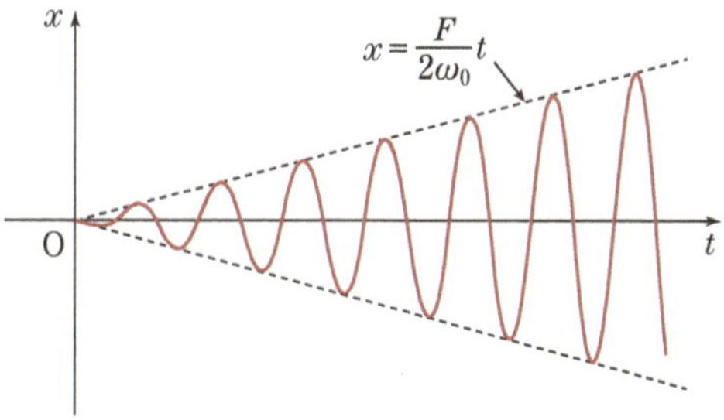

図 3.6

この例題 11 の $\omega=\omega_0$ の場合に重要なことは，(5) の特解の部分の三角関数の前に時間 t が付いていることである．そのために，図 3.6 のように，この特解は振動するのであるが，その振幅は時間と共に増大する．実は，例題 11 で述べた非同次の定係数 2 階微分方程式 (3.42) は，固有角振動数 ω_0 をもつ振り子やバネなどの振動子に，角振動数 ω で振動する力を外から加えたときの振動子の振舞いを表す，重要な微分方程式なのである．特に，振動子の固有角振動数 ω_0 と同じ角振動数で振動する力を外から加えると，例題 11 の (5) 式でみたように，振動の振幅が時間に比例して増大する．これは**共鳴**という重要で興味深い現象を表す．

例題 11 のすぐ上で少し述べたが，ブランコに乗っていて，誰かにブランコの自然な振れに応じて押してもらうと，次第に振れが大きくなるのは共鳴の例である．また，吊り橋などで調子に乗ってスイスイ歩いていると，吊り橋の揺れ幅が次第に大きくなることがある．これも歩調と吊り橋の固有な振れの調子が等しくなって，共鳴が起こるからである．悪くすると吊り橋が切れて大惨事になり得るので，山里で吊り橋に出会っても決して調子に乗って無理にブラブラさせないことである．また，地震の振動が建物の固有の振動数に一致すると，共鳴によって建物が大きく振動して被害をもたらすことがあるし，微弱なラジオ波の受信や，いろいろな楽器で発する音を大きくするのにも共鳴が使われている．

このように，共鳴は意外に身近な現象であり，それが (3.42) の非同次の定係数 2 階微分方程式で表現できるのである．

3.4 まとめとポイントチェック

本章ではまず，微分方程式が物理学だけでなく，自然科学一般や工学，ひいては社会科学においても重要であることを強調した．それは，現実に起こるいろいろな現象が微分方程式で表現できることが多いからである．一見難しそうにみえる微分方程式にも解が存在し，しかもそれが一意的に決まることが，直観的に目にみえる形で理解できることも示した．しかし，そのことと具体的に解をみつけることは別問題で，微分方程式の解法は一筋縄ではいかない．そこで，比較的容易に解がみつかる例として，1 階微分方程式，定係数 2 階微分方程式の場合について詳しく述べた．微分方程式の場合でも慣れることが重要で，例題や演習問題をやっているうちに，与えられた微分方程式の解が予想できるようになる．もちろん，慣れるに従って，場合によっては解が簡単にみつかりそうもないこともわかってくるようになる．

ポイントチェック

- □ **微分方程式とは何かが理解できた．**
- □ **微分方程式がなぜ必要かがわかった．**
- □ **微分方程式の階数がわかった．**
- □ **微分方程式の解の存在と一意性の意味が理解できた．**
- □ **線形微分方程式の線形の意味がわかった．**
- □ **微分方程式の同次と非同次の区別がわかった．**
- □ **1 階微分方程式の解き方が理解できた．**
- □ **関数の 1 次独立と 1 次従属の意味が理解できた．**
- □ **2 階微分方程式は 2 つの 1 次独立な解をもつことがわかった．**
- □ **同次の定係数 2 階微分方程式の解は，その特性方程式から求められることがわかった．**
- □ **非同次の定係数微分方程式の特解には未定係数法が有力であることが理解できた．**

4 関数の微小変化と偏微分

学習目標

- **2 変数関数の微小変化を表す式を導く.**
- **偏微分の意味と必要性を理解する.**
- **偏微分の使い方に慣れる.**
- **ヤコビ行列式とその性質を理解する.**

第 1 章では，ただ 1 つの独立変数で表される関数の微分を考えた．ところが，現実を見渡すと，例えば，大気圧は場所によって高気圧であったり，低気圧であったりして変わるし，室内の温度でも窓側と廊下側，床と天井では値が異なるであろう．すなわち，多くの物理量は空間の位置の関数である．いま，位置座標を (x, y, z) とすると，一般に物理量は 3 つの独立変数 x, y, z の関数ということになる．さらに，注目する物理量が時間的に変化すれば，時間 t ももう 1 つの独立変数として加わることになる．また，例えばある容器に閉じ込められた気体や液体などの物質の密度 ρ を考えると，それが容器内の場所や時間によらなくても，容器内の温度 T と圧力 p によって変化することがわかっている．すなわち，ρ は独立変数 T と p の関数とみなされるのである．

このように，現実には注目する物理量が独立変数 1 つではなく，複数個もつことは珍しくない．その場合に物理量の微小変化がどのように表されるかが問題となり，複数個の独立変数それぞれによる微分として偏微分が現れるのである．偏微分というのは，いくつかある独立変数のうちの 1 つだけによる微分であり，その際，他の独立変数の値をすべて固定して一定とみなす．偏微分と聞くと何か神秘的で難しそうに感じるが，実はいたって簡単な微分操作にすぎない．

物質粒子が占める空間の位置によってその粒子のもつエネルギーが決まる場合，そのエネルギーを位置エネルギーという．例えば，惑星は太陽の周りを公転しているが，それぞれに公転周期が違う．これは，各惑星の太陽に対する位置の違い，したがって，位置エネルギーが異なるためだと考えられる．直接的には，惑星の公転は太陽と惑星の間にはたらく万有引力によるものとみなされる．このように，位置エネルギーと力の間には密接な関係があり，力は位置エネルギーの偏微分に負号を付けたもので与えられる．偏微分の応用例として，このこともとり上げる．

このように，偏微分は力学に欠かすことができない．それどころか，偏微分は電磁気学，熱力学でも必須であり，物理学や化学の世界ではいろいろなところに現れる．それはひとえに，多変数の関数の微小変化が問題になるからである．本章では偏微分のもう１つの応用例として，多変数の組を別の多変数の組に変える変数変換の際にとても便利な数学的道具となる，ヤコビ行列式とその性質についても述べる．

4.1 多変数関数の微小変化と偏微分

4.1.1 2変数関数の微小変化

1.1.2 項で 1 変数関数 $f(x)$ の微小変化 Δf が (1.8) のように表されることを示した．そこで次に，独立変数が x, y の 2 つあるとし，それらの値によって決まる滑らかな 2 変数関数を $f(x, y)$ として，その微小変化 Δf がどのように表されるかを考えてみよう．これは，通常の物理系の状態が 2 つまたはそれ以上の独立変数で表されることが多いからである．もちろんそれだけでなく，自然科学のその他の分野や社会科学でも，問題とする状態が数値的に議論できる場合には，いつでも同じような考え方ができる．その上，2 変数の場合を議論しておくと，3 変数以上の場合に拡張することは容易である．

この 2 変数関数の場合の $f(x, y)$ は，1 変数関数の場合の $f(x)$ の場合の図 1.1 と違って，図 4.1 のように 3 次元空間の中の滑らかな曲面として表される．すなわち，2 変数 x, y を xy 平面上に，関数 $f(x, y)$ の値を z 軸にとって x, y を滑らかに変えれば，z 軸の向きの高さとしての

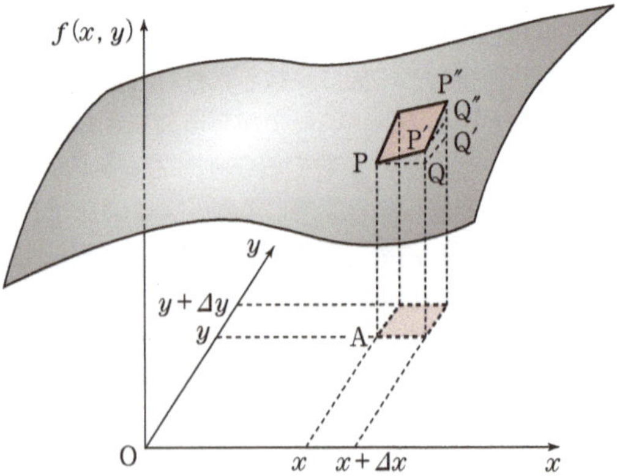

図 4.1 x と y がそれぞれ Δx と Δy だけ変化したときの $f(x, y)$ の変化

$f(x, y)$ が滑らかに変化して，1つの曲面を与えるというわけである．

ここで x, y の値を，それぞれ微小量 $\varDelta x$, $\varDelta y$ だけ増したときの f の変化量 $\varDelta f$ を考えてみよう．図 4.1 でいえば，2点 P と P″ での f の値の差を求めてみようというわけである．このとき，$\varDelta f$ は

$$\varDelta f = f(x + \varDelta x, y + \varDelta y) - f(x, y) \tag{4.1}$$

である．これを変形すると

$$\varDelta f = \{f(x + \varDelta x, y) - f(x, y)\} + \{f(x + \varDelta x, y + \varDelta y) - f(x + \varDelta x, y)\} \tag{4.2}$$

と表される．ところが，上式右辺の第1の｛　｝の中は y が一定のままであり，1変数 x だけの微小変化 $\varDelta x$ なので，(1.7) と同じく

$$f(x + \varDelta x, y) - f(x, y) = \left(\frac{\partial f}{\partial x}\right)_y \varDelta x \qquad (\varDelta x \to 0) \tag{4.3}$$

と表される．ここで，右辺の $(\partial f/\partial x)_y$ は，y を固定して f を x だけについて微分することを表す記号である．

幾何学的には，(4.3) は図 4.1 で点 P から点 P′ へ移動したときの f の値の変化である線分 $\overline{\mathrm{QP'}}$ の長さを調べることに相当する．y が固定されていて x 方向だけに変化するので，線分 $\overline{\mathrm{QP'}}$ の長さは1変数のときと同様に (1.8) で与えられる．ただ，ここでは2変数関数の変化をみているのであり，x 方向だけの変化であることをはっきりさせるために，(4.3) のように表しただけである．記号の違いはあっても，(1.7) や (1.8) との意味の違いは全くないことに注意しよう．

同様にして，(4.2) の右辺の第2の｛　｝の中は $x + \varDelta x$ の値を変えないで $f(x, y)$ を y で微分する場合に相当するので

$$f(x + \varDelta x, y + \varDelta y) - f(x + \varDelta x, y) = \left(\frac{\partial f}{\partial y}\right)_x \varDelta y \qquad (\varDelta y \to 0) \tag{4.4}$$

と表される．ここでも $(\partial f/\partial y)_x$ は，関数 $f(x, y)$ を x を固定して y だけについて微分することを意味する．ただし，値を固定した $x + \varDelta x$ の $\varDelta x$ は微小なので無視している．(4.4) は図 4.1 で点 P′ から点 P″ へ移動したときの，$f(x, y)$ の値の変化である線分 $\overline{\mathrm{Q''P''}}$ の長さを表す．

(4.3)，(4.4) を (4.2) に代入すると，関数 $f(x, y)$ の微小変化 Δf は

$$\Delta f = \left(\frac{\partial f}{\partial x}\right)_y \Delta x + \left(\frac{\partial f}{\partial y}\right)_x \Delta y \qquad (\Delta x \to 0,\ \Delta y \to 0) \tag{4.5}$$

と表される．これは滑らかな関数 $f(x, y)$ の独立変数 x, y がそれぞれ Δx, Δy だけの微小な変化をしたときに成り立つ一般的な関係式である．幾何学的にいえば，図 4.1 で点 P から点 P″ への移動による f の値の変化 Δf (線分 $\overline{\mathrm{Q'P''}}$) が点 P から点 P′ への移動による変化分 (線分 $\overline{\mathrm{QP'}} = \overline{\mathrm{Q'Q''}}$) と点 P′ から点 P″ への移動による変化分 (線分 $\overline{\mathrm{Q''P''}}$) の和であるという，ほとんど当たり前のことを表しているにすぎないことに注意しよう．

ここはポイント!

数学の世界では，(4.5) の両辺で微小量を表す記号 Δ を微分の演算を表す記号 d に置き換えたときの左辺の df を関数 $f(x, y)$ の**全微分**，$(\partial f/\partial x)_y$, $(\partial f/\partial y)_x$ をそれぞれ x および y による**偏微分**という．しかし，偏微分というのは，ある 1 つの独立変数だけで微分し，他の独立変数は定数とみなすという簡単な微分であるし，全微分はそれらで表された関数の変化量にすぎない．堅苦しい用語はともかくとして，図 4.1 をみればその意味は明らかであろう．ともかく，今後，滑らかな関数の微小変化量として，(1.8)，(4.5) を折に触れて使うことになる，とても重宝する数学公式である．

なお，$f(x, y)$ を x で偏微分する際にはもう 1 つの変数 y を固定するのは明らかなので，偏微分の下付きをわざわざ書かないことが多い．すなわち，$(\partial f/\partial x)_y$, $(\partial f/\partial y)_x$ をそれぞれ $\partial f/\partial x$, $\partial f/\partial y$ と記すこともある．

これまでは説明の便宜上，独立変数を空間の位置座標を念頭においていたが，もちろん，その必要はない．例えば，熱力学によれば，空気や水などの物質の密度 ρ は，温度 T と圧力 p の関数 $\rho(T, p)$ と表される．この場合の独立変数は T と p であり，それらの微小変化 ΔT, Δp による ρ の微小変化 $\Delta\rho$ は，

$$\Delta\rho = \left(\frac{\partial \rho}{\partial T}\right)_p \Delta T + \left(\frac{\partial \rho}{\partial p}\right)_T \Delta p \tag{4.6}$$

と表される．また，熱力学では，どの物理量を固定して，どの物理量を変化させるかが本質的に重要なので，偏微分の下付きを省略することはほとんどない．

4.1.2 3変数以上の関数の微小変化

これまでは2変数の場合を扱ってきたが，3変数の場合への拡張は容易である．現実の世界は3次元なので，例えば室内の温度でさえ，窓側か廊下側か，天井に近いか床に近いかで違うであろう．すなわち，室内の温度 T は場所 (x, y, z) の関数として $T(x, y, z)$ と表され，場所をほんの少し変えた場合の微小変化 ΔT を問題とすることができるのである．

3変数関数 $f(x, y, z)$ の独立変数 x, y, z がそれぞれ $\Delta x, \Delta y, \Delta z$ だけの微小な変化をした場合の微小変化量 Δf は，(4.5) の自然な拡張である

$$\Delta f = \left(\frac{\partial f}{\partial x}\right)_{y,z}\Delta x + \left(\frac{\partial f}{\partial y}\right)_{x,z}\Delta y + \left(\frac{\partial f}{\partial z}\right)_{x,y}\Delta z$$

$$(\Delta x \to 0,\ \Delta y \to 0,\ \Delta z \to 0) \tag{4.7}$$

と表されることは明らかであろう．ここで，例えば偏微分 $(\partial f/\partial x)_{y,z}$ の下付きの y, z は，関数 $f(x, y, z)$ を x で微分する際に，y と z を固定して定数とみなすことを意味している．ただし，この場合にも下付きを省略して，単に $\partial f/\partial x$, $\partial f/\partial y$, $\partial f/\partial z$ と記すことが多い．

一般には，変数の数がもっとたくさんある場合も考えられる．例えば，関数 f が空間座標 x, y, z だけでなく，時間 t にもよる場合，それは $f(x, y, z, t)$ と表され，4変数関数となる．そのような場合の関数の微小変化 Δf が (4.5) や (4.7) からどのように表されるかは明らかで，さらに多くの変数の場合に素直に拡張すればよいだけである．

例題 1

2変数関数 $f(x, y) = x^2 y + xy^2 + y^3$ の偏微分 $\partial f/\partial x$, $\partial f/\partial y$ を求めよ．

解 微分 $\partial f/\partial x$ を計算するとき，y は定数とみなしてよいので，$\partial f/\partial x = 2xy + y^2$ と簡単に計算できてしまう．特に，右辺第3項の y^3 は x の微分に全く効かないことに注意しよう．もし，y が x の関数だと，このようなわけにはいかない．偏微分がいかに簡単な微分であるかがわかるであろう．同様にして，$\partial f/\partial y = x^2 + 2xy + 3y^2$ である．

問題 1 次の2変数および3変数関数の偏微分を求めよ．

(1) $f(x, y) = x^2 y + xy^2$　　(2) $f(x, y, z) = x^2 + y^2 + z^2$

4.2 偏微分の応用 (1) ―力と位置エネルギー―

もっていたコップを何かのはずみで手放すと，床に落ちてしまう．これは重力を実感させられる日常的な経験であり，地球全体がコップに万有引力を作用するためである．その地球も，太陽から万有引力を受けてその周りを公転している．また，水分子を構成する水素原子はいろいろある原子の中で最も単純な構造をもち，ただ１個の陽子を原子核として，その周りを１個の電子が動き回っている．この場合も電子が勝手にどこかに飛んで行かずに水素原子が安定に存在するのは，電子の立場からいえば，陽子が電子にクーロン力を及ぼしているからである．

ここで少々乱暴であるが，太陽に対する地球や地球全体に対するコップなどの物体を，大きさをもたない粒子とみなしてみよう．力学では，このように質量はあるが大きさをもたない点状の粒子を質点とよぶ．(陽子に対する電子に至っては，未だに大きさがあるのかわかっておらず，点とみなして構わない.) すると，太陽や地球全体あるいは陽子などの力の源が，地球やコップ，電子などの粒子 (質点) に力を及ぼしていると考えることができる．しかも，その力の大きさは，力の源に対して粒子がどこにあるかで決まる．このような力の距離依存性は，源から遠くに離れていけば，作用する力が弱くなることから納得できるであろう．

太陽に対する地球ということでは，地球は決して特別な存在ではなく，金星や火星，木星なども太陽からの万有引力を受けて，その周りを公転している．これは力の源としての太陽がその周囲の空間の性質を変えていて，周囲にある地球などに影響を与えていることを示唆する．この空間の性質を**場**といい，いまの場合は万有引力が源なので，特に**万有引力場**とよばれる．すなわち，地球などの惑星は太陽を源とする万有引力場を感じて公転運動をしているとみなすことができる．このような場にはエネルギーが付随していると考えると便利であって，場は場所によるので，このエネルギーを**位置エネルギー**という．地上でものをもち上げるのに力を加えて仕事が必要なのは，そのものが地球からの重力場を感じていて，その位置エネルギーを変えなければならないからである．

ここで，位置 (x, y, z) の位置エネルギーを $U(x, y, z)$ としよう．すなわち，位置 (x, y, z) にある粒子は位置エネルギー $U(x, y, z)$ をもっていると考えるのである．一般にエネルギーは低いほど安定なので，位置エネルギーをもっている粒子はエネルギーの低い向きに運動しようとする．地上で手にもっているものを手放すと，そのものは位置エネルギーの低いところへ向かって落下する．こうして，粒子には位置エネルギーの傾きに比例した力がはたらくと仮定するのが自然であり，しかもその力が位置エネルギーの低い方にはたらくので，作用する力は位置エネルギーの傾きとは逆向きのはずである．

1変数関数の傾きが (1.2) で表されるように，その関数の微分で与えられることを考えると,位置エネルギー $U(x, y, z)$ の x 方向の傾きは $U(x, y, z)$ の x による偏微分 $\partial U(x, y, z)/\partial x$ である．したがって，x 方向にはたらく力を F_x とすると，これは $F_x = -\partial U(x, y, z)/\partial x$ と表される．同様にして，y 方向，z 方向にはたらく力をそれぞれ F_y，F_z とすると，

$$F_x = -\frac{\partial U(x, y, z)}{\partial x}, \quad F_y = -\frac{\partial U(x, y, z)}{\partial y}, \quad F_z = -\frac{\partial U(x, y, z)}{\partial z} \tag{4.8}$$

と表されることになる．これが，粒子のもつ位置エネルギーとそれにはたらく力との間の関係である．

力は，どの向きにはたらくかという向きと，どれくらい強いかという大きさをもつ物理量である．このように，向きと大きさをもつ量を**ベクトル**という．このベクトルを使うと，(4.8) は簡潔な形に表すことができるが，ベクトルについては次章で詳しく述べる．

例題 2

質量 M の太陽が原点にあるとき，位置 (x, y, z) にある質量 m の惑星の位置エネルギー $U(x, y, z)$ は

$$U(x, y, z) = -G\frac{Mm}{r} \tag{4.9}$$

で与えられることがわかっている．ここで，G は万有引力定数とよばれる．また，r は太陽から惑星までの距離であって，

$$r = \sqrt{x^2 + y^2 + z^2} \tag{4.10}$$

である．このとき，惑星にはたらく力を求めよ．

解 (4.9) を (4.8) に代入して計算すればよいだけであるが，r が x, y, z の関数なので，その微分には注意が必要である．惑星にはたらく力の x, y, z 成分をそれぞれ F_x，F_y，F_z とし，まず F_x を求めてみよう．そのためには $1/r$ を x で偏微分しなければならないが，このとき y, z は定数とみなされるので，合成関数の微分の規則 (1.16) を使って，

$$\frac{\partial}{\partial x}\left(\frac{1}{r}\right) = \frac{d}{dr}\left(\frac{1}{r}\right)\frac{\partial r}{\partial x} = -\frac{1}{r^2}\frac{\partial r}{\partial x} \tag{1}$$

を計算すればよい．ここで (1) の中央の式の第1の微分は r の関数 $1/r$ を r で微分するだけなので，普通の微分記号が使ってある．第2の微分は平方根の微分なので，

$$\begin{aligned}\frac{\partial r}{\partial x} &= \frac{\partial}{\partial x}\sqrt{x^2 + y^2 + z^2} = \frac{1}{2}\frac{1}{\sqrt{x^2 + y^2 + z^2}}2x \\ &= \frac{x}{\sqrt{x^2 + y^2 + z^2}} = \frac{x}{r}\end{aligned} \tag{2}$$

となる．(2) を (1) に代入すると，

$$\frac{\partial}{\partial x}\left(\frac{1}{r}\right) = -\frac{1}{r^2}\frac{\partial r}{\partial x} = -\frac{x}{r^3} \tag{3}$$

が得られる．

y, z についての偏微分も全く同じように計算でき，しかも今後しばしば使うことになる重要な微分公式なので，ここにまとめて

$$\frac{\partial r}{\partial x} = \frac{x}{r}, \qquad \frac{\partial r}{\partial y} = \frac{y}{r}, \qquad \frac{\partial r}{\partial z} = \frac{z}{r} \tag{4.11a}$$

$$\frac{\partial}{\partial x}\left(\frac{1}{r}\right) = -\frac{x}{r^3}, \qquad \frac{\partial}{\partial y}\left(\frac{1}{r}\right) = -\frac{y}{r^3}, \qquad \frac{\partial}{\partial z}\left(\frac{1}{r}\right) = -\frac{z}{r^3} \tag{4.11b}$$

と記しておこう．

(4.9) を (4.8) に代入して上の (3) を使うと，惑星に x 方向にはたらく力 F_x は

$$F_x = -\frac{\partial U(x, y, z)}{\partial x} = GMm\frac{\partial}{\partial x}\left(\frac{1}{r}\right) = -GMm\frac{x}{r^3} \tag{4}$$

となる．y, z 成分も同様に計算できて，

$$F_y = -GMm\frac{y}{r^3}, \qquad F_z = -GMm\frac{z}{r^3} \tag{5}$$

と表される.

(4) と (5) に付いている負号は太陽と惑星にはたらく力が引力であることを示しており，これも万有引力の1つである．この万有引力もベクトルを使うと簡潔な形で表現でき，太陽と惑星を結ぶ直線上ではたらくことも容易に示される.

さらに，この万有引力の大きさ F はベクトルの大きさを表す式 $F = \sqrt{F_x{}^2 + F_y{}^2 + F_z{}^2}$ から,

$$F = G\frac{Mm}{r^2} \tag{4.12}$$

で与えられることがわかる．これはニュートンが発見した**万有引力の法則**を表す式である．また，万有引力 (4.12) を正しく導いた位置エネルギー (4.9) は**万有引力ポテンシャル**といういい方もされる.

問題 2 地表の近くでは，地表は平面と考えて構わない．地表のある点を原点，地表面を xy 平面，鉛直上方を z 軸として，位置 (x, y, z) にある質量 m の粒子の位置エネルギーを

$$U(x, y, z) = mgz \tag{4.13}$$

とすると，地表の近くで観測される重力が得られることを示せ．ここで，g は**重力加速度**とよばれる定数である．[ヒント：(4.13) を (4.8) に代入して計算すればよい．重力は鉛直下方にはたらく.]

問題 3 原点に荷電 Q の電荷が固定されており，そこから距離 r だけ離れた位置に荷電 q の電荷があるとき，両者の間にクーロン力

$$F = \frac{1}{4\pi\varepsilon_0}\frac{Qq}{r^2} \tag{4.14}$$

がはたらくことが知られている．ここで，ε_0 は**真空の誘電率**とよばれる定数である．この場合の位置エネルギー $U(r)$ を求めよ．[ヒント：クーロン力 (4.14) が万有引力 (4.12) と係数の部分を除いて同じ形であることに注目すればよい．ただし，万有引力は常に引力であるが，クーロン力は同符号の電荷 $(Qq > 0)$ 間では斥(せき)力，異符号の電荷 $(Qq < 0)$ 間では引力であることに注意しなければならない.]

4.3 偏微分の応用 (2) ― ヤコビ行列式とその性質 ―

熱力学では，ある変数を別の変数に変換することが非常にしばしば行われる．その際に便利な数学的道具にヤコビ行列式がある．これはヤコビアンともよばれ，例えば力学において，ある座標系から別の座標系に移る場合のように，ある変数の組から別の変数の組に変換する際に一般的に現れる．

この節では，2変数の場合についてのヤコビ行列式そのものの重要な性質を導き，整理しておく．計算は込み入っているが，2行2列の行列式の簡単な計算の仕方さえわかれば，後は四則演算だけである．熱力学での応用の広さ，便利さを考えれば，この程度の計算は一度は経験しておいた方がよいであろう．理解した後は，数学の道具箱にしまっておいて，必要なときにとり出して使えばよい．

2行2列の行列式

行列式の一般的な性質や取り扱いは後の章に回すとして，最も簡単な2行2列の行列式は，4つの数 a, b, c, d を使って，

$$\begin{vmatrix} a & b \\ c & d \end{vmatrix} = ad - bc \tag{4.15}$$

と定義される．左辺の2本の縦棒の中は4つの数が2行2列に並べられているので2行2列の行列式といい，それは右辺のように対角にある2数の積の差を表す．すなわち，行列式とは，行と列に並べられた数を特別の規則で計算した数値なのである．

問題4 2行2列の行列式において，2行をとり換えると符号が変わることを示せ．特に，2行が等しいときには行列式がゼロになることを示せ．さらに，列の場合も同様であることを示せ．［ヒント：2行をとり換えるとは，(4.15) で $\begin{vmatrix} c & d \\ a & b \end{vmatrix}$ とすること．2行が等しいとは，(4.15) で $\begin{vmatrix} a & b \\ a & b \end{vmatrix}$ とすること．これらの行列式を計算するとどうなるか．列の場合についても同様に考えてみよ．］

ヤコビ行列式とその基本的な性質

2つの量 f, g が別の2つの量 x, y の関数 $f(x, y)$, $g(x, y)$ とみなされるとしよう．これらについての偏微分を使って，次の2行2列の行列式

$$\frac{\partial(f,g)}{\partial(x,y)} = \begin{vmatrix} \left(\dfrac{\partial f}{\partial x}\right)_y & \left(\dfrac{\partial f}{\partial y}\right)_x \\ \left(\dfrac{\partial g}{\partial x}\right)_y & \left(\dfrac{\partial g}{\partial y}\right)_x \end{vmatrix} \tag{4.16}$$

を定義する．右辺の行列式が**ヤコビ行列式**（または**ヤコビアン**）とよばれるものである．左辺はこの行列式を簡略化した記号にすぎないが，通常このように記す．

左辺で f と g の順序を換えたり，x と y の順序を換えると，右辺の行列式で行や列をとり換えることに当たるので，行列式の性質により符号が変わる（問題 4 参照）：

$$\frac{\partial(g,f)}{\partial(x,y)} = -\frac{\partial(f,g)}{\partial(x,y)}, \qquad \frac{\partial(f,g)}{\partial(y,x)} = -\frac{\partial(f,g)}{\partial(x,y)} \tag{4.17}$$

また，(4.16) の左辺で $g = y$ とおくと，$(\partial y/\partial x)_y = 0$，$(\partial y/\partial y)_x = 1$ だから，(4.16) の右辺は $(\partial f/\partial x)_y$ となり，結局，

$$\frac{\partial(f,y)}{\partial(x,y)} = \left(\frac{\partial f}{\partial x}\right)_y, \qquad \frac{\partial(x,g)}{\partial(x,y)} = \left(\frac{\partial g}{\partial y}\right)_x \tag{4.18}$$

のうちの第 1 式が成り立つ．第 2 式も同様にして導かれることは明らかであろう．

問 題 5 (4.18) の第 2 式を導け．

ヤコビ行列式に関連した等式

次に，f と g が ξ，η の関数 $f(\xi,\eta)$，$g(\xi,\eta)$ とみなされ，さらに ξ と η が x，y の関数 $\xi(x,y)$，$\eta(x,y)$ とみなされる場合を考える．このような場合も変数変換の際に出くわすことが多い．このとき，f と g の微小変化 df，dg は (4.5) で微小量を表す Δ を d とおいて，

$$df = \left(\frac{\partial f}{\partial \xi}\right)_\eta d\xi + \left(\frac{\partial f}{\partial \eta}\right)_\xi d\eta, \quad dg = \left(\frac{\partial g}{\partial \xi}\right)_\eta d\xi + \left(\frac{\partial g}{\partial \eta}\right)_\xi d\eta \tag{4.19}$$

であり，ξ と η の微小変化 $d\xi$，$d\eta$ も同様に，

$$d\xi = \left(\frac{\partial \xi}{\partial x}\right)_y dx + \left(\frac{\partial \xi}{\partial y}\right)_x dy, \quad d\eta = \left(\frac{\partial \eta}{\partial x}\right)_y dx + \left(\frac{\partial \eta}{\partial y}\right)_x dy \tag{4.20}$$

と表される．ここで，(4.19)，(4.20) の偏微分がこれからの計算に煩わしいので，

$$\begin{cases} \left(\frac{\partial f}{\partial \xi}\right)_\eta = A, & \left(\frac{\partial f}{\partial \eta}\right)_\xi = B, & \left(\frac{\partial g}{\partial \xi}\right)_\eta = C, & \left(\frac{\partial g}{\partial \eta}\right)_\xi = D \\ \left(\frac{\partial \xi}{\partial x}\right)_y = \alpha, & \left(\frac{\partial \xi}{\partial y}\right)_x = \beta, & \left(\frac{\partial \eta}{\partial x}\right)_y = \gamma, & \left(\frac{\partial \eta}{\partial y}\right)_x = \delta \end{cases} \tag{4.21}$$

とおくと，(4.19)，(4.20) は

$$df = A\,d\xi + B\,d\eta, \qquad dg = C\,d\xi + D\,d\eta \tag{4.22}$$

$$d\xi = \alpha\,dx + \beta\,dy, \qquad d\eta = \gamma\,dx + \delta\,dy \tag{4.23}$$

という簡潔な形に表される．

こうしておいて，(4.23) を (4.22) に代入すると，

$$\begin{aligned} df &= A(\alpha\,dx + \beta\,dy) + B(\gamma\,dx + \delta\,dy) \\ &= (A\alpha + B\gamma)\,dx + (A\beta + B\delta)\,dy \end{aligned} \tag{4.24}$$

$$\begin{aligned} dg &= C(\alpha\,dx + \beta\,dy) + D(\gamma\,dx + \delta\,dy) \\ &= (C\alpha + D\gamma)\,dx + (C\beta + D\delta)\,dy \end{aligned} \tag{4.25}$$

となる. 他方, f, g は x, y の関数 $f(x, y)$, $g(x, y)$ とみなすことができるので,

$$df = \left(\frac{\partial f}{\partial x}\right)_y dx + \left(\frac{\partial f}{\partial y}\right)_x dy, \qquad dg = \left(\frac{\partial g}{\partial x}\right)_y dx + \left(\frac{\partial g}{\partial y}\right)_x dy \tag{4.26}$$

とも表される．これと (4.24)，(4.25) との比較から

$$\begin{cases} \left(\frac{\partial f}{\partial x}\right)_y = A\alpha + B\gamma, & \left(\frac{\partial f}{\partial y}\right)_x = A\beta + B\delta \\ \left(\frac{\partial g}{\partial x}\right)_y = C\alpha + D\gamma, & \left(\frac{\partial g}{\partial y}\right)_x = C\beta + D\delta \end{cases} \tag{4.27}$$

が得られる．

ここで (4.27) を使って，この場合のヤコビ行列 (4.16) を具体的に計算すると

$$\frac{\partial(f,\,g)}{\partial(x,\,y)} = \begin{vmatrix} \left(\dfrac{\partial f}{\partial x}\right)_y & \left(\dfrac{\partial f}{\partial y}\right)_x \\ \left(\dfrac{\partial g}{\partial x}\right)_y & \left(\dfrac{\partial g}{\partial y}\right)_x \end{vmatrix} = \left(\frac{\partial f}{\partial x}\right)_y \left(\frac{\partial g}{\partial y}\right)_x - \left(\frac{\partial f}{\partial y}\right)_x \left(\frac{\partial g}{\partial x}\right)_y$$

$$= (A\alpha + B\gamma)(C\beta + D\delta) - (A\beta + B\delta)(C\alpha + D\gamma)$$

$$= (AD - BC)(\alpha\delta - \beta\gamma) \tag{4.28}$$

となる．同様にして，ヤコビ行列の定義 (4.16) と (4.21) を使うと

$$\frac{\partial(f,\,g)}{\partial(\xi,\,\eta)} = \begin{vmatrix} A & B \\ C & D \end{vmatrix} = AD - BC, \qquad \frac{\partial(\xi,\,\eta)}{\partial(x,\,y)} = \begin{vmatrix} \alpha & \beta \\ \gamma & \delta \end{vmatrix} = \alpha\delta - \beta\gamma$$

なので，その積は (4.28) に等しい．すなわち，

$$\frac{\partial(f,\,g)}{\partial(\xi,\,\eta)} \frac{\partial(\xi,\,\eta)}{\partial(x,\,y)} = \frac{\partial(f,\,g)}{\partial(x,\,y)} \tag{4.29}$$

という重要な関係が成り立つことがわかる．また，(4.29) でまず f, g をそれぞれ x, y とおくと，右辺は 1 である．そうしておいて，改めて ξ, η をそれぞれ f, g とおくと，

$$\frac{\partial(f,\,g)}{\partial(x,\,y)} = \frac{1}{\dfrac{\partial(x,\,y)}{\partial(f,\,g)}} \tag{4.30}$$

が得られる．

ここはポイント!

(4.29) と (4.30) は，ヤコビ行列式 (4.16) の左辺があたかも分数であるとみなして，その積や商の計算をしてよいことを意味している．したがって，例えば 3 変数 x, y, z が互いに関係し合っているとき，(4.17)，(4.18) や (4.29)，(4.30) を使うと

$$\left(\frac{\partial x}{\partial y}\right)_z \left(\frac{\partial y}{\partial z}\right)_x \left(\frac{\partial z}{\partial x}\right)_y = -1 \tag{4.31}$$

あるいは

$$\left(\frac{\partial x}{\partial y}\right)_z = -\frac{\left(\dfrac{\partial z}{\partial y}\right)_x}{\left(\dfrac{\partial z}{\partial x}\right)_y} \tag{4.32}$$

のような関係式が容易に導かれる．

問 題 6 (4.31)，(4.32) を導け．

問題 7 温度 T，体積 V，圧力 p の理想気体がある．この理想気体は $pV = nRT$ という関係を満たすことが知られている．これは**理想気体の状態方程式**といい，R は**気体定数**である．また，n は**気体のモル数**であり，系に含まれる気体の分子数に比例し，定数とみなされる．理想気体の状態を決める変数である T, V, p に対して，(4.31) が成り立つことを確かめよ．

4.4 まとめとポイントチェック

本章では，2 変数関数で変数が微小変化すると関数がどのように微小変化するかを，幾何学的にわかりやすく述べることから始めた．その結果，関数の微小な増分に偏微分がごく自然に現れ，ある変数による偏微分とは他の変数を定数とみなして行う微分であることをみた．3 変数関数，あるいはそれ以上の変数の場合でも，変数の数が増えるだけのことで，本質的には同じ取り扱いができる．

太陽と地球などの間の万有引力，陽子と電子の間などの電荷間のクーロン力，地球表面での物体にはたらく重力などの力は，位置エネルギーの偏微分として表される．このため，空間内の物体の運動を扱う力学，空間中の電磁気的現象を扱う電磁気学では，数学的道具として偏微分は必須である．

また，例えば，ある容器に気体や液体が閉じ込められていて，それを注目する系とみなすとき，熱力学によれば，その状態を表す状態量は，系の温度や圧力，体積のうちの 2 つを状態変数として表されることが知られている．すなわち，例えば，系の状態量である内部エネルギーは，温度と圧力を変数とする 2 変数関数とみなすことができるのである．すると，状態量の微小な変化は偏微分で表されることは容易にわかるであろう．

熱力学とは，温度や圧力，体積などの状態変数の変化によって，系の状態がどのように変化するかを議論する分野とみなされる．そのため，熱力学を学び始めると，偏微分の計算に追いまくられて偏微分の海におぼれそうになり，熱力学を学ぶのが嫌になることも多いといわれている．しかし，それは数学的取り扱いの厄介さであって，決して物理学や化学の問題ではないことに注意すべきである．そこで，本章では偏微分の変形の計算の際にほとんど機械的に使えて非常に便利なヤコビ行列式と，それがもついろいろな性質をまとめて導いておいた．これを理解しておけば，熱力学における厄介な偏微分の計算の多くは機械的に済ますことができることになる．

ポイントチェック

- □ 2 変数関数の 2 変数の微小変化による関数の微小変化の表式が理解できた．
- □ 2 変数関数の微小変化の表式が幾何学的にも理解できた．
- □ 関数の微小変化の表式に偏微分が現れることがわかった．
- □ 偏微分の仕方がわかった．
- □ 粒子にはたらく力が位置エネルギーの偏微分で表されることがあることがわかった．
- □ ヤコビ行列式の定義が理解できた．
- □ ヤコビ行列式の計算の仕方がわかった．
- □ ヤコビ行列式のいろいろな性質が理解でき，使い方がわかった．

5 ベクトルとその性質

学習目標

- **ベクトルとは何で，なぜ必要かを理解する．**
- **単位ベクトルと基本ベクトルを理解する．**
- **ベクトルの内積と外積の違いを理解する．**
- **内積，外積，3 重積の計算に慣れる．**
- **内積，外積，3 重積の幾何学的意味を説明できるようになる．**

空間は 3 次元であるために，そこで起こるいろいろな現象を定量的に表そうとする場合，例えば物体の速度や電場，磁場のように，向きと大きさをもつ量がしばしば現れる．このような量は，基本的には空間に座標系を設定し，その座標軸に沿った成分の大きさで議論することはできるが，その取扱いは一般に煩雑である．ところが，向きと大きさをもつ量をまとめてベクトルとして表すと，定量的な取扱いが格段に簡潔に済むようになる．そのためには，ベクトルの基本的な性質に習熟しておく必要がある．

本章では，このベクトルの基本的な性質を調べ，ベクトル同士の内積，外積，3 重積などについて述べる．特に，内積，外積，3 重積はそれぞれ単純な幾何学的意味をもち，ベクトル解析において基礎的な役割を果たすので，自然科学や工学を学ぶ際に大変重要である．

5.1 ベクトルとは何か

ベクトルとは，大きさと向きをもつ量である．力学や電磁気学などの物理学に限らず，工学を学ぶにもベクトルは必須であり，その演算には慣れておかなければならない．

一般にベクトルは太文字で記し，例えばベクトル $\boldsymbol{A}$ を

$$\boldsymbol{A} = (A_x, A_y, A_z) \tag{5.1}$$

のように表す．ここで，A_x, A_y, A_z は，それぞれ $\boldsymbol{A}$ の x, y, z 成分である．

ベクトル $\boldsymbol{A}$ は大きさと向きをもつ量なので，図 5.1 のように，それを矢印で示すのが直観的にわかりやすく，便利である．また，例えば空間中の点 P を始点，点 Q を終点とするベクトルを表す場合には，文字の上に矢印を付けて $\overrightarrow{\mathrm{PQ}}$ のように表す（上の $\boldsymbol{A}$ の場合には $\vec{A}$ と書いてもよい）．

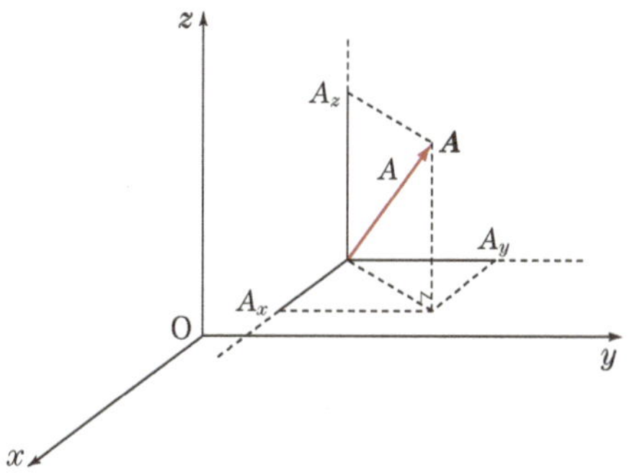

図 5.1 3 次元空間中のベクトル $\boldsymbol{A} = (A_x,\, A_y,\, A_z)$．

図 5.1 とピタゴラスの定理より，ベクトル $\boldsymbol{A}$ の大きさ（長さ）を A とすると

$$A \equiv |\boldsymbol{A}| = \sqrt{A_x{}^2 + A_y{}^2 + A_z{}^2} \tag{5.2}$$

となる．また，ベクトルは平行移動してもその性質が変わらないため，空間のどこにあるかは通常は問題にしない．ただし，具体的な現象を議論する際には，ベクトルの始点が重要になることもしばしばあるので，注意が必要である．

2 つのベクトル $\boldsymbol{A} = (A_x,\, A_y,\, A_z)$ と $\boldsymbol{B} = (B_x,\, B_y,\, B_z)$ の和を $\boldsymbol{C} = (C_x,\, C_y,\, C_z)$ とすると

$$\boldsymbol{C} = \boldsymbol{A} + \boldsymbol{B} = (A_x + B_x,\, A_y + B_y,\, A_z + B_z) = \boldsymbol{B} + \boldsymbol{A} \tag{5.3}$$

ここはポイント!

のように表される．最後の等号はベクトルの和が加える順序によらないという交換則に従うことを表し，成分の加算が交換則に従うことからくる．また，図 5.2 のように，2 つのベクトル $\boldsymbol{A}$ と $\boldsymbol{B}$ を，始点を同じにして平面上に図示すれば明らかなように，和のベクトル $\boldsymbol{C}$ は 2 つのベクトル $\boldsymbol{A}$ と $\boldsymbol{B}$ でつくられる平行四辺形の，始点からの対角線である．

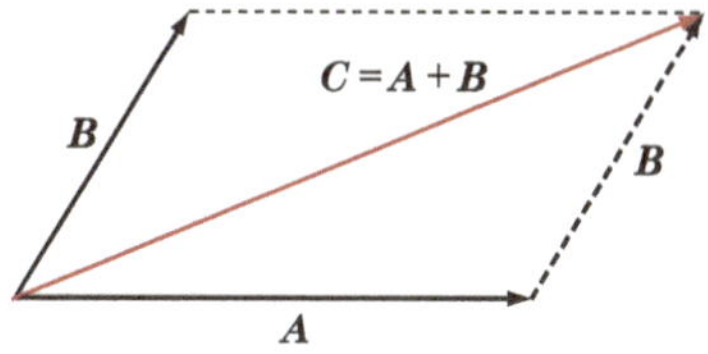

図 5.2 2 つのベクトル $\boldsymbol{A}$ と $\boldsymbol{B}$ の和ベクトル $\boldsymbol{C} = \boldsymbol{A} + \boldsymbol{B}$．

例題 1

$\boldsymbol{A} = (1, 2, 3)$，$\boldsymbol{B} = (5, -4, 6)$ のとき，ベクトルの和 $\boldsymbol{C} = \boldsymbol{A} + \boldsymbol{B}$ を求めよ．

解 (5.3) より，

$$\boldsymbol{C} = \boldsymbol{A} + \boldsymbol{B} = (1+5, 2-4, 3+6) = (6, -2, 9)$$

である．

問題 1 $\boldsymbol{A} = (5, 4, -2)$，$\boldsymbol{B} = (3, 2, -1)$ のとき，ベクトルの和 $\boldsymbol{C} = \boldsymbol{A} + \boldsymbol{B}$ を求めよ．

2つのベクトルの引き算も容易である．例えば，(5.3) から $\boldsymbol{A} = \boldsymbol{C} - \boldsymbol{B}$ と表されるが，これは図5.2において破線の矢印で示された $\boldsymbol{B}$ を逆向きにすれば，それは $-\boldsymbol{B}$ を表すことになり，それと $\boldsymbol{C}$ との和をとれば $\boldsymbol{A}$ が得られることは，図5.2と $\boldsymbol{A} = \boldsymbol{C} + (-\boldsymbol{B})$ から明らかであろう．

5.2 ベクトルの内積（スカラー積）

2つのベクトルの**内積**（**スカラー積**）は，それぞれの成分の積の和，

ここはポイント!

$$\boldsymbol{A}\cdot\boldsymbol{B} \equiv A_x B_x + A_y B_y + A_z B_z = \boldsymbol{B}\cdot\boldsymbol{A} \qquad (5.4)$$

として定義される．上式の2番目の等号は，ベクトルの内積には交換則が成り立つことを表している．これは，内積の定義がそれぞれの成分の掛け算の和であることから明らかであろう．

図5.3のように，2つのベクトル $\boldsymbol{A}$ と $\boldsymbol{B}$ のなす角を θ とすると，その内積は

$$\boldsymbol{A}\cdot\boldsymbol{B} = AB\cos\theta \qquad (5.5)$$

とも表される．これは2つのベクトルの大きさとそれらがなす角だけで表されているので，(5.4) に比べて内積の計算にはとても便利な関係である．また，(5.4) の定義式からも，(5.5) からもわ

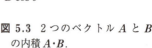

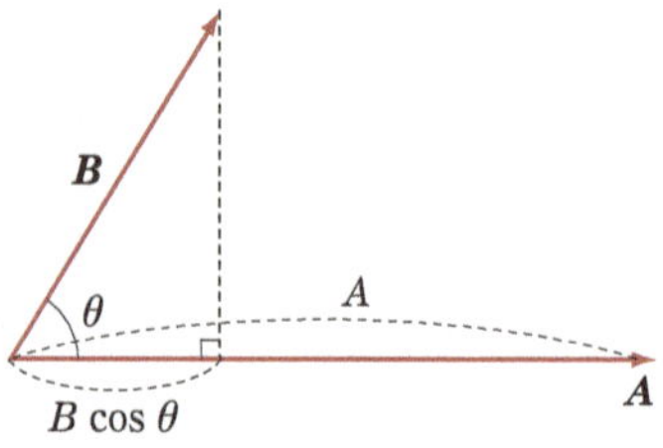

図 5.3 2つのベクトル $\boldsymbol{A}$ と $\boldsymbol{B}$ の内積 $\boldsymbol{A}\cdot\boldsymbol{B}$．

かるように，内積 $\boldsymbol{A}\cdot\boldsymbol{B}$ そのものはベクトルではなく，ただの数であり，それを**スカラー**という．そのために，内積のことをスカラー積ともいうのである．

ついでにいっておくと，2つのベクトルの積はもう1つ定義できて，それを**外積**（**ベクトル積**）といい，こちらは内積とは異なり，スカラーではなくてベクトルになる．これは後に定義しよう．

このように定義されるベクトルの内積が必要なことは，例えば力学で仕事を考える場合に明らかである．物体を床の上で水平に動かすためには，下向きにどれだけ力を加えても意味がなく，仕事をしたことにもならない．加える力の成分のうちで，動かす向きである水平成分だけが仕事に効くのである．すなわち，物体になされる仕事は，それが動く向きと加えた力の内積で与えられるのであり，(5.5) でいえば，$\boldsymbol{A}$ が力のベクトル，$\boldsymbol{B}$ が物体の動く向きのベクトルとなって，物体になされる仕事が得られることになる．

問題 2 $\boldsymbol{A}\cdot\boldsymbol{B} = AB\cos\theta$ であることを示せ．［ヒント：2つのベクトル $\boldsymbol{A}$ と $\boldsymbol{B}$ の始点を原点とし，$\boldsymbol{A}$ を x 軸上に，$\boldsymbol{B}$ を xy 平面上にあるとしても一般性を失わないことを使い，それぞれの成分の積の和を計算すればよい．］

(5.5) の結果として，ベクトル $\boldsymbol{A}$ と自分自身との内積では，両者のなす角が $\theta = 0$ であり，このとき $\cos 0 = 1$ だから，

$$\boldsymbol{A}\cdot\boldsymbol{A} \equiv \boldsymbol{A}^2 = A^2 \tag{5.6}$$

となる．また，2つのベクトル $\boldsymbol{A}$ と $\boldsymbol{B}$ が直交 ($\boldsymbol{A} \perp \boldsymbol{B}$) するとき，$\cos(\pi/2) = 0$ なので (5.5) より，

$$\boldsymbol{A}\cdot\boldsymbol{B} = 0 \tag{5.7}$$

である．逆に $\boldsymbol{A}\cdot\boldsymbol{B} = 0$ のときには，$\boldsymbol{A} = \boldsymbol{0}$ または $\boldsymbol{B} = \boldsymbol{0}$，あるいは $\boldsymbol{A} \perp \boldsymbol{B}$ である．ここで $\boldsymbol{0}$ はゼロベクトルであり，$\boldsymbol{0} = (0, 0, 0)$ を意味する．

内積の計算

内積の計算を，以下の例題と問題で具体的にやってみよう．

例題 2

$\boldsymbol{A} = (3, 1, 2)$，$\boldsymbol{B} = (2, -3, 4)$ のとき，内積 $\boldsymbol{A}\cdot\boldsymbol{B}$ を求めよ．

解 内積の定義 (5.4) より，

$$\boldsymbol{A}\cdot\boldsymbol{B} = A_x B_x + A_y B_y + A_z B_z = 3\cdot2 + 1\cdot(-3) + 2\cdot4 = 6 - 3 + 8 = 11$$

となる．

問題 3 $\boldsymbol{A} = (-5,\ 3,\ -2)$, $\boldsymbol{B} = (4,\ -2,\ -6)$ のとき，内積 $\boldsymbol{A}\cdot\boldsymbol{B}$ を求めよ．

例題 3

図の △ABC で，$\overrightarrow{\mathrm{BC}} = \boldsymbol{a}$，$\overrightarrow{\mathrm{CA}} = \boldsymbol{b}$，$\overrightarrow{\mathrm{AB}} = \boldsymbol{c}$ とし，$\angle\mathrm{BAC} = \alpha$ とおくと，三角公式

$$a^2 = b^2 + c^2 - 2bc\cos\alpha \tag{5.8}$$

が成り立つことを示せ．

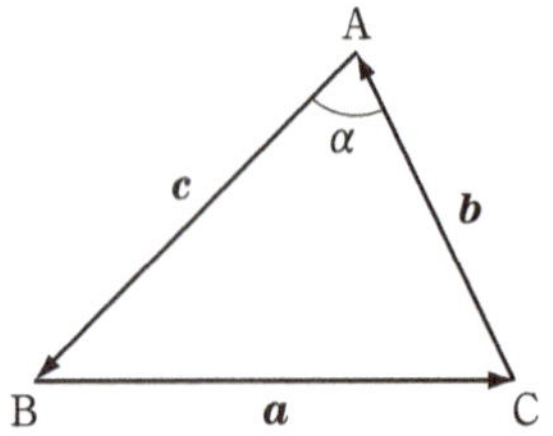

解 図から

$$\boldsymbol{b} + \boldsymbol{c} = \overrightarrow{\mathrm{CA}} + \overrightarrow{\mathrm{AB}} = \overrightarrow{\mathrm{CB}} = -\overrightarrow{\mathrm{BC}} = -\boldsymbol{a}$$

なので，(5.6) と (5.2) より

$$a^2 = |\boldsymbol{a}|^2 = |\boldsymbol{b} + \boldsymbol{c}|^2 = b^2 + c^2 + 2\boldsymbol{b}\cdot\boldsymbol{c} \tag{1}$$

である．2 つのベクトル $\boldsymbol{b}$ と $\boldsymbol{c}$ のなす角は上図より $\pi - \alpha$ だから，(5.5) より

$$\boldsymbol{b}\cdot\boldsymbol{c} = bc\cos(\pi - \alpha) = -bc\cos\alpha \tag{2}$$

となる．(2) を (1) に代入すれば確かに (5.8) が得られ，ピタゴラスの定理の一般化である三角公式 (5.8) が成り立つことがわかる．

問題 4 3 つのベクトル $\boldsymbol{A}$, $\boldsymbol{B}$, $\boldsymbol{C}$ について

$$\boldsymbol{A}\cdot(\boldsymbol{B} + \boldsymbol{C}) = \boldsymbol{A}\cdot\boldsymbol{B} + \boldsymbol{A}\cdot\boldsymbol{C} \tag{5.9}$$

が成り立つことを示せ．これは内積に対して分配則が成り立つこと表している．

[ヒント：左辺と右辺のそれぞれについて内積の定義 (5.4) を使って計算し，両辺を比較してみよ．]

5.3 特別なベクトル

ここで，特別なベクトルをいくつか導入しておこう．これらはベクトル解析およびその応用にとても便利である．

単位ベクトル $\boldsymbol{n}$

大きさが1のベクトル $\boldsymbol{n}(|\boldsymbol{n}|=1)$ のことを**単位ベクトル**といい，向きは自由である（図5.4参照）．大きさ A の任意のベクトル $\boldsymbol{A}$ の向きの単位ベクトルを $\boldsymbol{n}_A$ とすると，$\boldsymbol{A}$ は $\boldsymbol{n}_A$ の A 倍のベクトルだから $\boldsymbol{A}=A\boldsymbol{n}_A$ が成り立ち，

$$\boldsymbol{n}_A=\frac{\boldsymbol{A}}{A} \tag{5.10}$$

と表される．

問題 5 (5.10) の $\boldsymbol{n}_A$ が単位ベクトルであることを確かめよ．

基本ベクトル $\boldsymbol{i}, \boldsymbol{j}, \boldsymbol{k}$

図5.4のように，座標系の x, y, z 軸の正の向きをもつ単位ベクトルを**基本ベクトル**という．これを成分で表すと

$$\boldsymbol{i}=(1,0,0), \qquad \boldsymbol{j}=(0,1,0), \qquad \boldsymbol{k}=(0,0,1) \tag{5.11}$$

となる．

基本ベクトルは大きさが1であり，互いに直交しているので，(5.6) および (5.7) より

$$\begin{cases} \boldsymbol{i}^2=\boldsymbol{i}\cdot\boldsymbol{i}=1=\boldsymbol{j}^2=\boldsymbol{k}^2 \\ \boldsymbol{j}\cdot\boldsymbol{k}=\boldsymbol{k}\cdot\boldsymbol{i}=\boldsymbol{i}\cdot\boldsymbol{j}=0 \end{cases} \tag{5.12}$$

の関係が成り立つ．また，この基本ベクトルを使うと，(5.1) は

$$\begin{aligned} \boldsymbol{A} &= (A_x, A_y, A_z) \\ &= A_x\boldsymbol{i}+A_y\boldsymbol{j}+A_z\boldsymbol{k} \end{aligned} \tag{5.13}$$

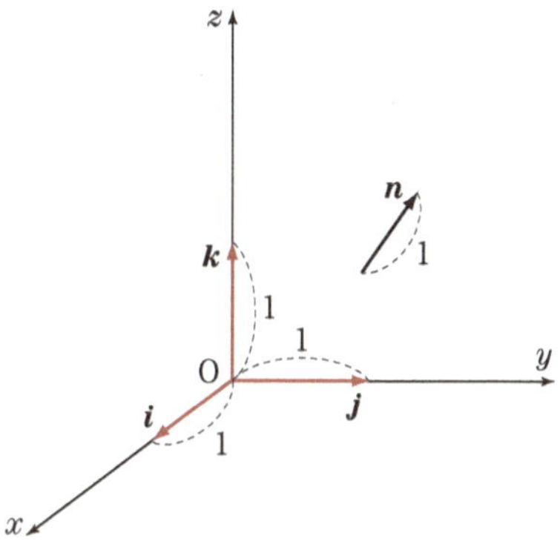

図 5.4 単位ベクトル $\boldsymbol{n}$ と基本ベクトル $\boldsymbol{i}, \boldsymbol{j}, \boldsymbol{k}$．

と表される.

問題 6 内積の定義 (5.4) を使って, (5.12) が成り立つことを示せ.

位置ベクトル $\boldsymbol{r}$

図 5.5 において, 点 P の座標を (x, y, z) とする. このとき, 原点 O から点 P に向かうベクトルを, 点 P の**位置ベクトル**といい,

$$\overrightarrow{\mathrm{OP}} = \boldsymbol{r} = (x, y, z) = x\boldsymbol{i} + y\boldsymbol{j} + z\boldsymbol{k} \tag{5.14}$$

と表す. 図 5.5 をみて容易にわかるように, ピタゴラスの定理より $\boldsymbol{r}$ の大きさ r は

$$r = |\boldsymbol{r}| = \sqrt{x^2 + y^2 + z^2} \tag{5.15}$$

となる.

位置ベクトル $\boldsymbol{r}$ は点 P の位置を示すためのベクトルなので, ベクトルを表す矢印の出発点を原点にとる特別なベクトルである. 位置ベクトル $\boldsymbol{r}$ は粒子や空間中の点の位置を表すのに便利なので, 物理学では必須のベクトルであり, 本書でも今後しばしば使うことになる.

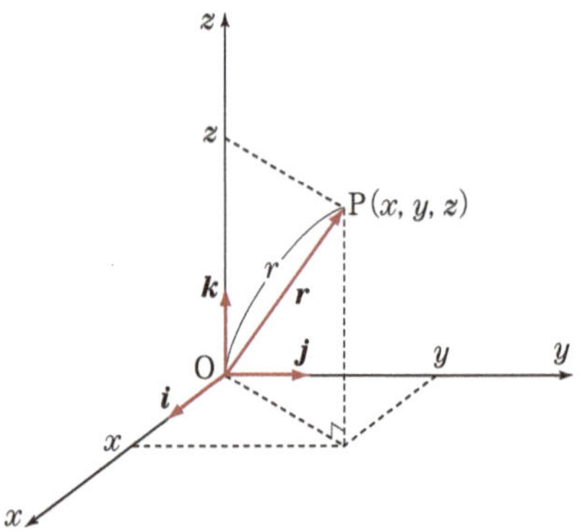

図 5.5 点 P の位置ベクトル $\boldsymbol{r} = (x, y, z)$

5.4 ベクトルの外積 (ベクトル積)

2 つのベクトル $\boldsymbol{A}$ と $\boldsymbol{B}$ の内積 (スカラー積) は 5.2 節で述べた. ここではもう 1 つの重要なベクトルの積である外積 (ベクトル積) について述べる. 両者の違いは, 内積の結果がスカラー (普通の数値) になるのに対して, 外積の結果はベクトルになることであり, それが両者の名前の由来でもある. いずれも力学や電磁気学を学ぶ際だけでなく, 理工学のどの分野においても必

須のものである．外積は，例えば力学において物体の運動の回転的な特徴を定量的に議論する際に現れ，これを使うと，計算や表現がはるかに簡潔に済むのである．

いま，任意の2つのベクトルを $\boldsymbol{A}=(A_x, A_y, A_z)$，$\boldsymbol{B}=(B_x, B_y, B_z)$ とするとき，$\boldsymbol{A}\times\boldsymbol{B}$ をそれらの**外積**（**ベクトル積**）といい，これは次の性質をもつ．

(a) $\boldsymbol{A}\times\boldsymbol{B} \equiv (A_y B_z - A_z B_y,\ A_z B_x - A_x B_z,\ A_x B_y - A_y B_x)$ (5.16a)

これは外積の定義である．したがって，以下の (5.16b)～(5.16e) はすべて，この定義式から導かれる．

(b) $\boldsymbol{A}$ と $\boldsymbol{B}$ のなす角を，図5.6のように θ とすると，

$$|\boldsymbol{A}\times\boldsymbol{B}| = AB\,|\sin\theta| \qquad (A=|\boldsymbol{A}|,\ B=|\boldsymbol{B}|) \qquad (5.16\mathrm{b})$$

図からわかるように，右辺は2つのベクトルがつくる平行四辺形の面積である．

(c) $\boldsymbol{A}\times\boldsymbol{B} = -\boldsymbol{B}\times\boldsymbol{A}$ (5.16c)

ここはポイント!

これは，内積で成り立つ交換則が，外積では成り立たないことを意味する．

(d) $\boldsymbol{A}\times\boldsymbol{A} = \boldsymbol{0}$ (5.16d)

同じベクトルのなす角は $\theta=0$ なので，(5.16b) が成り立てば，これは明らかであろう．

(e) $\boldsymbol{C}=\boldsymbol{A}\times\boldsymbol{B}$ とおくと，ベクトル $\boldsymbol{C}$ はベクトル $\boldsymbol{A}$ とも $\boldsymbol{B}$ とも直交する．

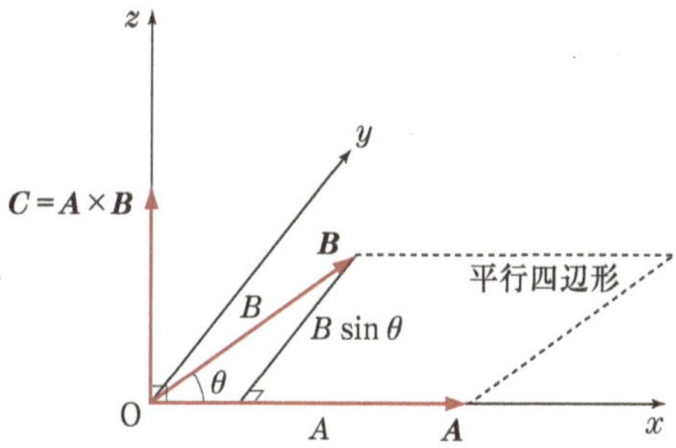

図 5.6 2つのベクトル $\boldsymbol{A}$ と $\boldsymbol{B}$ の外積 $\boldsymbol{C}=\boldsymbol{A}\times\boldsymbol{B}$．

$$\boldsymbol{C} \perp \boldsymbol{A} \qquad \boldsymbol{C} \perp \boldsymbol{B} \qquad (\perp \text{ は直交を表す記号}) \tag{5.16e}$$

外積の定義 (5.16a) を出発点にして，(5.16b)～(5.16e) を導いておこう．まず，図 5.6 のように，ベクトル $\boldsymbol{A}$ を x 軸上にとり，$\boldsymbol{B}$ を xy 平面上にとっても，全く一般性を失わない．その理由は，2つのベクトル $\boldsymbol{A}$ と $\boldsymbol{B}$ があって向きが違えば，必ずそれらを含む平面が1つだけ決まり，それを xy 平面にとればよく，次に $\boldsymbol{A}$ を原点 O から x 軸の正の向きに必ずとることができるからである．また，そのようにすると，以下の計算が非常に簡単になる．実際，このとき，$\boldsymbol{A} = (A, 0, 0)$，$\boldsymbol{B} = (B\cos\theta, B\sin\theta, 0)$ と表すことができて，これらを (5.16a) に代入すると，

$$\boldsymbol{C} = \boldsymbol{A} \times \boldsymbol{B} = (0, 0, AB\sin\theta) \tag{5.17}$$

となることが容易にわかる．

(5.17) より，ベクトル $\boldsymbol{C}$ の大きさ $C = |\boldsymbol{A} \times \boldsymbol{B}|$ が (5.16b) で与えられることがわかる．さらに，$\boldsymbol{C}$ は z 軸の向きにあって，xy 平面に垂直なので，(5.16e) が成り立つ．また，$\boldsymbol{B} \times \boldsymbol{A}$ は (5.16a) で $\boldsymbol{A}$ と $\boldsymbol{B}$ を交換して得られる．その結果は，ちょうど (5.16a) の右辺に負号を付けたものとなり，(5.16c) が導かれる．これはまた，$\boldsymbol{A}$ から $\boldsymbol{B}$ をみた角が θ だとすると，$\boldsymbol{B}$ から $\boldsymbol{A}$ を見た角が $-\theta$ なので，(5.17) より符号が反転するという見方もできるであろう．

ここはポイント!

こうして，内積と違って，外積では2つのベクトルの掛ける順序が本質的に重要であることがわかる．以上の結果から，2つのベクトル $\boldsymbol{A}$ と $\boldsymbol{B}$ が空間のどの向きにあっても，$\boldsymbol{A}$ を $\boldsymbol{B}$ に向かって回転したときに右ねじの進む向きが，外積 $\boldsymbol{C} = \boldsymbol{A} \times \boldsymbol{B}$ の向きであるということができる．これは図 5.6 で右ねじを回転してみるとわかるであろう．

このように外積には，1つのベクトルをもう1つのベクトルに向けて回転して，その向きが決まる性質がある．一方，回転運動では，左右どちらの向きに回転するにしても，進行方向と左右の方向で1つの平面ができ，それを回転平面という．そして，CD・DVD プレーヤーや昔のレコードプレーヤーを思い出せばすぐにわかるように，回転平面の上には回転中心があり，それを通って回転平面に垂直な回転軸がある．回転平面と回転中心を xy 平面と原点 O にとれば，回転軸が z 軸になることも容易にわかるであろう．この

状況は外積の場合と同様であり，回転運動を議論するときに外積が使えそうなことが感覚的に理解できるであろう．

例題 4

$\boldsymbol{A} = (2, -3, 1)$，$\boldsymbol{B} = (1, 2, -4)$ として，$\boldsymbol{A} \times \boldsymbol{B}$，$(\boldsymbol{A} + \boldsymbol{B}) \times (\boldsymbol{A} - \boldsymbol{B})$ を求めよ．

解 外積の定義 (5.16a) より，

$$\boldsymbol{A} \times \boldsymbol{B} = ((-3)\cdot(-4) - 1\cdot 2,\ 1\cdot 1 - 2\cdot(-4),\ 2\cdot 2 - (-3)\cdot 1) = (10, 9, 7)$$

となる．

$\boldsymbol{A} + \boldsymbol{B} = (3, -1, -3)$，$\boldsymbol{A} - \boldsymbol{B} = (1, -5, 5)$ なので，外積の定義 (5.16a) より

$$(\boldsymbol{A} + \boldsymbol{B}) \times (\boldsymbol{A} - \boldsymbol{B}) = (-20, -18, -14)$$

となる．

この結果はまた，$(\boldsymbol{A} + \boldsymbol{B}) \times (\boldsymbol{A} - \boldsymbol{B}) = \boldsymbol{A} \times \boldsymbol{A} - \boldsymbol{A} \times \boldsymbol{B} + \boldsymbol{B} \times \boldsymbol{A} - \boldsymbol{B} \times \boldsymbol{B} = -\boldsymbol{A} \times \boldsymbol{B} + \boldsymbol{B} \times \boldsymbol{A} = -2\boldsymbol{A} \times \boldsymbol{B}$ からも容易に求められる．ここで，(5.16d) より $\boldsymbol{A} \times \boldsymbol{A} = \boldsymbol{B} \times \boldsymbol{B} = \boldsymbol{0}$ を使った．

問題 7 $\boldsymbol{A} = (2, 3, -1)$，$\boldsymbol{B} = (1, -4, 2)$ として，$\boldsymbol{A} \times \boldsymbol{B}$，$(2\boldsymbol{A} + \boldsymbol{B}) \times (\boldsymbol{A} - 2\boldsymbol{B})$ を求めよ．

基本ベクトルの外積

基本ベクトルの外積の計算を，以下の例題と問題で具体的にやってみよう．

例題 5

(5.11) で与えられる基本ベクトル $\boldsymbol{i}, \boldsymbol{j}, \boldsymbol{k}$ について

$$\begin{cases} \boldsymbol{i} \times \boldsymbol{i} = \boldsymbol{j} \times \boldsymbol{j} = \boldsymbol{k} \times \boldsymbol{k} = \boldsymbol{0} \\ \boldsymbol{j} \times \boldsymbol{k} = -\boldsymbol{k} \times \boldsymbol{j} = \boldsymbol{i}, \quad \boldsymbol{k} \times \boldsymbol{i} = -\boldsymbol{i} \times \boldsymbol{k} = \boldsymbol{j}, \quad \boldsymbol{i} \times \boldsymbol{j} = -\boldsymbol{j} \times \boldsymbol{i} = \boldsymbol{k} \end{cases} \tag{5.18}$$

が成り立つことを示せ．

解 上式第1行の $\boldsymbol{i} \times \boldsymbol{i}$ などがゼロベクトルになることは，(5.16d) から明らかである．また，基本ベクトルの定義 (5.11) と外積の定義 (5.16a) より，例えば $\boldsymbol{j} \times \boldsymbol{k}$ については

$$\begin{aligned} \boldsymbol{j} \times \boldsymbol{k} &= (0, 1, 0) \times (0, 0, 1) = (1\cdot 1 - 0\cdot 0,\ 0\cdot 0 - 0\cdot 1,\ 0\cdot 0 - 1\cdot 0) \\ &= (1, 0, 0) = \boldsymbol{i} \end{aligned}$$

となって，(5.18) の第 2 行，第 1 式が導かれる．$\boldsymbol{j} \times \boldsymbol{k} = -\boldsymbol{k} \times \boldsymbol{j}$ は (5.16c) より明らかであろう．同様にして，(5.18) の第 2 行の他の式が成り立つことが示される．

問題 8 $\boldsymbol{A} = 2\boldsymbol{i} + \boldsymbol{j} - 3\boldsymbol{k}$, $\boldsymbol{B} = \boldsymbol{i} + 3\boldsymbol{j} + 4\boldsymbol{k}$ として，(5.12) と (5.18) を使って $\boldsymbol{A} \cdot \boldsymbol{B}$, $\boldsymbol{A} \times \boldsymbol{B}$ を求めよ．

5.5 ベクトルの 3 重積

これまで，2 つのベクトルの積には内積と外積の 2 種類があることをみてきた．そのため，3 つ以上のベクトルの積にも変り種が現れる．それらのうち，最も基本的な積がこの節で述べる 3 重積であり，スカラーのものとベクトルのものの 2 種類がある．

スカラー 3 重積

任意の 3 つのベクトル $\boldsymbol{A}$, $\boldsymbol{B}$, $\boldsymbol{C}$ について，$\boldsymbol{A}$ と外積 $\boldsymbol{B} \times \boldsymbol{C}$ の内積をつくり，具体的に成分に分け，(5.12) と (5.16a) を使って計算すると，

$$
\begin{aligned}
\boldsymbol{A} \cdot (\boldsymbol{B} \times \boldsymbol{C}) &= (A_x \boldsymbol{i} + A_y \boldsymbol{j} + A_z \boldsymbol{k}) \cdot \{(B_y C_z - B_z C_y)\boldsymbol{i} \\
&\qquad + (B_z C_x - B_x C_z)\boldsymbol{j} + (B_x C_y - B_y C_x)\boldsymbol{k}\} \\
&= A_x B_y C_z + A_y B_z C_x + A_z B_x C_y - A_x B_z C_y \\
&\qquad - A_y B_x C_z - A_z B_y C_x \\
&= \begin{vmatrix} A_x & A_y & A_z \\ B_x & B_y & B_z \\ C_x & C_y & C_z \end{vmatrix}
\end{aligned}
\tag{5.19}
$$

となる．これがスカラーであることは明らかなので，これを**スカラー 3 重積**(または単に 3 重積) という．ここで，上式の最後の表式は，(4.15) で導入した 2 行 2 列の行列式に対して，3 行 3 列の行列式であり，その 1 段上に記された 3 つの量の積の加減算がその定義だと考えればよい．また，2 行 2 列の行列式の場合と同様，任意の 2 つの行の入れ換え，または任意の 2 つの列の入れ換えを行うと符号が変わる．これらについての一般論は後の章で述べる．

問題 9 $\boldsymbol{A} = (1, -3, 2)$, $\boldsymbol{B} = (2, 1, 1)$, $\boldsymbol{C} = (3, -1, 4)$ として，スカラー 3 重積 $\boldsymbol{A} \cdot (\boldsymbol{B} \times \boldsymbol{C})$ を求めよ．

スカラー3重積の幾何学的な意味

次に，スカラー3重積 $\boldsymbol{A}\cdot(\boldsymbol{B}\times\boldsymbol{C})$ の幾何学的な意味を考えてみよう．図5.7のように，3つのベクトル $\boldsymbol{A}$，$\boldsymbol{B}$，$\boldsymbol{C}$ を隣り合う辺とする平行6面体をつくると，2つのベクトル $\boldsymbol{B}$ と $\boldsymbol{C}$ がつくる平行四辺形である底面の面積 S は，(5.16b) より $S=|\boldsymbol{B}\times\boldsymbol{C}|$ である．図のように，2つのベクトル $\boldsymbol{A}$ と $\boldsymbol{B}\times\boldsymbol{C}$ のなす角を θ とすると，その内積は (5.5) より

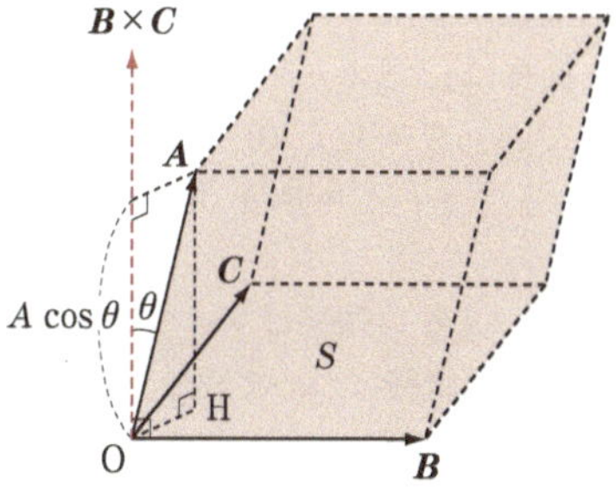

図 5.7

$$\boldsymbol{A}\cdot(\boldsymbol{B}\times\boldsymbol{C}) = A|\boldsymbol{B}\times\boldsymbol{C}|\cos\theta = AS\cos\theta \tag{5.20}$$

となる．

ところで，図5.7のように，$A\cos\theta$ はこの平行6面体の底面 S に対する高さAHを与えるので，$AS\cos\theta$ はその体積に他ならない．こうして，スカラー3重積 $\boldsymbol{A}\cdot(\boldsymbol{B}\times\boldsymbol{C})$ の絶対値は，3つのベクトル $\boldsymbol{A}$，$\boldsymbol{B}$，$\boldsymbol{C}$ がつくる平行6面体の体積であることがわかる．

ここはポイント!

例題 6

任意の3つのベクトル $\boldsymbol{A}$，$\boldsymbol{B}$，$\boldsymbol{C}$ を使ったスカラー3重積について，この3つのベクトルをサイクリック（順繰り）に換えた以下の式が成り立つことを示せ．

$$\boldsymbol{A}\cdot(\boldsymbol{B}\times\boldsymbol{C}) = \boldsymbol{B}\cdot(\boldsymbol{C}\times\boldsymbol{A}) = \boldsymbol{C}\cdot(\boldsymbol{A}\times\boldsymbol{B}) \tag{5.21}$$

解 3つのベクトルがどのような向きにあっても，$\boldsymbol{A}$ を x 軸方向に，$\boldsymbol{B}$ を xy 平面上にとることができる．このようにとっても，一般性を失わないで計算を大幅に簡単化できることを理解しよう．もちろん，このとき $\boldsymbol{C}$ には制限がつけられない．こうして，$\boldsymbol{A}=(A_x, 0, 0)$，$\boldsymbol{B}=(B_x, B_y, 0)$，$\boldsymbol{C}=(C_x, C_y, C_z)$ とおくことができるのである．したがって，ベクトル積の定義 (5.16a) より，

$$\boldsymbol{B}\times\boldsymbol{C} = (B_y C_z,\ -B_x C_z,\ B_x C_y - B_y C_x)$$

となる．

また，内積の定義 (5.4) より，

$$\boldsymbol{A}\cdot(\boldsymbol{B}\times\boldsymbol{C}) = A_x B_y C_z \tag{1}$$

となる．

同様にして，

$$\boldsymbol{C}\times\boldsymbol{A} = (0,\ C_z A_x,\ -C_y A_x),\qquad \therefore\ \boldsymbol{B}\cdot(\boldsymbol{C}\times\boldsymbol{A}) = B_y C_z A_x \tag{2}$$

$$\boldsymbol{A}\times\boldsymbol{B} = (0,\ 0,\ A_x B_y),\qquad \therefore\ \boldsymbol{C}\cdot(\boldsymbol{A}\times\boldsymbol{B}) = C_z A_x B_y \tag{3}$$

となる．

(1)～(3) の結果はすべて等しく，(5.21) が証明されたことになる．これはベクトルの 3 重積について成り立つ，有用な公式である．

また，(5.19) の最後の行列式で，その行を偶数回置換することによって $\boldsymbol{B}\cdot(\boldsymbol{C}\times\boldsymbol{A})$ と $\boldsymbol{C}\cdot(\boldsymbol{A}\times\boldsymbol{B})$ の行列式が得られることがわかる．行の 1 回の置換で符号が変わるので，偶数回の置換式では符号が変わらない．このことからも (5.21) が成り立つことがわかる．

問題 10 任意の 3 つのベクトル $\boldsymbol{A}$，$\boldsymbol{B}$，$\boldsymbol{C}$ について，以下の式が成り立つことを示せ．

（1） $\boldsymbol{A}\cdot\{(\boldsymbol{B}-\boldsymbol{C})\times(\boldsymbol{B}+\boldsymbol{C})\} = 2\boldsymbol{A}\cdot(\boldsymbol{B}\times\boldsymbol{C})$

（2） $\boldsymbol{B}\cdot(\boldsymbol{A}\times\boldsymbol{C}) = -\boldsymbol{A}\cdot(\boldsymbol{B}\times\boldsymbol{C})$

（3） $(\boldsymbol{A}+\boldsymbol{B})\cdot\{(\boldsymbol{B}+\boldsymbol{C})\times(\boldsymbol{C}+\boldsymbol{A})\} = 2\boldsymbol{A}\cdot(\boldsymbol{B}\times\boldsymbol{C})$

問題 11 $\boldsymbol{0}$ (ゼロベクトル) でない 3 つのベクトル $\boldsymbol{A}$，$\boldsymbol{B}$，$\boldsymbol{C}$ でスカラー 3 重積 $\boldsymbol{A}\cdot(\boldsymbol{B}\times\boldsymbol{C}) = 0$ となるのは，$\boldsymbol{A}$，$\boldsymbol{B}$，$\boldsymbol{C}$ が同一平面上にあるときに限ることを示せ．

ベクトル 3 重積

(5.19) がスカラーであることは，2 つのベクトル $\boldsymbol{A}$ と $\boldsymbol{B}\times\boldsymbol{C}$ の内積をつくったことから明らかである．すると，この 2 つのベクトルの外積をつくれば，その結果もベクトルである 3 重積

$$\boldsymbol{A}\times(\boldsymbol{B}\times\boldsymbol{C}) \tag{5.22}$$

が得られる．これは明らかに (5.19) とは別のものであり，**ベクトル 3 重積**とよばれる．

(5.22) をそれぞれのベクトルの成分で表すために，その x 成分を外積の定義 (5.16a) を使って具体的に計算してみると，

$$\begin{aligned}\{\boldsymbol{A}\times(\boldsymbol{B}\times\boldsymbol{C})\}_x &= A_y\,(\boldsymbol{B}\times\boldsymbol{C})_z - A_z\,(\boldsymbol{B}\times\boldsymbol{C})_y \\ &= A_y\,(B_x C_y - B_y C_x) - A_z\,(B_z C_x - B_x C_z) \\ &= B_x\,(A_y C_y + A_z C_z) - C_x\,(A_y B_y + A_z B_z)\end{aligned}$$

$$
\begin{aligned}
&= B_x\,(A_x C_x + A_y C_y + A_z C_z) \\
&\qquad\qquad - C_x\,(A_x B_x + A_y B_y + A_z B_z) \\
&= B_x\,(\boldsymbol{A}\cdot\boldsymbol{C}) - C_x\,(\boldsymbol{A}\cdot\boldsymbol{B}) \\
&= \{(\boldsymbol{A}\cdot\boldsymbol{C})\boldsymbol{B} - (\boldsymbol{A}\cdot\boldsymbol{B})\boldsymbol{C}\}_x
\end{aligned}
$$

が得られる．上式の最後から3番目の式は，その前の式に $A_x B_x C_x$ を加えて引けば得られることは容易にわかるであろう．

(5.22) の y 成分，z 成分も同様にして得られるので，(5.22) のベクトル3重積は

$$\boldsymbol{A}\times(\boldsymbol{B}\times\boldsymbol{C}) = (\boldsymbol{A}\cdot\boldsymbol{C})\boldsymbol{B} - (\boldsymbol{A}\cdot\boldsymbol{B})\boldsymbol{C} \tag{5.23}$$

と表されることがわかる．

問 題 12　$\boldsymbol{A} = (1, -3, 2)$，$\boldsymbol{B} = (2, 1, 1)$，$\boldsymbol{C} = (3, -1, 4)$ として，ベクトル3重積 $\boldsymbol{A}\times(\boldsymbol{B}\times\boldsymbol{C})$ を求めよ．［ヒント：(5.23) を使えばよい．問題9と個々のベクトルは同じでも，計算の違いに注意せよ．］

5.6　まとめとポイントチェック

空間は3次元であるために，そこで起こるいろいろな現象を定量的に表そうとする場合,向きと大きさをもつ量が必要となる．それがベクトルであり，次元の数だけの成分をもつ．ベクトルが関わる計算はすべて成分を使ってできるが，その計算は一般に煩雑である．そこで本章では，ベクトルをあからさまに成分で表したり，成分で計算することはやめて，1つのベクトル記号を使うとどうなるかを述べた．そして，いくつかのベクトルの和や積が成分を使わないとどのように表され，どのような性質をもつかを示した．そのために，単位ベクトルや基本ベクトルなどの特別なベクトルも必要になった．

この流れの中で導入されたのが，ベクトル同士の内積，外積，3重積であり，これらはどれもベクトル解析において基礎的な役割を果たすので，理工学を学ぶ際に重要である．また，それぞれは単純な幾何学的意味をもつことが明らかとなった．具体的なイメージが大切となる理工学において抽象的な数学を使う場合，その幾何学的な意味を理解しておくことは大きな助けとなる．

ポイントチェック

- □ ベクトルがなぜ必要かがわかった.
- □ ベクトルの和が図形的に理解できた.
- □ 単位ベクトルと基本ベクトルのそれぞれの意味と違いが説明できるようになった.
- □ 位置ベクトルの意味がわかった.
- □ 内積の定義と幾何学的な意味がわかった.
- □ 外積の定義と幾何学的な意味がわかった.
- □ 3 重積の定義が理解できた.
- □ スカラー 3 重積とベクトル 3 重積の違いが理解できた.
- □ スカラー 3 重積の幾何学的な意味がわかった.
- □ 内積, 外積, 3 重積の計算ができるようになった.

6 スカラー場とベクトル場

学習目標

- ベクトルの微分を理解する.
- 場の考え方に慣れる.
- スカラー場とベクトル場を理解する.
- スカラー場の勾配, ベクトル場の発散と回転の意味を理解する.
- 場の勾配, 発散, 回転の計算に慣れる.

物理量が空間の各点に分布するような場合を, 空間にその物理量の場があるという. そして, 空間の位置を指定すると1つの数値 (スカラー) が決まる場合をスカラー場という. 例えば, 大気の温度や気圧は1つの数値で表され, 場所によって高かったり低かったりするので, スカラー場の例である. それに対して, 空間の各点でベクトル量が分布する場合をベクトル場という. 電場や磁場はベクトルなので, これらはベクトル場の例である.

場は空間的に変化するので, その特徴を引き出すには空間の各点での場の変化率, すなわち, 場の空間微分を調べればよい. スカラー場の場合には1つの数値の大きさの変化なので, 各点での場の勾配 (傾き) が問題となる. それに対してベクトル場の場合には, 大きさだけでなく, 向きの変化もある. そのようなベクトル場の特徴を抜き出すには, ベクトルの向きが広がる傾向と曲がる傾向を別々に考察しなければならない. これらの性質は, それぞれベクトル場の発散と回転という微分演算によって調べられる.

本章では, スカラー場の勾配, ベクトル場の発散と回転の性質を詳しく考察する.

6.1 ベクトルの微分

例えば, ベクトルで表される物理量 $\boldsymbol{A}$ があって, それが時々刻々に変化する場合, それは時間 t の関数とみなされる. これを $\boldsymbol{A}(t)$ のように表して t の**ベクトル関数**といい, 成分で表すと

$$\boldsymbol{A}(t) = (A_x(t), A_y(t), A_z(t)) \tag{6.1}$$

となる．もちろん，このように記したとき，t は必ずしも時間である必要はなく，ある独立変数とみなして構わない．しかし，ここではより具体的にわかりやすくするために，時間とみなして議論を進めることにしよう．

ベクトル関数 $\boldsymbol{A}(t)$ の時刻 t からほんの少し経った時刻 $t+\Delta t$ での値は $\boldsymbol{A}(t+\Delta t)$ と表されるので，$\boldsymbol{A}(t)$ の微分は，普通の関数の微分と同様に，定義 (1.2) より

$$\frac{d\boldsymbol{A}(t)}{dt} = \lim_{\Delta t \to 0} \frac{\boldsymbol{A}(t+\Delta t) - \boldsymbol{A}(t)}{\Delta t} \tag{6.2}$$

と定義される．関数を微分したものを導関数ということから，上の微分を**導ベクトル**ともいう．また，時間微分であることが明らかなときには文字の上に・を付けて，上の微分を $\dot{\boldsymbol{A}}$ と記すこともある．

また，(6.1) からわかるように，この導関数を成分で表すと，

$$\frac{d\boldsymbol{A}}{dt} \equiv \dot{\boldsymbol{A}} = \left(\frac{dA_x}{dt}, \frac{dA_y}{dt}, \frac{dA_z}{dt}\right) \tag{6.3}$$

ここはポイント!

となる．すなわち，ベクトル関数の微分は，その成分を微分したものにすぎない．

ボールを投げたり，ロケットを発射したりしたときなどのそれぞれの物体の運動を考える際，物理学では差し当たって物体の大きさを無視した質量のある点，すなわち質点とみなす．いま，空間に質点 P があり，その位置ベクトルを $\boldsymbol{r}$ とすると，時刻 t におけるこの質点の位置は $\boldsymbol{r}(t)$ と表すことができる．図 6.1 のように，この質点が空間中を運動すればその位置が変わるので，$\boldsymbol{r}(t)$ は質点 P の軌道を表すことになる．そして，この $\boldsymbol{r}(t)$ は (6.1) の典型例であり，成分で示すと

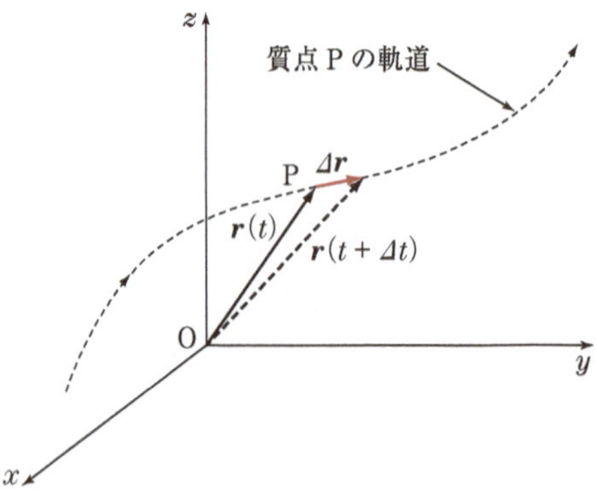

図 6.1 質点 P の軌道

$$\boldsymbol{r}(t) = (x(t),\ y(t),\ z(t)) \tag{6.4}$$

と表される．

時刻 $t + \varDelta t$ における質点Pの位置は $\boldsymbol{r}(t + \varDelta t)$ と表されるので，時間 $\varDelta t$ の間に質点Pは

$$\varDelta \boldsymbol{r} = \boldsymbol{r}(t + \varDelta t) - \boldsymbol{r}(t)$$

だけ移動する．この様子は図6.1から容易にわかるであろう．したがって，(6.2) と同様に，質点Pの位置ベクトル $\boldsymbol{r}$ の微分は

$$\frac{d\boldsymbol{r}}{dt} = \lim_{\varDelta t \to 0} \frac{\varDelta \boldsymbol{r}}{\varDelta t} = \lim_{\varDelta t \to 0} \frac{\boldsymbol{r}(t + \varDelta t) - \boldsymbol{r}(t)}{\varDelta t} \tag{6.5}$$

となる．

時刻 t におけるこの質点の位置の瞬間的な変化率 (6.5) のことを，空間中を運動する質点の**速度** $\boldsymbol{v}(t)$ といい，

$$\boldsymbol{v}(t) = \frac{d\boldsymbol{r}}{dt} = \lim_{\varDelta t \to 0} \frac{\boldsymbol{r}(t + \varDelta t) - \boldsymbol{r}(t)}{\varDelta t} \tag{6.6}$$

で与えられる．図6.2をみてわかるように，時間 $\varDelta t$ の間の質点Pの位置の変化 $\varDelta \boldsymbol{r}$ は，$\varDelta t \to 0$ の極限で限りなく質点の軌道の接線に近づく．したがって，図6.2のように，速度 $\boldsymbol{v}$ は質点Pの位置での軌道の接線上にあることになる．もちろん，速度は大きさと向きをもつベクトル量なので，その成分は

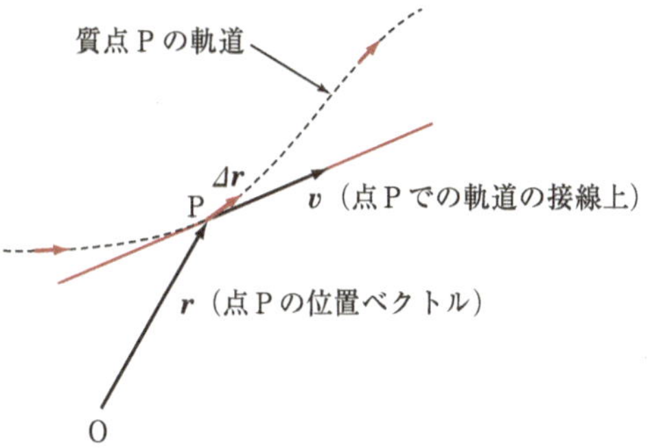

図 6.2　質点の移動 $\varDelta \boldsymbol{r}$ と速度ベクトル $\boldsymbol{v}$

$$\begin{cases} \boldsymbol{v} = (v_x,\ v_y,\ v_z) \\ v_x = \dfrac{dx}{dt}, \qquad v_y = \dfrac{dy}{dt}, \qquad v_z = \dfrac{dz}{dt} \end{cases} \tag{6.7}$$

と表される．

各成分を個別にみるとこんなに複雑なのに，速度だけを表したいときには

1文字の $\boldsymbol{v}$ で済むところにベクトルの便利さがあることに気付いてほしい．そのために，物理学に限らず，理工学のすべての分野で大きさと向きをもつ量は例外なくベクトルで表すのである．

問題 1 速度 $\boldsymbol{v}(t)$ の時間的変化率を加速度 $\boldsymbol{\alpha}(t)$ という．$\boldsymbol{\alpha}(t)$ を速度ベクトル $\boldsymbol{v}$ および位置ベクトル $\boldsymbol{r}$ で表せ．また，それぞれを成分で表すとどうなるか．

6.2 ベクトル場とスカラー場

前節では，時間 t の関数であるベクトルの物理量 $\boldsymbol{A}(t)$ を考えたが，もちろん t の代わりに，空間の位置 $\boldsymbol{r}$ の関数である場合も考えられる．これは任意の位置ベクトル $\boldsymbol{r}$ についてベクトル $\boldsymbol{A}$ の値が決まる場合であって，(6.1) に対して

$$\boldsymbol{A}(\boldsymbol{r}) = (A_x(\boldsymbol{r}),\ A_y(\boldsymbol{r}),\ A_z(\boldsymbol{r})) \tag{6.8}$$

と表される．空間にベクトルが広がって分布しているという意味で，このようなベクトル関数を特に**ベクトル場**という．

大気中では空気が風となって流れているし，川には水が流れ，海にも海流がある．このように流体では場所によって流れがあり，流れには向きと速さがあるから，これは速度ベクトル $\boldsymbol{v}(\boldsymbol{r})$ で表され，流体の速度場という．電磁気学で活躍する電場や磁場もまさしく場の一種であり，それぞれ，電場ベクトル $\boldsymbol{E}(\boldsymbol{r})$，磁場ベクトル $\boldsymbol{B}(\boldsymbol{r})$ などと表す．

もちろん，ベクトル場は時間的に変化する場合もある．このような場合には，(6.1) と (6.8) を組み合わせて，

$$\boldsymbol{A}(\boldsymbol{r},\ t) = (A_x(\boldsymbol{r},\ t),\ A_y(\boldsymbol{r},\ t),\ A_z(\boldsymbol{r},\ t)) \tag{6.9}$$

と記せばよい．電磁気学は電場ベクトル $\boldsymbol{E}(\boldsymbol{r},\ t)$ と磁場ベクトル $\boldsymbol{B}(\boldsymbol{r},\ t)$ が示す性質を扱う分野であり，日頃ほとんど無意識に使っている携帯電話やスマートフォンは，これら2つが結び付いた電磁波を受信したり発信したりしている．

空間の位置 $\boldsymbol{r}$ を指定すると1つの数値（スカラー）φ が決まる場合も考えられ，このような場合のスカラー関数 $\varphi(\boldsymbol{r})$ を**スカラー場**という．大気圧 p は

980 ヘクトパスカルなどのように 1 つの数値で表され，場所によって高かったり低かったりするので，スカラー場の一例であり，$p(\boldsymbol{r})$ と表される．部屋の中の温度も窓側か廊下側か，あるいは床に近いか天井に近いかで異なる値を示し，空間の温度 T の分布はスカラー場 $T(\boldsymbol{r})$ で表される．スカラー場というと大げさに聞こえるが，これまで微分や積分の章で取り扱った多変数関数において変数を空間座標にしたものにすぎないので，難しく考える必要はない．スカラー場の場合にも，空間変化だけでなく時間変化をする場合には，$\varphi(\boldsymbol{r}, t)$ と表せばよい．

6.3　スカラー場の勾配

3 次元空間ではなく，2 次元平面上でのスカラー場は視覚的にわかりやすい．2 次元 xy 平面上の位置ベクトル $\boldsymbol{r} = (x, y)$ での値がスカラー $\varphi(\boldsymbol{r}) = \varphi(x, y)$ で与えられるスカラー場を考えよう．これは 2 次元 xy 平面に z 軸を加えて，z 軸の向きに沿って φ の値をとるようにすれば，ちょうど図 4.1 のような曲面が得られる．この図で，点 A（その位置ベクトルは $\boldsymbol{r} = (x, y)$）での高さ $\overline{\mathrm{AP}}$ がスカラー $\varphi(\boldsymbol{r}) = \varphi(x, y)$ を与えることになる．

2 次元平面上でのスカラー場の具体例は，日頃見慣れている山などの地形の高度である．いま，地形が海抜 0 m の平面の上にあって，その高度が h [m] で表されるとする．高度はスカラー量（ただの数）であり，ここでは 2 次元平面上の位置 $\boldsymbol{r}$ での高さ $h(\boldsymbol{r})$ が，地形を与える 2 次元スカラー場ということになる．3 次元空間内でのスカラー場を図示するには 4 次元空間が必要であるが，これは図に描けないので，スカラー場を議論する場合には 2 次元スカラー場，特に地形の高度をイメージすれば理解しやすいというわけである．しかし，これからは特に断らない限り，3 次元空間でのスカラー場を議論することを予め注意しておく．

ここはポイント!

スカラー場では場所によって数値（スカラー）が変わるので，場所を少しずらしたときにその数値が変わる割合，すなわち空間の各点での微分あるいは傾きがスカラー場を特徴づける．地形の例でいえば，各点での地形の勾配が地形を特徴づける重要な量であることは容易に理解できるであろう．本節では，スカラー場 $\varphi(\boldsymbol{r})$ の勾配とその特徴について述べる．

いま，スカラー場を $\varphi(\boldsymbol{r})$ とすると，位置 $\boldsymbol{r}$ から微小量 $\Delta\boldsymbol{r}$ だけ離れた近くの位置 $\boldsymbol{r}+\Delta\boldsymbol{r}$ では，このスカラー場は $\varphi(\boldsymbol{r}+\Delta\boldsymbol{r})$ の値をもつことになる．そこで，この2点でのスカラー場の差 $\Delta\varphi(\boldsymbol{r})=\varphi(\boldsymbol{r}+\Delta\boldsymbol{r})-\varphi(\boldsymbol{r})$ を2点間の距離 $\Delta\boldsymbol{r}$ で割ると，それは位置が $\Delta\boldsymbol{r}$ だけ移動したことによるこのスカラー場の変化の割合であり，近似的に $\varphi(\boldsymbol{r})$ の位置 $\boldsymbol{r}$ での傾きを与える．こうして，$\Delta\boldsymbol{r}\to\boldsymbol{0}$ の極限をとることにより，

$$\lim_{\Delta r\to 0}\frac{\varphi(\boldsymbol{r}+\Delta\boldsymbol{r})-\varphi(\boldsymbol{r})}{\Delta\boldsymbol{r}}=\frac{\partial\varphi(\boldsymbol{r})}{\partial\boldsymbol{r}} \tag{6.10}$$

という，スカラー場 $\varphi(\boldsymbol{r})$ の空間中での勾配（傾き）を与えるベクトルを定義することができる．

(6.10) がベクトルである理由は，傾きにはその大きさと向きがあるためである．場が空間的に変化する割合が x, y, z の3方向に分けられることは明らかであろう．そこで，この傾きを表すベクトルに対して微分演算記号を定義して，

$$\frac{\partial\varphi(\boldsymbol{r})}{\partial\boldsymbol{r}}=\nabla\varphi(\boldsymbol{r})=\mathrm{grad}\,\varphi(\boldsymbol{r})=\left(\frac{\partial\varphi(\boldsymbol{r})}{\partial x},\frac{\partial\varphi(\boldsymbol{r})}{\partial y},\frac{\partial\varphi(\boldsymbol{r})}{\partial z}\right) \tag{6.11}$$

と記す．ここで (6.10) や (6.11) が意味することから明らかなように，$\nabla\varphi(\boldsymbol{r})$ をスカラー関数 $\varphi(\boldsymbol{r})$ の傾きまたは**勾配**という．

記号 ∇（ナブラ）は，微分演算のベクトル的な表示

$$\nabla=\left(\frac{\partial}{\partial x},\frac{\partial}{\partial y},\frac{\partial}{\partial z}\right)$$

を表す．(6.11) で微分演算の記号 ∇ の代わりに grad とも記したが，これは勾配や傾きの英語 gradient の初めの4文字をとったものである．なお，$\varphi(\boldsymbol{r})$ はスカラー場であるが，その勾配 $\nabla\varphi(\boldsymbol{r})$ はベクトルであって位置 $\boldsymbol{r}$ の関数なので，これはベクトル場である．

ここはポイント!

例 題 1

スカラー場 $\varphi(\boldsymbol{r}) = 1/r$ の勾配の場 $\nabla\varphi(\boldsymbol{r})$ を求めよ．

解 $\varphi(\boldsymbol{r}) = 1/r$ の x, y, z による偏微分はすでに (4.11b) で求められているので，それと (6.11) より，

$$\nabla\varphi(\boldsymbol{r}) = \left(\frac{\partial}{\partial x}\left(\frac{1}{r}\right), \frac{\partial}{\partial y}\left(\frac{1}{r}\right), \frac{\partial}{\partial z}\left(\frac{1}{r}\right)\right) = \left(-\frac{x}{r^3}, -\frac{y}{r^3}, -\frac{z}{r^3}\right)$$
$$= -\frac{1}{r^3}(x, y, z) = -\frac{\boldsymbol{r}}{r^3} \qquad (6.12)$$

となる．

図 6.3 に空間が 2 次元 xy 平面の場合 $(r = \sqrt{x^2 + y^2})$ のおおよその様子を示したが，スカラー場 $\varphi(\boldsymbol{r}) = 1/r$ は原点に向かってどんどん大きくなり，傾きも大きくなる．このことが (6.12) で表されているのである．負号が付くのは，原点から離れるにつれてスカラー φ が減少するために，動径方向に傾きが負だからである．(6.12) は点電荷がつくる電位 (静電ポテンシャル) や質点がつくる万有引力ポテンシャルの場の勾配ベクトルに相当する．

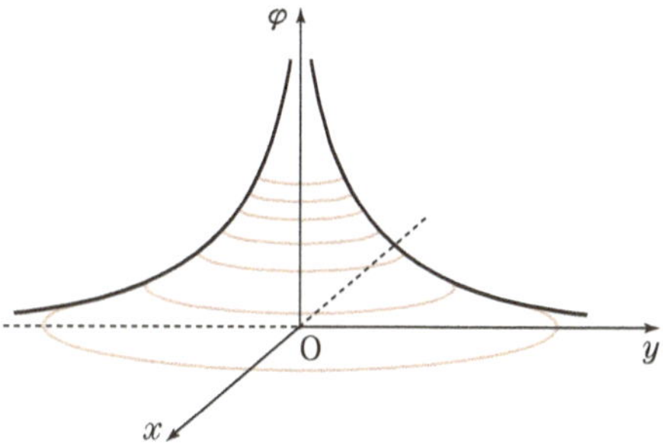

図 6.3

問 題 2 次のそれぞれのスカラー場 φ に対する $\nabla\varphi$ を求めよ．

(1) $\varphi = x^2 y + yz^2$ (2) $\varphi = \dfrac{1}{2}r^2$ (3) $\varphi = \ln r$

問 題 3 φ，ψ を任意のスカラー場とするとき，

$$\nabla(\varphi\psi) = \psi\nabla\varphi + \varphi\nabla\psi$$

が成り立つことを示せ．

勾配ベクトル $\nabla\varphi$ の幾何学的な意味

$\nabla\varphi$ の幾何学的な意味を考えてみよう．いま，スカラー場 $\varphi(\boldsymbol{r})$ があって，それが一定の値 C をもつ曲面

$$\varphi(\boldsymbol{r}) = C \qquad (一定) \qquad (6.13)$$

を考える．物理学ではスカラー場のことをポテンシャルということが多い

ため，この曲面は**等ポテンシャル面**ともよばれる．例えば，温度分布の場合の等ポテンシャル面は等温面であり，部屋が床暖房されていれば，等温面はほぼ水平であることは容易に想像できるであろう．もし窓の外がとても寒いようなら，等温面は窓に近付くにつれて下に曲がるような曲面になることもイメージできるであろう．

空間が 2 次元 xy 平面の場合には，(6.13) を満たすのは曲面ではなくて曲線の等高線になり，直観的にもわかりやすい．図 6.3 には，2 次元スカラー場 $\varphi(\boldsymbol{r}) = 1/r$ の等高線が何本かの薄い線で描かれている．実際，地図は地形の高度を 2 次元平面のスカラー場とみなして，その等高線を描いて地形の凹凸の特徴を示しているのである．特に，山の地図では少し慣れると，どの向きにどの程度の傾斜があるかなどを読みとることができるようになり，山登りの際の助けになる．このようなことを思い浮かべると，以下の議論もわかりやすくなるであろう．

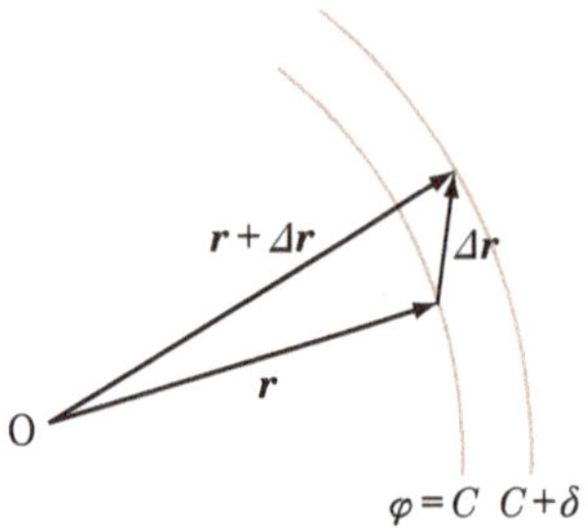

図 6.4

こうして，(6.13) の C の値を離散的に変えると，空間に曲面群 (2 次元平面の場合，図 6.3 に薄い線で示した曲線群) が得られる．そこで図 6.4 のように，$\boldsymbol{r}$ のごく近くの位置 $\boldsymbol{r} + \Delta\boldsymbol{r}$ での φ の微小変化 $\Delta\varphi$ を求めると，

$$
\begin{aligned}
\Delta\varphi &= \varphi(\boldsymbol{r} + \Delta\boldsymbol{r}) - \varphi(\boldsymbol{r}) \\
&= \varphi(x + \Delta x,\ y + \Delta y,\ z + \Delta z) - \varphi(x,\ y,\ z) \\
&= \left\{\varphi(x,\ y,\ z) + \frac{\partial\varphi}{\partial x}\Delta x + \frac{\partial\varphi}{\partial y}\Delta y + \frac{\partial\varphi}{\partial z}\Delta z + \cdots\right\} - \varphi(x,\ y,\ z) \\
&\cong \frac{\partial\varphi}{\partial x}\Delta x + \frac{\partial\varphi}{\partial y}\Delta y + \frac{\partial\varphi}{\partial z}\Delta z = \nabla\varphi\cdot\Delta\boldsymbol{r} \qquad (6.14)
\end{aligned}
$$

となる．ここでもこれまでと同様に，3 変数関数の微小変化を計算し，最後の結果は 2 つのベクトル $\nabla\varphi$ と $\Delta\boldsymbol{r}$ の内積であることを使った．

したがって，微小な変位 $\Delta\boldsymbol{r}$ の代わりに，それをゼロの極限とする微分記号 $d\boldsymbol{r}$ を使うと，(6.14) は

$$d\varphi = \nabla\varphi \cdot d\boldsymbol{r} = \frac{\partial \varphi}{\partial \boldsymbol{r}} \cdot d\boldsymbol{r} \tag{6.15}$$

と表されることになる．しかし，これは3変数関数の微小変化 (4.7) を，その関数の勾配を使って表したものにすぎないことに注意すべきである．また，微分が微小量の割り算であることを考えると，(6.15) の最後の式は割った量を掛けているだけとみることもできる．

ここで図6.5のように，位置 $\boldsymbol{r} + \Delta\boldsymbol{r}$ を $\boldsymbol{r}$ と同じ曲面上 (2次元平面では，同じ等高線上) にとると，スカラー場の変化がなくて $\Delta\varphi = 0$ なので，(6.14) より $\nabla\varphi \cdot \Delta\boldsymbol{r} = 0$ となり，2つのベクトル $\nabla\varphi$ と $\Delta\boldsymbol{r}$ は直交する ($\nabla\varphi \perp \Delta\boldsymbol{r}$)．これは $\nabla\varphi$ が等ポテンシャル面に垂直であり，その法線方向を向いていることを意味する．法線とは曲面上の点でその曲面に垂直な直線であり，法線に沿った単位ベクトルを**法線ベクトル**といい，通常 $\boldsymbol{n}$ で表す．図6.5には $\nabla\varphi$ が法線ベクトル $\boldsymbol{n}$ に平行 ($\nabla\varphi \mathbin{/\!/} \boldsymbol{n}$) であることを明記した．

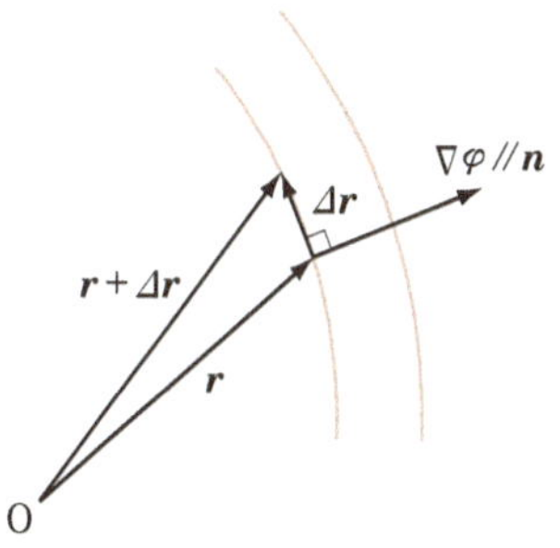

図 6.5

再び地形を考えると，2次元平面の位置 $\boldsymbol{r}$ での高度を $h(\boldsymbol{r})$ とするとき，$\nabla h(\boldsymbol{r})$ の大きさは $\boldsymbol{r}$ での傾斜の大きさを与えるし，向きは2次元平面で見渡してどの向きに傾斜が最も大きいかを表す．地図には等高線が示されているので，その混み具合いから勾配ベクトルの大まかな様子がわかる．等高線が密なところほど傾斜が大きく，勾配ベクトルが等高線に直角であることは直観的にも理解できるであろう．

問題4　次のそれぞれのスカラー場 φ に対する $\nabla\varphi$ を求めよ．

(1)　$\varphi = \boldsymbol{a} \cdot \boldsymbol{r}$　($\boldsymbol{a}$ は定ベクトル)　　(2)　$\varphi = xyz$

(3)　$\varphi = \frac{1}{2}(z^2 - x^2 - y^2)$

6.4 ベクトル場の発散

スカラー場 $\varphi(\boldsymbol{r})$ ではスカラー量 φ が空間的にどのように変化するかが問題であり，それを特徴づけるものとして，勾配 $\nabla\varphi(\boldsymbol{r})$ を導入したのであった．これに対して，ベクトル場 $\boldsymbol{A}(\boldsymbol{r})$ を特徴づけるには，空間の各点でのベクトル $\boldsymbol{A}$ の大きさの変化だけでなく，向きがどのように変わるかも問題にしなければならない．大きさの空間変化は前節と同じように微分すればよいが，向きの空間変化はどうすれば捉えられるであろうか．向きは矢印で示されるので，ベクトル場を空間に分布する矢印として示すことができる．このとき，矢印の向きを辿ることによって，矢印の流れを想像することができる．この矢印の流れが示す大まかな傾向として，どこかから湧き出して広がる（逆に収束する）傾向と，向きを変えて曲がる（回転する）傾向の 2 つが考えられるであろう．

本節では，まずベクトル場の湧き出しの傾向を捉えてみよう．いま，図 6.6 のように，空間の中の 1 点 $\mathrm{P}(x, y, z)$ を中心とし，各辺の長さが $\varDelta x, \varDelta y, \varDelta z$ である微小な直方体（体積 $\varDelta V = \varDelta x\,\varDelta y\,\varDelta z$）があるものとする．もしベクトル場 $\boldsymbol{A}(\boldsymbol{r})$ が点 P の近くで広がる傾向にあるとすれば，この直方体でのベクトル場の矢印の流出が流入より大きいはずである．逆にいえば，この直方体で矢印の湧き出し量を調べれば，その付近で矢印が広がるか，あるいはすぼまるかという傾向を知ることができる．

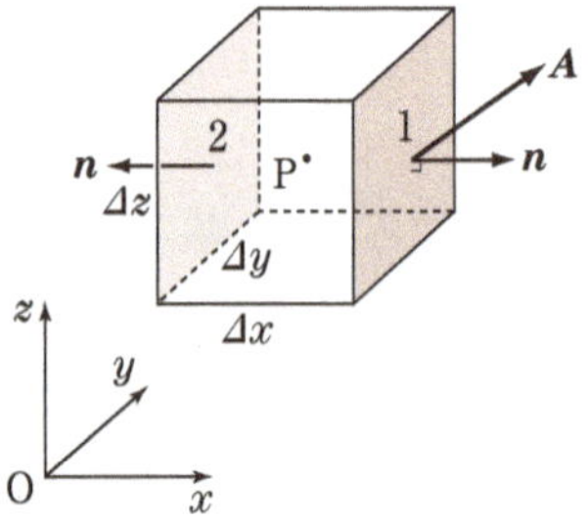

図 6.6

そこでまず，図 6.6 において，ベクトル場 $\boldsymbol{A}(\boldsymbol{r})$ の矢印の流れを x 軸方向だけで考えて，この直方体から矢印が流れ出す量と，それに流れ込む量を計算してみる．

微小な直方体の x 軸に垂直な面のうち，点 P から $+\varDelta x/2$ だけ離れた面を図のように面 1 とする．そして，この法線ベクトルを $\boldsymbol{n}$ とし，その面での

ベクトル場の値を $\boldsymbol{A}$ とする．また実際には直方体は微小なので，この面内でのベクトル場の変化は無視することができて，その中心点 $(x+\Delta x/2,\ y,\ z)$ での値で代用してよい．このとき，ベクトル場の矢印の流れの流出量は $\boldsymbol{A}$ の法線方向の成分 $\boldsymbol{A}\cdot\boldsymbol{n}$ に，この面 1 の面積 $\Delta S_1=\Delta y\,\Delta z$ を掛けた量

$$(\boldsymbol{A}\cdot\boldsymbol{n})_1\,\Delta S_1=(\boldsymbol{A}\cdot\boldsymbol{n})_1\,\Delta y\,\Delta z \tag{6.16}$$

で与えられる．ここでカッコの下付きの 1 は，微小な直方体の面 1 での流出量であることを示すために付けた．(6.16) は，$\boldsymbol{A}$ と $\boldsymbol{n}$ が垂直（$\boldsymbol{A}$ が面に平行）なら矢印の x 軸方向の流出がないこと，面積に比例して流出が増えることからも理解できるであろう．

ところで，いまの場合，この面 1 は x 軸に垂直なので，法線ベクトル $\boldsymbol{n}$ は x 軸の向きの単位ベクトルであり，$\boldsymbol{A}\cdot\boldsymbol{n}=A_x$ である．これを (6.16) に代入して面の位置も明記すると，この面でのベクトル場の矢印の流れの流出量は

$$A_x\left(x+\frac{\Delta x}{2},\ y,\ z\right)\Delta y\,\Delta z \tag{6.17}$$

となる．

図 6.6 において，微小な直方体の x 軸に垂直なもう 1 つの面 2 は点 P から $-\Delta x/2$ だけ離れた面で，面積 ΔS_2 は同じく $\Delta S_2=\Delta y\,\Delta z$ である．この面 2 でのベクトル場の矢印の流れの流出量も，式の上では (6.16) と似た式

$$(\boldsymbol{A}\cdot\boldsymbol{n})_2\,\Delta S_2=(\boldsymbol{A}\cdot\boldsymbol{n})_2\,\Delta y\,\Delta z \tag{6.18}$$

で与えられる．しかし，このときに注意すべきことは，この面 2 の法線ベクトル $\boldsymbol{n}$ が x 軸の負の向きにあるので，$\boldsymbol{A}\cdot\boldsymbol{n}=-A_x$ となることである．こうして，この面 2 でのベクトル場の矢印の流れの流出量は，面の中心点の位置に注意して，

$$-A_x\left(x-\frac{\Delta x}{2},\ y,\ z\right)\Delta y\,\Delta z \tag{6.19}$$

で与えられる．

以上より，ベクトル場 $\boldsymbol{A}(\boldsymbol{r})$ の矢印の流れの，この直方体の x 軸方向の正味の流出量は，(6.16)～(6.19) を使って

$$
\begin{aligned}
&(\boldsymbol{A}\cdot\boldsymbol{n})_1\,\varDelta S_1 + (\boldsymbol{A}\cdot\boldsymbol{n})_2\,\varDelta S_2 \\
&\quad = \left\{A_x\left(x+\frac{\varDelta x}{2},\,y,\,z\right) - A_x\left(x-\frac{\varDelta x}{2},\,y,\,z\right)\right\}\varDelta y\,\varDelta z \\
&\quad = \left\{A_x(x,\,y,\,z) + \frac{\varDelta x}{2}\frac{\partial A_x}{\partial x} + \cdots\right\} \\
&\qquad\qquad - \left\{A_x(x,\,y,\,z) - \frac{\varDelta x}{2}\frac{\partial A_x}{\partial x} + \cdots\right\} \\
&\quad \cong \frac{\partial A_x}{\partial x}\varDelta x\,\varDelta y\,\varDelta z = \frac{\partial A_x}{\partial x}\varDelta V
\end{aligned}
\tag{6.20}
$$

と表される．上式の第２式の｛　｝内の２つの項で y, z 座標に変化がないことから，それら２つの項をそれぞれテイラー展開したときに，第３式では x の微分だけが現れる．また，最後の式で微小な直方体の体積 $\varDelta V = \varDelta x\,\varDelta y\,\varDelta z$ を使った．

次に，図 6.6 において，y 軸に垂直な２つの面をそれぞれ 3，4 面とし，その面積を $\varDelta S_3$，$\varDelta S_4$ とすると，$\varDelta S_3 = \varDelta S_4 = \varDelta z\,\varDelta x$ である．このとき，微小な直方体の y 軸方向の正味の流出量は $(\boldsymbol{A}\cdot\boldsymbol{n})_3\,\varDelta S_3 + (\boldsymbol{A}\cdot\boldsymbol{n})_4\,\varDelta S_4$ と表され，これをそれぞれの面の中心の位置座標に注意して計算すると，

$$
(\boldsymbol{A}\cdot\boldsymbol{n})_3\,\varDelta S_3 + (\boldsymbol{A}\cdot\boldsymbol{n})_4\,\varDelta S_4 = \frac{\partial A_y}{\partial y}\varDelta V \tag{6.21}
$$

が得られる．この結果は，(6.20) で得られた x 軸方向の正味の流出量が x 座標だけによることからも理解できる．

全く同様にして，z 軸に垂直な２つの面をそれぞれ 5, 6 面（面積 $\varDelta S_5$, $\varDelta S_6$ は $\varDelta S_5 = \varDelta S_6 = \varDelta x\,\varDelta y$）とすると，微小な直方体の z 軸方向の正味の流出量は

$$
(\boldsymbol{A}\cdot\boldsymbol{n})_5\,\varDelta S_5 + (\boldsymbol{A}\cdot\boldsymbol{n})_6\,\varDelta S_6 = \frac{\partial A_z}{\partial z}\varDelta V \tag{6.22}
$$

と表される．

図 6.6 に示した微小な直方体でのベクトル場 $\boldsymbol{A}(\boldsymbol{r})$ の正味の湧き出し量は，この直方体のすべての面での湧き出し量の総和であり，

$$
\begin{aligned}
&(\boldsymbol{A}\cdot\boldsymbol{n})_1\,\varDelta S_1 + (\boldsymbol{A}\cdot\boldsymbol{n})_2\,\varDelta S_2 + (\boldsymbol{A}\cdot\boldsymbol{n})_3\,\varDelta S_3 + (\boldsymbol{A}\cdot\boldsymbol{n})_4\,\varDelta S_4 + (\boldsymbol{A}\cdot\boldsymbol{n})_5\,\varDelta S_5 \\
&\qquad + (\boldsymbol{A}\cdot\boldsymbol{n})_6\,\varDelta S_6 \\
&\quad = \sum_{i=1}^{6}(\boldsymbol{A}\cdot\boldsymbol{n})_i\,\varDelta S_i
\end{aligned}
\tag{6.23}
$$

と表される．これに (6.20)～(6.22) を代入すると，

$$\sum_{i=1}^{6} (\boldsymbol{A}\cdot\boldsymbol{n})_i \varDelta S_i = \left(\frac{\partial A_x}{\partial x} + \frac{\partial A_y}{\partial y} + \frac{\partial A_z}{\partial z}\right) \varDelta V \qquad (6.24)$$

が得られ，両辺を直方体の体積 $\varDelta V$ で割ると，

$$\frac{\sum_{i=1}^{6} (\boldsymbol{A}\cdot\boldsymbol{n})_i \varDelta S_i}{\varDelta V} = \frac{\partial A_x}{\partial x} + \frac{\partial A_y}{\partial y} + \frac{\partial A_z}{\partial z} \qquad (6.25)$$

となる．

(6.25) の左辺は，図 6.6 で点 P を中心とする微小な直方体における，ベクトル場 $\boldsymbol{A}(\boldsymbol{r})$ の湧き出し量の単位体積当たりの割合であり，この直方体を限りなく小さくすれば，この割合は点 P でのベクトル場 $\boldsymbol{A}(\boldsymbol{r})$ の湧き出し率を意味することになる．それが右辺のようになるのであって，その結果は計算のために採用した微小な直方体によらず，場に固有な量で表されている．そこで (6.25) の右辺を

$$\nabla\cdot\boldsymbol{A}(\boldsymbol{r}) = \mathrm{div}\,\boldsymbol{A}(\boldsymbol{r}) = \frac{\partial A_x}{\partial x} + \frac{\partial A_y}{\partial y} + \frac{\partial A_z}{\partial z} \qquad (6.26)$$

と表し，これをベクトル場 $\boldsymbol{A}(\boldsymbol{r})$ の**発散**とよぶ．

(6.26) の最後の式からもわかるように，ベクトル場の発散はスカラーである．そこで，発散をベクトル的な微分演算を表す ∇ とベクトル $\boldsymbol{A}$ との内積の形で $\nabla\cdot\boldsymbol{A}$ と表しているのである．(6.26) で微分演算の記号 $\nabla\cdot$ の代わりに div とも記したが，これは発散の英語 divergence の初めの 3 文字をとったものである．

例題 2

ベクトル場 $\boldsymbol{A}(\boldsymbol{r}) = \boldsymbol{r}/r$ の発散 $\nabla\cdot\boldsymbol{A}(\boldsymbol{r})$ を求めよ．

解 $\boldsymbol{A}(\boldsymbol{r}) = \boldsymbol{r}/r = (x/r,\ y/r,\ z/r)$ と (6.26) より，(4.11b) を使って

$$\begin{aligned}\nabla\cdot\boldsymbol{A} &= \frac{\partial}{\partial x}\left(\frac{x}{r}\right) + \frac{\partial}{\partial y}\left(\frac{y}{r}\right) + \frac{\partial}{\partial z}\left(\frac{z}{r}\right) \\ &= \left\{\frac{1}{r} + x\frac{\partial}{\partial x}\left(\frac{1}{r}\right)\right\} + \left\{\frac{1}{r} + y\frac{\partial}{\partial y}\left(\frac{1}{r}\right)\right\} + \left\{\frac{1}{r} + z\frac{\partial}{\partial z}\left(\frac{1}{r}\right)\right\} \\ &= \frac{3}{r} - x\frac{x}{r^3} - y\frac{y}{r^3} - z\frac{z}{r^3} = \frac{2}{r}\end{aligned}$$

となる．

このベクトル場 $\boldsymbol{A}(\boldsymbol{r}) = \boldsymbol{r}/r$ は，$|\boldsymbol{A}(\boldsymbol{r})| = r/r = 1$ より原点を除くすべての点で単位ベクトルであり，原点から放射状に広がるベクトル場を表している．このベクトル場を，原点を含む xy 平面の切り口で大まかに示すと，図のようになる．この広がりのために，このベクトル場が原点を除くすべての点で有限な発散をもつのである．すなわち，ベクトル場のベクトルの大きさが等しくても，空間のどこかに広がりやすぼまりがあれば，その点でベクトル場の発散はゼロではない．また，図からわかるように，原点から離れると広がりの度合いは小さくなる．このことは，上の計算結果で発散が原点からの距離に反比例して小さくなることからわかる．

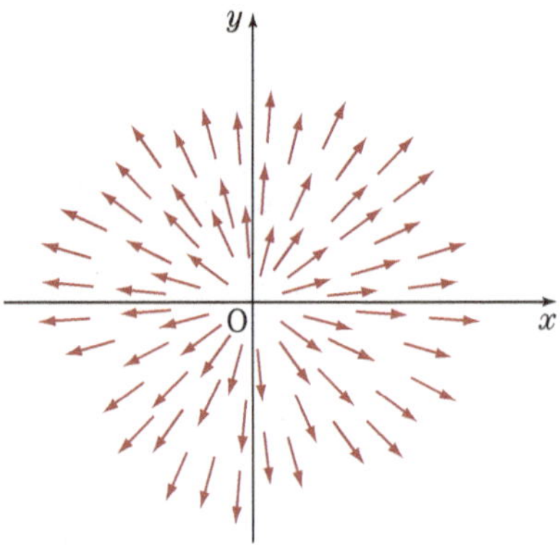

問題 5 ベクトル場 $\boldsymbol{A}(\boldsymbol{r}) = \boldsymbol{r}$ の発散 $\nabla \cdot \boldsymbol{A}(\boldsymbol{r})$ を求めよ．また，得られた結果を例題 2 の解にならって大まかに説明せよ．

例題 3

ベクトル場 $\boldsymbol{A}(\boldsymbol{r}) = x\boldsymbol{i}$ （$\boldsymbol{i}$ は x 軸の向きの基本ベクトル）の発散 $\nabla \cdot \boldsymbol{A}(\boldsymbol{r})$ を求めよ．

解 $\boldsymbol{A}(\boldsymbol{r}) = x\boldsymbol{i} = (x, 0, 0)$ なので，あらゆる位置において x 軸を向くベクトル場である．発散の定義 (6.26) より，

$$\nabla \cdot \boldsymbol{A} = \frac{\partial x}{\partial x} = 1$$

となる．

この結果は単純であるが，たとえベクトル場のベクトルが同じ向きをとっていても，その大きさが次第に変わるようなところでは，そのベクトル場の発散はゼロではないことを示している．

問題 6 φ を任意のスカラー場，$\boldsymbol{A}$ を任意のベクトル場とするとき，

$$\nabla \cdot (\varphi \boldsymbol{A}) = (\nabla \varphi) \cdot \boldsymbol{A} + \varphi \nabla \cdot \boldsymbol{A}$$

が成り立つことを示せ．

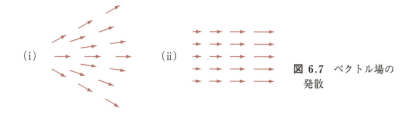

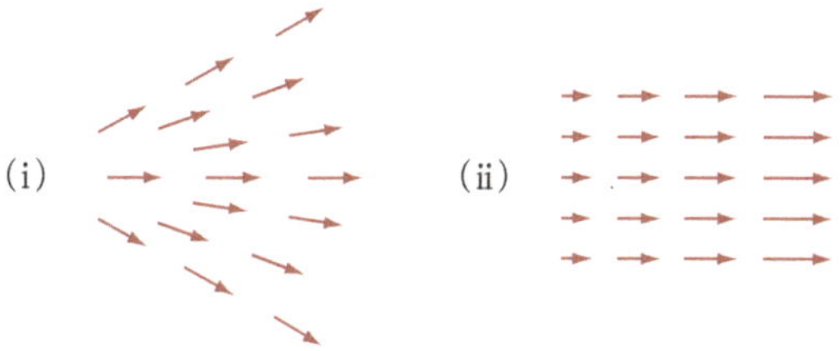

図 6.7　ベクトル場の発散

以上の議論や例題からわかるように，ベクトル場の発散 (6.26) は，大まかに描くと図 6.7 のように，ほぼ大きさの等しいベクトルが 1 点から湧き出すような場合 (図 6.7 (i)) と，ほぼ向きの等しいベクトルがその向きに大きさを変える場合 (図 6.7 (ii)) に現れる．もちろん，一般のベクトル場ではこれらの純粋な振舞いだけでなく，それらが組み合わさって広がったりすぼまったりすると共に，大きさも変わるような振舞いも示すであろう．その場合にも，発散がゼロでない値をもつ．逆にいうと，発散とは，ベクトル場からこのような発散的な傾向を局所的に抜き出す演算であるということができる．「局所的に」というのは，発散 (6.26) が空間の各点で求められるスカラー量だからである．

任意の多面体がもつ発散量

(6.24) と (6.26) より，空間の中の体積 ΔV をもつ任意の微小な直方体からのベクトル場 $\boldsymbol{A}(\boldsymbol{r})$ の発散量 $\sum_{i=1}^{6} (\boldsymbol{A}\cdot\boldsymbol{n})_i \Delta S_i$ は

$$\sum_{i=1}^{6} (\boldsymbol{A}\cdot\boldsymbol{n})_i \Delta S_i = (\nabla\cdot\boldsymbol{A})\Delta V \tag{6.27}$$

で与えられることがわかる．この式で重要なことは，右辺が微小な直方体の中での場の発散量を表し，左辺がその面からの場の滲み出し量を表している点である．両者が等しいということは，(6.27) は発散した分だけ滲み出しているという保存則があることを意味している．しかも，この直方体は微小というだけで，形も大きさも指定していないので，この保存則は任意の微小領域で成り立つはずである．したがって，微小な直方体で成り立つ (6.27) は，体積 ΔV をもつ任意の形の微小な n 面体 (面の数が n 個の多面体) に拡張できて，

$$\sum_{i=1}^{n} (\boldsymbol{A}\cdot\boldsymbol{n})_i \Delta S_i = (\nabla\cdot\boldsymbol{A})\Delta V \tag{6.28}$$

と表すことができる．

6.5 ベクトル場の回転

次に，ベクトル場の矢印が向きを変える傾向，いい換えると，回転的な傾向をどのように特徴づけたらよいかを考えてみよう．そこで空間中に微小なループ (閉曲線) を想定してみる．もしベクトル場の矢印がこのループに沿って向きを変えながらぐるりと1周していれば，このベクトル場は，まさしくこのループの近くでぐるりと回転しているはずである．たとえベクトル場の矢印がループの一部だけに沿っている場合でも，ベクトル場はその近くで向きを変えているのであり，部分的に回転しているということができる．

こうして，ベクトル場に回転的な傾向があるかどうかを調べるためには，ループに沿った場のベクトルの成分の和が，そのループをぐるりと1周したときにゼロにならずに残るかどうかを調べればよいことがわかる．前節でベクトル場に発散的な傾向があるかどうかを微小な直方体からのベクトルの湧き出しで調べたのに対して，本節では微小なループでベクトル場の回転的な傾向を抜き出そうというわけである．

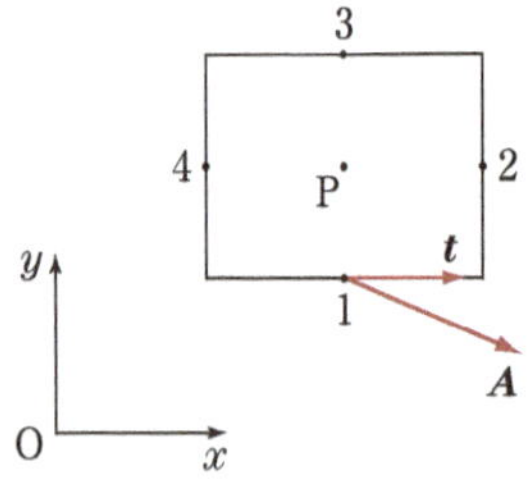

図 6.8

ここでは微小なループを図6.8のように，微小な長方形の辺で代用する．そのようにしても回転的な性質は失われないし，その方が以下の計算がはるかに簡単になるからである．図6.8のように，空間中の1点 $\mathrm{P}(x, y, z)$ を中心とし，xy 平面に平行な平面上に，各辺の長さが $\varDelta x, \varDelta y$ である微小な長方形 (面積 $\varDelta S = \varDelta x\,\varDelta y$) を考え，各辺を図のように1，2，3，4と番号付けしておく．さらに便宜上，各辺の長さを $\varDelta r_1$～$\varDelta r_4$ としておくと，$\varDelta r_1 = \varDelta r_3 = \varDelta x$，$\varDelta r_2 = \varDelta r_4 = \varDelta y$ である．

図6.8において，微小な長方形の周囲を反時計回りにぐるりと1周するときに，ベクトル場 $\boldsymbol{A}(\boldsymbol{r})$ が各辺に沿ってどれだけ寄与するかを考えてみよう．そこでまず，辺1だけの寄与を調べる．図のように，この辺の接線ベクトルを $\boldsymbol{t}$ とする．接線ベクトルというのは，向きを付けた曲線上の1点から引いた接線の上で，その点から曲線の向きにとった単位ベクトルのことである．

したがって，辺 1 に沿った場のベクトルの成分は $\boldsymbol{A}\cdot\boldsymbol{t}$ である．

実際，もし $\boldsymbol{A}$ が辺 1 に垂直であれば $\boldsymbol{A}\cdot\boldsymbol{t}=0$ であって，辺 1 に沿った場のベクトルの成分はない．辺 1 の長さが Δr_1 $(=\Delta x)$ なので，この辺に沿っての場の寄与は

$$(\boldsymbol{A}\cdot\boldsymbol{t})_1\,\Delta r_1$$

と表される．

同様にして，長方形を反時計回りに 1 周するときの辺 2 の寄与は $(\boldsymbol{A}\cdot\boldsymbol{t})_2\,\Delta r_2$ であり，微小な長方形を 1 周したときのベクトル場 $\boldsymbol{A}(\boldsymbol{r})$ の回転成分の総和は

$$(\boldsymbol{A}\cdot\boldsymbol{t})_1\,\Delta r_1+(\boldsymbol{A}\cdot\boldsymbol{t})_2\,\Delta r_2+(\boldsymbol{A}\cdot\boldsymbol{t})_3\,\Delta r_3+(\boldsymbol{A}\cdot\boldsymbol{t})_4\,\Delta r_4=\sum_{i=1}^{4}(\boldsymbol{A}\cdot\boldsymbol{t})_i\,\Delta r_i \tag{6.29}$$

と表される．

ところで，実際にはこの長方形は微小なので，各辺でのベクトル場の変化は小さいとして，その値は各辺の中点での値で代用できる．したがって，例えば辺 1 では，接線ベクトル $\boldsymbol{t}$ は x 軸の正の向きをもつ単位ベクトルなので，$\boldsymbol{A}\cdot\boldsymbol{t}=A_x$ に他ならない．辺 1 の中点の座標に注意すれば，結局，(6.29) の左辺の第 1 項は

$$(\boldsymbol{A}\cdot\boldsymbol{t})_1\,\Delta r_1=A_x\left(x,\,y-\frac{\Delta y}{2},\,z\right)\Delta x \tag{6.30}$$

と表される．ここで辺 1 の長さが $\Delta r_1=\Delta x$ であることを使った．

辺 1 に対して，同じ長さをもつ辺 3 では接線ベクトル $\boldsymbol{t}$ は x 軸の負の向きをもつ単位ベクトルであり，$\boldsymbol{A}\cdot\boldsymbol{t}=-A_x$ となる．辺 3 の中点の座標に注意すると，(6.29) の左辺の第 3 項は

$$(\boldsymbol{A}\cdot\boldsymbol{t})_3\,\Delta r_3=-A_x\left(x,\,y+\frac{\Delta y}{2},\,z\right)\Delta x \tag{6.31}$$

と表される．こうして，(6.30) と (6.31) より，(6.29) の左辺の第 1 項と第 3 項の和は

$$(\boldsymbol{A}\cdot\boldsymbol{t})_1\,\Delta r_1+(\boldsymbol{A}\cdot\boldsymbol{t})_3\,\Delta r_3=A_x\left(x,\,y-\frac{\Delta y}{2},\,z\right)\Delta x-A_x\left(x,\,y+\frac{\Delta y}{2},\,z\right)\Delta x$$

$$= \left\{A_x(x,\,y,\,z) - \frac{\varDelta y}{2}\frac{\partial A_x}{\partial y} + \cdots\right\}$$

$$- \left\{A_x(x,\,y,\,z) + \frac{\varDelta y}{2}\frac{\partial A_x}{\partial y} + \cdots\right\}$$

$$\cong -\frac{\partial A_x}{\partial y}\varDelta x\,\varDelta y = -\frac{\partial A_x}{\partial y}\varDelta S \qquad (6.32)$$

となる．ここで辺1と3の中点で y 座標だけが変わるので，上の第2式で A_x のテイラー展開をすると，A_x の y による微分だけが現れることに注意しよう．

図6.8における微小な長方形の辺2と4に沿った場のベクトルの成分は A_y であり，それらの辺の中点で x 座標だけが変わる．このことに注意して (6.32) と同様の計算を行うと，(6.29) の左辺の第2項と第4項の和は

$$(\boldsymbol{A}\cdot\boldsymbol{t})_2\,\varDelta r_2 + (\boldsymbol{A}\cdot\boldsymbol{t})_4\,\varDelta r_4 = A_y\left(x + \frac{\varDelta x}{2},\,y,\,z\right)\varDelta y - A_y\left(x - \frac{\varDelta x}{2},\,y,\,z\right)\varDelta y$$

$$\cong \frac{\partial A_y}{\partial x}\varDelta x\,\varDelta y = \frac{\partial A_y}{\partial x}\varDelta S \qquad (6.33)$$

となることがわかる．

(6.32) と (6.33) を (6.29) の左辺に代入すると，微小な長方形を1周したときのベクトル場 $\boldsymbol{A}(\boldsymbol{r})$ の回転量の総和として

$$\sum_{i=1}^{4}(\boldsymbol{A}\cdot\boldsymbol{t})_i\,\varDelta r_i = \left(\frac{\partial A_y}{\partial x} - \frac{\partial A_x}{\partial y}\right)\varDelta S \qquad (6.34)$$

が得られる．さらに，上式の両辺を微小な長方形の面積 $\varDelta S$ で割ると

$$\frac{\sum_{i=1}^{4}(\boldsymbol{A}\cdot\boldsymbol{t})_i\,\varDelta r_i}{\varDelta S} = \frac{\partial A_y}{\partial x} - \frac{\partial A_x}{\partial y} \qquad (6.35)$$

となる．上式の左辺はベクトル場 $\boldsymbol{A}(\boldsymbol{r})$ の微小な長方形の辺に沿っての回転の度合いを示す量であり，長方形が微小なので，その中心点Pでのベクトル場 $\boldsymbol{A}(\boldsymbol{r})$ の局所的な回転の性質を表すものとみなされる．

ところで，回転には回転平面があり，それに垂直な回転軸が必ず定義できる．図6.8からわかるように，いまの場合，xy 平面上でベクトル場 $\boldsymbol{A}(\boldsymbol{r})$ の回転の傾向を調べているので，回転の軸は z 軸の向きにあるはずである．すなわち，(6.35) の右辺はベクトル場 $\boldsymbol{A}(\boldsymbol{r})$ の回転の傾向を特徴づけるベクトルの z 成分を表すとみることができる．

ここはポイント!

図6.8を参考にして，yz 平面上の微小な長方形について，これまでと同じような計算を行うと，(6.35) に対して，

$$\frac{\sum_{i=1}^{4} (\boldsymbol{A}\cdot\boldsymbol{t})_i \Delta r_i}{\Delta S} = \frac{\partial A_z}{\partial y} - \frac{\partial A_y}{\partial z} \tag{6.36}$$

が得られる．このときの回転軸は x 軸の向きにあるので，上式の右辺はベクトル場 $\boldsymbol{A}(\boldsymbol{r})$ の回転の傾向を特徴づけるベクトルの x 成分を表す．同様に，zx 平面上の微小な長方形について計算すると

$$\frac{\sum_{i=1}^{4} (\boldsymbol{A}\cdot\boldsymbol{t})_i \Delta r_i}{\Delta S} = \frac{\partial A_x}{\partial z} - \frac{\partial A_z}{\partial x} \tag{6.37}$$

となって，上式の右辺は $\boldsymbol{A}(\boldsymbol{r})$ の回転の傾向を特徴づけるベクトルの y 成分を表すものとみなされる．

よって，(6.35)～(6.37) の右辺をまとめると得られる1つのベクトルを

$$\nabla \times \boldsymbol{A} = \mathrm{rot}\,\boldsymbol{A} = \left(\frac{\partial A_z}{\partial y} - \frac{\partial A_y}{\partial z},\ \frac{\partial A_x}{\partial z} - \frac{\partial A_z}{\partial x},\ \frac{\partial A_y}{\partial x} - \frac{\partial A_x}{\partial y}\right) \tag{6.38}$$

と記し，ベクトル場 $\boldsymbol{A}(\boldsymbol{r})$ の**回転**という．(6.38) の最後の式からもわかるように，ベクトル場の回転もベクトルである．それは，これまでに何度も記したように，回転には回転の軸があり，その軸に沿って右ねじを回転したときにねじが進む向きを正と約束すれば，回転の向きも決まるからである．このことは外積の向きのところでも出会ったことを思い出そう．そこで，回転をベクトル的な微分演算を表す ∇ とベクトル $\boldsymbol{A}$ との外積の形で $\nabla \times \boldsymbol{A}$ と表しているのである．(6.38) で微分演算の記号 $\nabla\times$ の代わりに rot とも記したが，これは回転の英語 rotation の初めの3文字をとったものである．

ここはポイント!

例 題 4

ベクトル場 $\boldsymbol{\rho}(\boldsymbol{r}) = (x,\ y,\ 0)$ は，xy 平面に平行で，z 軸から離れる向きに放射状に広がる性質をもっている．このとき，次のベクトル場

$$\boldsymbol{A}(\boldsymbol{r}) = \frac{\boldsymbol{k}\times\boldsymbol{\rho}}{\rho} \qquad (\rho = |\boldsymbol{\rho}| = \sqrt{x^2 + y^2})$$

の回転 $\nabla \times \boldsymbol{A}$ を求めよ．ただし，$\boldsymbol{k}$ は z 軸の向きの基本ベクトルである．

解 $\boldsymbol{k} = (0, 0, 1)$ なので，外積の定義 (5.16a) を使って $\boldsymbol{A}(\boldsymbol{r})$ を成分で表すと，

$$\boldsymbol{A}(\boldsymbol{r}) = \left(-\frac{y}{\rho}, \frac{x}{\rho}, 0\right)$$

である．したがって，回転の定義 (6.38) より，

$$\begin{aligned}
\nabla \times \boldsymbol{A} &= \left(\frac{\partial A_z}{\partial y} - \frac{\partial A_y}{\partial z}, \frac{\partial A_x}{\partial z} - \frac{\partial A_z}{\partial x}, \frac{\partial A_y}{\partial x} - \frac{\partial A_x}{\partial y}\right) \\
&= \left(0-0, 0-0, \frac{\partial}{\partial x}\left(\frac{x}{\rho}\right) - \frac{\partial}{\partial y}\left(-\frac{y}{\rho}\right)\right) \\
&= \left(0, 0, \frac{1}{\rho} + x\frac{\partial}{\partial x}\left(\frac{1}{\rho}\right) + \frac{1}{\rho} + y\frac{\partial}{\partial y}\left(\frac{1}{\rho}\right)\right) \\
&= \left(0, 0, \frac{2}{\rho} - \frac{x}{\rho^2}\frac{\partial \rho}{\partial x} - \frac{y}{\rho^2}\frac{\partial \rho}{\partial y}\right) \\
&= \left(0, 0, \frac{2}{\rho} - \frac{x}{\rho^2}\frac{x}{\rho} - \frac{y}{\rho^2}\frac{y}{\rho}\right) = \left(0, 0, \frac{1}{\rho}\right)
\end{aligned}$$

が得られる．

この場のベクトル $\boldsymbol{A}$ の大きさ A は，z 軸 $(x = y = \rho = 0)$ を除いたすべての点で

$$A = |\boldsymbol{A}| = \sqrt{\left(\frac{y}{\rho}\right)^2 + \left(\frac{x}{\rho}\right)^2} = 1$$

である．したがって，このベクトル場 $\boldsymbol{A}(\boldsymbol{r})$ は xy 平面に平行な単位ベクトルの場であり，図のように，z 軸の周りを回転するようなベクトル場である．このベクトル場の回転 $\nabla \times \boldsymbol{A}$ が z 軸を除くすべての点でゼロでない有限な値をもつというのが，上の計算結果の意味である．

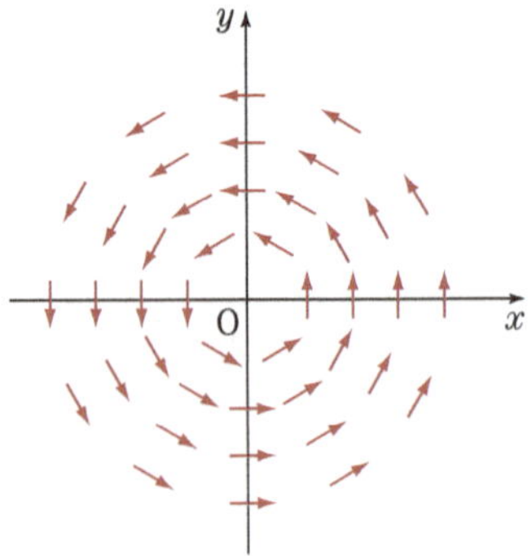

さらに，図から明らかなように，このベクトル場は反時計回りの場である．このことは，上の結果が常に正であり，図 6.8 においてベクトル場の回転の傾向をとり出す際に，反時計回りを正としたことと符合する．また，やはり図からわかるように，z 軸から離れるにつれて隣り合うベクトルは平行に近くなって，ベクトル場の回転性は弱くなる．これも上の計算結果から明らかであろう．

このように，場のベクトルの大きさが変わらなくても，その向きが曲がっているような場合には，$\nabla \times \boldsymbol{A}$ はベクトル場 $\boldsymbol{A}(\boldsymbol{r})$ の回転性の特徴を引き出していることがわかる．

問題 7 例題4と同様にベクトル場 $\boldsymbol{\rho}(\boldsymbol{r}) = (x, y, 0)$ とするとき，ベクトル場 $\boldsymbol{A}(\boldsymbol{r}) = \boldsymbol{k} \times \boldsymbol{\rho}$ の回転 $\nabla \times \boldsymbol{A}(\boldsymbol{r})$ を求めよ．また，得られた結果を例題4の解にならって大まかに議論し，それとの違いを説明せよ．

任意の微小な多角形がもつ回転量

ベクトル場 $\boldsymbol{A}(\boldsymbol{r})$ の回転 $\nabla \times \boldsymbol{A}$ は (6.38) で定義され，それが空間の位置 $\boldsymbol{r}$ でのベクトル場の回転性を特徴づける量であることを知った．その上で，図 6.8 に示した xy 平面上の微小な長方形の辺をぐるりと1周したときの場の回転量 (6.34)，あるいは単位面積当たりの回転の割合 (6.35) を見直してみると，右辺が回転 $\nabla \times \boldsymbol{A}$ の z 成分であることが (6.38) からわかる．すなわち，この微小な直方体の中心 P での法線ベクトル（面に垂直な単位ベクトル）を $\boldsymbol{n}$ とすると，$\boldsymbol{n}$ は z 軸の向きの単位ベクトルなので，

$$\left(\frac{\partial A_y}{\partial x} - \frac{\partial A_x}{\partial y}\right) = (\nabla \times \boldsymbol{A})\cdot\boldsymbol{n}$$

が得られる．

ところで，yz 平面上の微小な長方形について同様に考えてみると，この場合の法線ベクトル $\boldsymbol{n}$ は x 軸の向きの単位ベクトルであって，(6.36) の右辺は同じく $(\nabla \times \boldsymbol{A})\cdot\boldsymbol{n}$ と表される．zx 平面上の微小な長方形についても全く同様で，(6.37) の右辺も $(\nabla \times \boldsymbol{A})\cdot\boldsymbol{n}$ と表される．

以上のことをまとめると，面積 $\varDelta S$ の微小長方形の周りのベクトル場の回転量はこれまで (6.35)～(6.37) でバラバラに示してきたが，どの平面上の微小長方形であっても，その周りのベクトル場の回転量 $\sum_{i=1}^{4} (\boldsymbol{A}\cdot\boldsymbol{t})_i \varDelta r_i$ は

$$\sum_{i=1}^{4} (\boldsymbol{A}\cdot\boldsymbol{t})_i \varDelta r_i = (\nabla \times \boldsymbol{A})\cdot\boldsymbol{n}\,\varDelta S \tag{6.39}$$

という表式で，統一的に表されるのである．

(6.39) で重要なことは，左辺には微小な長方形の周りをぐるりと1周だけ回転するときの辺に沿った接線ベクトル $\boldsymbol{t}$ が現れるのに対して，右辺では1周のループがつくる面の法線ベクトル $\boldsymbol{n}$ が出てきていることである．この (6.39) は，任意の微小直方体の面からのベクトル場の滲み出し量が微小直方体の内部での発散量に等しいことを表す (6.27) にちょうど対応している．

ここはポイント!

すなわち，(6.39) も，場が微小な長方形の内部でもつ回転量 (右辺) がその周辺にわたって滲み出している回転成分 (左辺) に等しいことを表している．しかも，長方形は微小であること以外，大きさも形も決められていないので，この関係は任意の微小面で成り立つはずである．(6.28) と同様に (6.39) も拡張できて，面積 $\varDelta S$ の任意の微小な n 辺形について

$$\sum_{i=1}^{n} (\boldsymbol{A}\cdot\boldsymbol{t})_i\,\varDelta r_i = (\nabla\times\boldsymbol{A})\cdot\boldsymbol{n}\,\varDelta S \tag{6.40}$$

と表すことができる．

例 題 5

ベクトル場 $\boldsymbol{A}(\boldsymbol{r}) = y\boldsymbol{i} = (y, 0, 0)$ の回転 $\nabla\times\boldsymbol{A}$ を求めよ．ただし，$\boldsymbol{i}$ は x 軸の向きの基本ベクトルである．

解 ベクトル場の回転の定義 (6.38) に従って，

$$\nabla\times\boldsymbol{A} = \left(\frac{\partial A_z}{\partial y} - \frac{\partial A_y}{\partial z},\ \frac{\partial A_x}{\partial z} - \frac{\partial A_z}{\partial x},\ \frac{\partial A_y}{\partial x} - \frac{\partial A_x}{\partial y}\right) = (0, 0, -1)$$

と容易に計算できる．この結果は z 軸の時計回りの回転的な傾向を示している．実際，このベクトル場の大まかな様子は図のようになり，x 軸より上 $(y > 0)$ では場のベクトルは x 軸の正の向きにあって，x 軸から離れるにつれて大きくなり，x 軸より下 $(y < 0)$ ではその逆である．この図をみて流体の流れを想像すれば，いまにも時計回りの渦ができそうに思われるであろう．

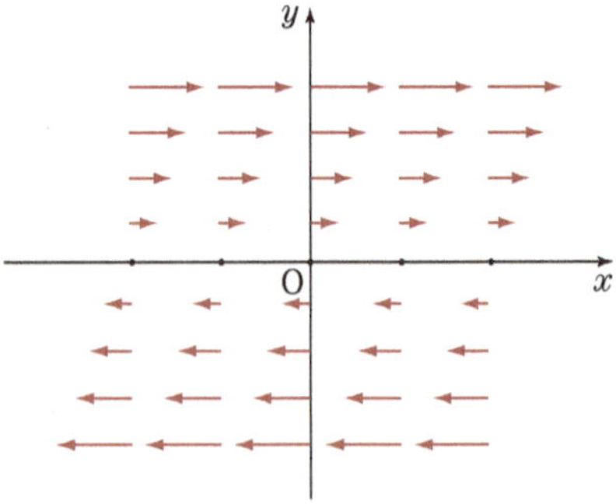

このように，たとえ場のベクトルが平行であっても，ベクトルの垂直な方向に大きさが変化しているような場合には，ベクトル場の回転はゼロではない．

問 題 8 $\boldsymbol{B}$ が定ベクトルのとき，ベクトル場 $\boldsymbol{A}(\boldsymbol{r}) = (1/2)\boldsymbol{B}\times\boldsymbol{r}$ の回転は $\nabla\times\boldsymbol{A}(\boldsymbol{r}) = \boldsymbol{B}$ であることを示せ．［ヒント：$\boldsymbol{B}$ は定ベクトルなので，それを z 軸にとり，$\boldsymbol{B} = (0, 0, B)$ とおいても一般性を失わない．］

以上の議論や例題，問題からわかるように，ベクトル場の回転 (6.38) は，

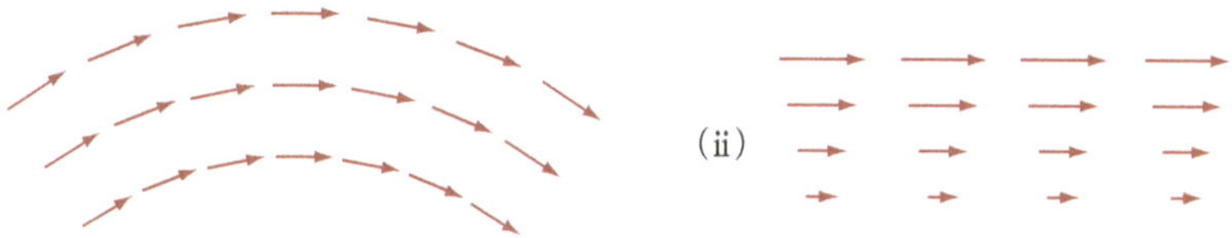

図 6.9 ベクトル場の回転

大まかに描くと図 6.9 のように，ほぼ大きさの等しいベクトルが拡がりなしでカーブするような場合 (図 6.9 (i)) と，ほぼ平行なベクトルがその向きには大きさを変えないが直角の向きには大きさを変える場合 (図 6.9 (ii)) に現れる．発散の場合と違って，これらはいずれもベクトル場の向きからそれる (回転する) 変化を表す．もちろん，一般にはこれらの組み合わせのベクトル場で回転がゼロでない値をもつ．逆に，回転の演算 (6.38) は，ベクトル場からこのような回転的な傾向を局所的に抜き出す作用をもつということができる．発散の場合と同様，“局所的に” というのは，回転 (6.38) が空間の各点で求められるベクトル量だからである．

例 題 6

任意のベクトル場 $\boldsymbol{A}(\boldsymbol{r})$ に対して，その回転 $\nabla\times\boldsymbol{A}$ の発散は恒等的にゼロ，すなわち，

$$\nabla\cdot(\nabla\times\boldsymbol{A}) \equiv \mathrm{div}(\mathrm{rot}\,\boldsymbol{A}) = 0 \qquad (6.41)$$

が成り立つことを示せ．

解 発散の定義 (6.26) と回転の定義 (6.38) を使って計算すると，

$$\begin{aligned}\nabla\cdot(\nabla\times\boldsymbol{A}) &= \frac{\partial}{\partial x}(\nabla\times\boldsymbol{A})_x + \frac{\partial}{\partial y}(\nabla\times\boldsymbol{A})_y + \frac{\partial}{\partial z}(\nabla\times\boldsymbol{A})_z \\ &= \frac{\partial}{\partial x}\left(\frac{\partial A_z}{\partial y} - \frac{\partial A_y}{\partial z}\right) + \frac{\partial}{\partial y}\left(\frac{\partial A_x}{\partial z} - \frac{\partial A_z}{\partial x}\right) + \frac{\partial}{\partial z}\left(\frac{\partial A_y}{\partial x} - \frac{\partial A_x}{\partial y}\right) \\ &= \frac{\partial^2 A_z}{\partial x\,\partial y} - \frac{\partial^2 A_y}{\partial x\,\partial z} + \frac{\partial^2 A_x}{\partial y\,\partial z} - \frac{\partial^2 A_z}{\partial y\,\partial x} + \frac{\partial^2 A_y}{\partial z\,\partial x} - \frac{\partial^2 A_x}{\partial z\,\partial y} = 0\end{aligned}$$

となって，確かに (6.41) が成り立つことがわかる．最後の式では，微分の順序を変えてもよいことを使った．

前に述べたように，ベクトル場 $\boldsymbol{A}(\boldsymbol{r})$ の回転 $\nabla\times\boldsymbol{A}(\boldsymbol{r})$ は元のベクトル場から純粋に回転的な傾向だけを抜き出したベクトル場である．したがって，このベクト

ル場 $\nabla \times \boldsymbol{A}(\boldsymbol{r})$ には発散的な傾向は残っていない．それが (6.41) の意味するところである．

問 題 9 任意のスカラー場 $\varphi(\boldsymbol{r})$ の勾配の場 $\nabla\varphi$ の回転は恒等的にゼロ，すなわち，

$$\nabla \times (\nabla\varphi) \equiv \mathrm{rot}(\mathrm{grad}\,\varphi) = \boldsymbol{0} \tag{6.42}$$

が成り立つことを示せ．ここで $\boldsymbol{0} = (0, 0, 0)$ はゼロベクトルである．

（注） この問題のように，スカラー場 $\varphi(\boldsymbol{r})$ の勾配の場 $\nabla\varphi(\boldsymbol{r})$ には回転的な傾向がない．日常的には，回転現象の典型が渦である．そのために，勾配の場を標語的に**渦なしの場**ということもある．

問 題 10 $\boldsymbol{A}$，$\boldsymbol{B}$ を任意のベクトル場とするとき，

$$\nabla\cdot(\boldsymbol{A} \times \boldsymbol{B}) = (\nabla \times \boldsymbol{A})\cdot\boldsymbol{B} - \boldsymbol{A}\cdot(\nabla \times \boldsymbol{B})$$

が成り立つことを示せ．

問 題 11 φ を任意のスカラー場，$\boldsymbol{A}$ を任意のベクトル場とするとき，

$$\nabla \times (\varphi\boldsymbol{A}) = \varphi(\nabla \times \boldsymbol{A}) + (\nabla\varphi) \times \boldsymbol{A}$$

が成り立つことを示せ．［ヒント：左辺の x 成分を計算してみよ．残りの y, z 成分はその結果から予想がつく．］

問 題 12 $\boldsymbol{A}$ を任意のベクトル場とするとき，

$$\nabla \times (\nabla \times \boldsymbol{A}) = \nabla(\nabla\cdot\boldsymbol{A}) - \nabla^2\boldsymbol{A}$$

が成り立つことを示せ．ただし，$\nabla^2\boldsymbol{A} = (\nabla^2 A_x, \nabla^2 A_y, \nabla^2 A_z)$．［ヒント：左辺の x 成分を計算してみよ．残りの y, z 成分はその結果から予想がつく．］

6.6 まとめとポイントチェック

ベクトルは大きさと向きをもつ量なので，それを矢印で表すことができる．ベクトル場では空間の各点にベクトルが分布するので，ベクトル場はベクトルを表す矢印が空間的に分布しているものとみなされる．その矢印の向きを空間中で辿ると，流体の定常的な流れが想像できるであろう．すると，矢印の流れ，湧き出しと吸い込み，渦など，典型的な流れの様子が目にみえるようである．ベクトル場をこのように思い描くと，その特徴がみえてくる．

本章では，スカラー場とベクトル場の特徴を抜き出すにはどうすればよい

かを詳しく述べた．スカラー場の場合には1つの数値の大きさの変化なので，各点での場の勾配（傾き）が問題となる．それに対してベクトル場の場合には，大きさだけでなく，向きの変化もある．そのようなベクトル場の特徴を抜き出すには，ベクトル場の発散と回転という微分演算を実行すればよい．本章ではスカラー場の勾配，ベクトル場の発散と回転の定義と意味，さらにその必要性を詳しく述べた．場の勾配，発散と回転は，物理量の場を特徴づけるのに非常に有用である．

ポイントチェック

- □ ベクトルの微分が理解できた．
- □ スカラー場とベクトル場の違いが説明できるようになった．
- □ スカラー場の勾配の意味とそれがなぜ必要かがわかった．
- □ ベクトル場の特徴が発散性と回転性であることが理解できた．
- □ ベクトル場の微分によって求められる発散と回転がどのように導かれるかが理解できた．
- □ ベクトル場の発散は，その場の発散的な傾向を定量的に抜き出すことがわかった．
- □ ベクトル場がどのような特徴をもつときに発散がゼロでないかがわかった．
- □ ベクトル場の回転は，その場の回転的な傾向を定量的に抜き出すことがわかった．
- □ ベクトル場がどのような特徴をもつときに回転がゼロでないかがわかった．

7 ベクトル場の積分定理

学習目標

- 場の中での線積分，面積分，体積積分を理解する．
- 勾配の場の線積分の仕方を理解する．
- 発散の場の体積積分を面積分に変形する．
- 回転の場の面積分を線積分に変形する．
- ベクトル場の積分定理とは何かを説明できるようになる．

前章で導入した場は，空間の物理的な性質である．いま，場の影響を受けるものがあって，それがある位置から別の位置に移動するとき，そのものの状態が変わるとする．このとき，もしその変化を調べることができれば，場の性質を知ることができるであろう．そのためには，場そのものを空間の中で積分することが必要となる．こうして，空間中のある点から別の点までのある経路に沿った場の線積分，空間中のある曲面に亘る場の面積分，それに空間のある領域についての場の体積積分をしなければならなくなる．最後の体積積分は 3 重積分であり，多重積分の例としてすでに第 2 章で述べたものである．

本章では線積分と面積分を定義し，それらの性質について述べる．次に，それらを踏まえて，線積分，面積分，体積積分の間に成り立つ関係である積分定理を導く．この積分定理は電磁気学では必須であり，流体力学でも重要な役割を果たす．

7.1 ベクトル場の線積分と面積分

7.1.1 ベクトル場の線積分

ものを 1 階の居間から 2 階の部屋に運ぶなどのことは日常的に経験する仕事である．これは物理学的には，重力場の中で，ある場所から別の場所への移動の際の仕事として捉えられる．人工衛星を地表から地球の周りの軌道へ乗せるのも，地球の万有引力場の中での移動であって，ロケットを発射して人工衛星を軌道まで運ぶのにたっぷり仕事をしなければならない．また，電場の中で電荷を移動させるのにも仕事が必要である．そして，これらの仕事はどれもベクトル場の線積分で表される．そこで，まずこれを考えてみよう．

空間中に，あるベクトル場 $\boldsymbol{A}(\boldsymbol{r})$ があり，向きの付いた曲線Cが図7.1のように与えられているとする．図のように，曲線C上に点Aから点Bまで，点 $\mathrm{P}_0\ (=\mathrm{A})$，$\mathrm{P}_1$，$\mathrm{P}_2$，…，$\mathrm{P}_n\ (=\mathrm{B})$ を十分密にとって，折れ線 $\mathrm{P}_0\mathrm{P}_1\mathrm{P}_2\cdots\mathrm{P}_n$ で曲線Cを近似する．このとき，点 P_i の位置ベクトルを $\boldsymbol{r}_i$，$\overrightarrow{\mathrm{P}_i\mathrm{P}_{i+1}} = \boldsymbol{r}_{i+1} - \boldsymbol{r}_i = \Delta\boldsymbol{r}_i\quad (i = 0, 1, 2, \cdots, n-1)$ とする．ここで，点 P_i でのベクトル場の値 $\boldsymbol{A}(\boldsymbol{r}_i)$ と $\Delta\boldsymbol{r}_i$ との内積をとって，点Aから点Bまでの和

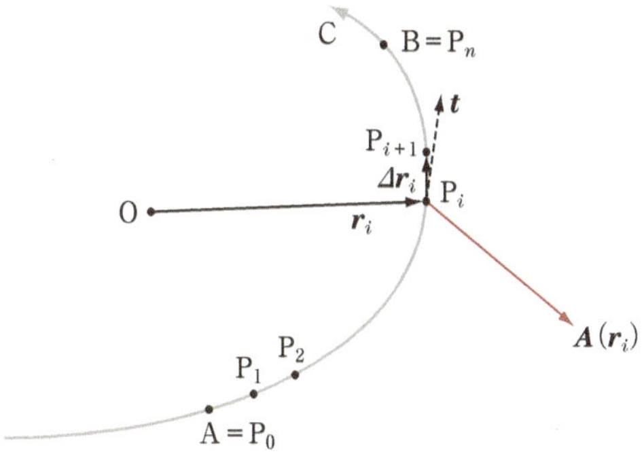

図 7.1

$$\sum_{i=0}^{n-1} \boldsymbol{A}(\boldsymbol{r}_i)\cdot\Delta\boldsymbol{r}_i \tag{7.1}$$

をつくり，分点の数 n を限りなく多くして $|\Delta\boldsymbol{r}_i| \to 0$ とすると，これは第2章で述べた，区間の幅を限りなく小さくして和の計算を積分にしたのと同じ演算であることがわかる．そこで，このようにした (7.1) の和の極限 I を

$$I = \int_{\mathrm{C}} \boldsymbol{A}(\boldsymbol{r})\cdot d\boldsymbol{r} \tag{7.2}$$

と表し，これをベクトル場 $\boldsymbol{A}(\boldsymbol{r})$ の曲線Cに沿っての**線積分**という．

第2章の積分では x 軸という直線に沿って関数値 $f(x)$ を積分したが，ここではベクトル場 $\boldsymbol{A}(\boldsymbol{r})$ の曲線Cに沿った成分をその曲線に沿って積分しているだけのことで，大きな違いはない．

第2章で述べた積分に向きがあったように，この場合にも積分路に向きがあるので，図7.1の曲線Cに向きを表す矢印を付けてある．いま図7.2のよ

うに，点 B から点 A に逆向きに辿る破線の積分路を $\bar{\mathrm{C}}$ として，それに沿って行った線積分を $\bar{I}$ とすると，(7.1) にある $\Delta \boldsymbol{r}_i$ のすべてに負号が付くので，

$$\bar{I} = \int_{\bar{\mathrm{C}}} \boldsymbol{A}(\boldsymbol{r})\cdot d\boldsymbol{r} = -\int_{\mathrm{C}} \boldsymbol{A}(\boldsymbol{r})\cdot d\boldsymbol{r} = -I \tag{7.3}$$

となって，符号が反転する．

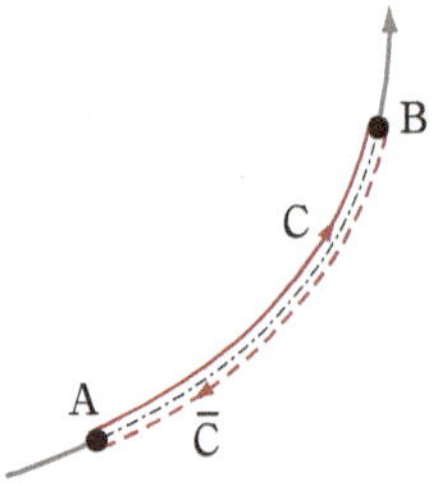

図 7.2

図 7.1 に示したように，曲線 C 上の点 P_i での接線ベクトル (単位ベクトル) を $\boldsymbol{t}$ とすると，これは区間を無限小にした極限で $\Delta \boldsymbol{r}_i$ と平行になり，

$$d\boldsymbol{r} = \boldsymbol{t}\, dr \tag{7.4}$$

と表される．ここで dr を曲線の**線要素**，$d\boldsymbol{r}$ を**線要素ベクトル**ともいう．

これを使うと，(7.2) は

$$I = \int_{\mathrm{C}} \boldsymbol{A}(\boldsymbol{r})\cdot \boldsymbol{t}\, dr = \int_{\mathrm{C}} A_t(\boldsymbol{r})\, dr \tag{7.5}$$

とも表される．ここで，$A_t(\boldsymbol{r}) = \boldsymbol{A}(\boldsymbol{r})\cdot\boldsymbol{t}$ である．したがって，特に $A_t(\boldsymbol{r}) = 1$ $(\boldsymbol{A}(\boldsymbol{r}) = \boldsymbol{t})$ とおくと，これは曲線に沿って 1 を積分するだけなので，点 A から点 B までの曲線 C の長さ

$$L = \int_{\mathrm{C}} dr \tag{7.6}$$

を与えることになる．

問題 1 半径 a の円周が $2\pi a$ であることを，(7.6) を使って示せ．［ヒント：円の中心を原点におくとき，円周の微小な区分 dr が，それを底辺として原点を頂点とする頂角 $d\varphi$ と a でどのように表されるか．］

線積分の具体的な計算

$d\boldsymbol{r}$ を成分で表すと $d\boldsymbol{r} = (dx, dy, dz)$ なので，内積の定義を使うと $\boldsymbol{A}(\boldsymbol{r})\cdot d\boldsymbol{r} = A_x\, dx + A_y\, dy + A_z\, dz$ であり，(7.2) は

$$I = \int_C (A_x\,dx + A_y\,dy + A_z\,dz) \tag{7.7}$$

と表される．

では，例えば $\int_C A_x\,dx$ を具体的に計算するにはどうすればよいかを考えてみよう．図7.3のように，曲線C上の1点Pの x 座標を決めると，その y, z 座標は決まってしまい，それぞれ $y(x)$, $z(x)$ と記すことができる．したがって，点Pでの A_x は $A_x\,(x,\,y(x),\,z(x))$ となって，x だけの関数とみなされる．こうして，上の積分は

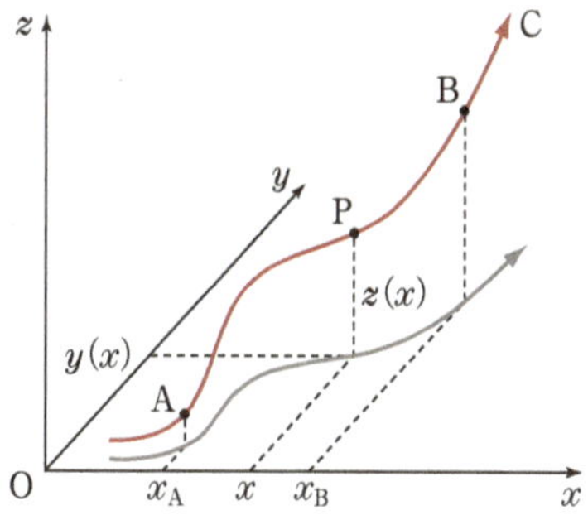

図 7.3

$$\int_C A_x\,dx = \int_{x_A}^{x_B} A_x(x,\,y(x),\,z(x))\,dx \tag{7.8}$$

として計算すればよい．ここで x_A, x_B は点A, Bの x 座標である．$\int_C A_y\,dy$, $\int_C A_z\,dz$ も同様にして計算できることがわかるであろう．

例題 1

2次元ベクトル場 $\boldsymbol{A}(\boldsymbol{r}) = (-y,\,x)$ について，図のような原点Oを中心とする半径 a の円周のうち，第1象限にある円弧 $\overset{\frown}{AB}$ に沿った積分路Cの線積分 $\int_C \boldsymbol{A}(\boldsymbol{r})\cdot d\boldsymbol{r}$ を求めよ．

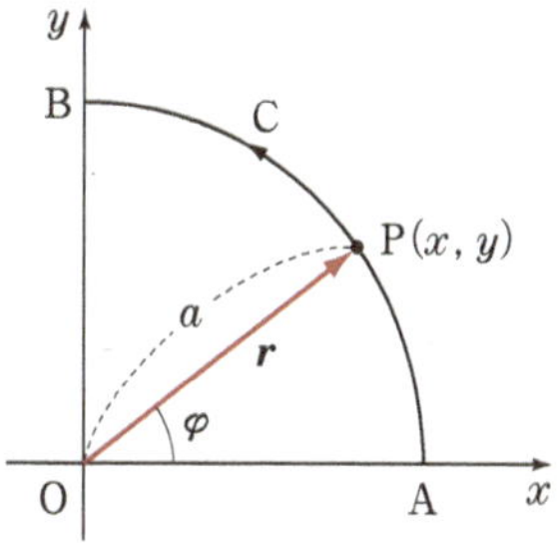

解 円弧 $\overset{\frown}{\mathrm{AB}}$ 上の点Pの位置ベクトル $\boldsymbol{r}$ は2次元極座標表示で

$$\boldsymbol{r} = (a\cos\varphi,\ a\sin\varphi) \qquad (x = a\cos\varphi,\ y = a\sin\varphi)$$

と表される．この表式で変数は φ だけなので，

$$d\boldsymbol{r} = (-\,a\,d\varphi\sin\varphi,\ a\,d\varphi\cos\varphi)$$

となる．

一方，2次元ベクトル場 $\boldsymbol{A}(\boldsymbol{r})$ は極座標表示で

$$\boldsymbol{A}(\boldsymbol{r}) = (-\,y,\ x) = (-\,a\sin\varphi,\ a\cos\varphi)$$

となるので，内積の定義から

$$\boldsymbol{A}(\boldsymbol{r})\cdot d\boldsymbol{r} = a^2\,d\varphi\sin^2\varphi + a^2\,d\varphi\cos^2\varphi = a^2\,d\varphi$$

となる．これを求めたい積分に代入して，

$$\int_{\mathrm{C}} \boldsymbol{A}(\boldsymbol{r})\cdot d\boldsymbol{r} = a^2\int_0^{\pi/2} d\varphi = \frac{\pi a^2}{2}$$

が得られる．

問題2 上の例題1で，2次元ベクトル場として

$$\boldsymbol{A}(\boldsymbol{r}) = \left(\frac{-\,y}{\sqrt{x^2+y^2}},\ \frac{x}{\sqrt{x^2+y^2}}\right)$$

としたときの $\int_{\mathrm{C}} \boldsymbol{A}(\boldsymbol{r})\cdot d\boldsymbol{r}$ を求めよ．［ヒント：例題1と同じように2次元の極座標表示を使って計算してみよ．］

7.1.2 ベクトル場の面積分

空間のある場所で何かが起こっていても，そこには直接近づけなかったり，みることができなかったりすることもあろう．その極端な例が宇宙のブラックホールであり，そこからは光さえ出て来ることができず，直接的には観察できないからそうよばれている．それでもその現象は周囲に何らかの影響を及ぼしているはずであり，それが周囲に場を生み出していれば，遠くからでもその場を介して間接的に観察可能である．すなわち，ある現象が起こっている場所を包み込むように面を想定し，その面で場がどのように，どれだけ滲み出しているかを調べるのである．ここに場の面積分の必要性があり，本項では物理学への応用を念頭にして，ベクトル場の面積分について述べる．

空間中にベクトル場 $\boldsymbol{A}(\boldsymbol{r})$ があり，さらに任意の曲面Sが与えられているとする．図7.4のように，曲面S上に位置ベクトル $\boldsymbol{r}$ の点Pを中心とする面

積 ΔS の微小な面をとり，これを**面積要素** ΔS とよぶ．ここで，これからの議論の便宜のために，ΔS を微小にした極限を dS と記し，ΔS と dS の区別を気にしないことにしよう．そして，図7.4のように，この面積要素に垂直な面積要素ベクトル

$$d\boldsymbol{\sigma} = \boldsymbol{n}\,dS \qquad (|d\boldsymbol{\sigma}| = dS) \tag{7.9}$$

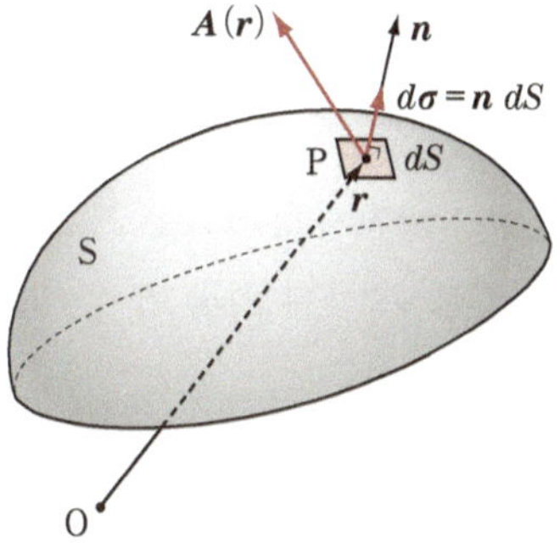

図 7.4　空間中の曲面 S

を定義する．このとき，面の法線ベクトル $\boldsymbol{n}$ はその面に対して互いに逆向きに2つあり，場合に応じてそのうちの1つを決めるが，ここでは気にしないことにする．ともかく面積要素ベクトル (7.9) が必要なのは，図7.4に示されているように，場のベクトル $\boldsymbol{A}(\boldsymbol{r})$ が面に対してどこを向いているのかが重要になるからであり，ちょうど線積分に対する線要素ベクトル $d\boldsymbol{r}$ が曲線の接線ベクトル $\boldsymbol{t}$ を使って (7.4) で与えられることに対応する．

こうして，点Pでのベクトル場 $\boldsymbol{A}(\boldsymbol{r})$ と面積ベクトルとの内積 $\boldsymbol{A}(\boldsymbol{r})\cdot\boldsymbol{n}\,\Delta S$ をつくると，これは面積要素 ΔS を通って面の一方から他方へベクトル場 $\boldsymbol{A}(\boldsymbol{r})$ が滲み出す量を表している．したがって，曲面Sを面積要素で覆って，Sのすべての面積要素 ΔS についての和

$$\sum \boldsymbol{A}(\boldsymbol{r})\cdot\boldsymbol{n}\,\Delta S$$

をつくり，$\Delta S \to 0$ の極限をとると，積分

$$J = \int_{\mathrm{S}} \boldsymbol{A}(\boldsymbol{r})\cdot\boldsymbol{n}\,dS$$

$$= \int_{\mathrm{S}} \boldsymbol{A}(\boldsymbol{r})\cdot d\boldsymbol{\sigma} \tag{7.10}$$

が得られる．これは，ベクトル場 $\boldsymbol{A}(\boldsymbol{r})$ の曲面Sについての面積分であり，ベクトル場 $\boldsymbol{A}(\boldsymbol{r})$ が曲面Sの一方から他方へどれだけ滲み出しているかを表している．

ここはポイント!

例題 2

図のような，原点 O を中心とし，xy 平面より上にある半径 a の半球面 S について，z 方向を向く定ベクトルの場 $\boldsymbol{B} = (0, 0, B)$ の面積分

$$\int_{\mathrm{S}} \boldsymbol{B} \cdot d\boldsymbol{\sigma} = \int_{\mathrm{S}} \boldsymbol{B} \cdot \boldsymbol{n}\, dS$$

を求めよ．

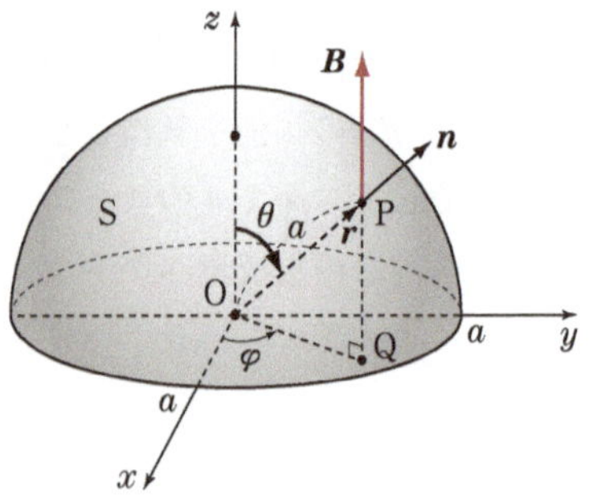

解 半球面 S 上の点 P の位置ベクトルを $\boldsymbol{r}$ とし，そこから xy 平面上に下した垂線の足を Q とする．また，z 軸と $\overline{\mathrm{OP}}$ との角（極角という）を θ，x 軸と $\overline{\mathrm{OQ}}$ との角（方位角という）を φ とおく．このとき，点 P の位置ベクトル $\boldsymbol{r}$ を 3 次元極座標表示で表すと，

$$\boldsymbol{r} = (a \sin\theta \cos\varphi,\ a \sin\theta \sin\varphi,\ a \cos\theta)$$

であり，点 P での法線ベクトル $\boldsymbol{n}$ は $\boldsymbol{r}$ と同じ向きで半径 a の半球面上にあるので，

$$\boldsymbol{n} = \frac{\boldsymbol{r}}{r} = \frac{\boldsymbol{r}}{a} = (\sin\theta\cos\varphi,\ \sin\theta\sin\varphi,\ \cos\theta)$$

と表される．したがって，z 方向の定ベクトル $\boldsymbol{B}$ と $\boldsymbol{n}$ との内積は

$$\boldsymbol{B} \cdot \boldsymbol{n} = B\cos\theta$$

となる．

また，3 次元極座標表示で半径 a の球面上の面積要素 dS は

$$dS = a^2 \sin\theta\, d\theta\, d\varphi$$

である．これは図 2.8 に描いた体積要素の原点 O に面している面の面積が $r^2 \sin\theta\, \Delta\theta\, \Delta\varphi$ であることからわかる．

半球面では θ の積分範囲は $0 \sim \pi/2$，φ の積分範囲は $0 \sim 2\pi$ なので，求めたい面積分は

$$\int_{\mathrm{S}} \boldsymbol{B} \cdot \boldsymbol{n}\, dS = a^2 B \int_0^{\pi/2} \cos\theta \sin\theta\, d\theta \int_0^{2\pi} d\varphi = 2\pi a^2 B \int_0^{\pi/2} \cos\theta \sin\theta\, d\theta \tag{1}$$

となる．最後の積分で $\cos\theta = \mu$ とおくと，$d\mu = -\sin\theta\, d\theta$ であり，θ の積分範囲 $0 \sim \pi/2$ に対して μ の積分範囲は $1 \sim 0$ なので，

$$\int_0^{\pi/2} \cos\theta \sin\theta \, d\theta = \int_1^0 \mu(-d\mu) = \int_0^1 \mu \, d\mu = \frac{1}{2}$$

となる．これを (1) に代入して，

$$\int_S \boldsymbol{B} \cdot d\boldsymbol{\sigma} = \int_S \boldsymbol{B} \cdot \boldsymbol{n} \, dS = \pi a^2 B$$

が得られる．

問題 3　上の例題 2 の計算で出てきた半径 a の球面の面積要素 $dS = a^2 \sin\theta \, d\theta \, d\varphi$ を使って，半径 a の球面の面積 S を求めよ．［ヒント：全球面 S に亘って $\int_S dS$ を計算すればよい．ただし，このとき，θ の積分範囲に注意しなければならない．］

7.2 積分定理 (1) ― 勾配の場の線積分 ―

空間中のベクトル場 $\boldsymbol{A}(\boldsymbol{r})$ がスカラー場 $\varphi(\boldsymbol{r})$ の勾配の場

$$\boldsymbol{A}(\boldsymbol{r}) = \nabla\varphi(\boldsymbol{r}) \equiv \frac{\partial\varphi(\boldsymbol{r})}{\partial\boldsymbol{r}} = \mathrm{grad}\,\varphi(\boldsymbol{r}) \tag{7.11}$$

で与えられる場合の線積分を考えてみよう．

図 6.4 で述べたように，$\boldsymbol{r}$ から微小な線分要素 $\Delta\boldsymbol{r}_1$ だけ離れたごく近くの点 $\boldsymbol{r} + \Delta\boldsymbol{r}_1$ での φ の微小変化 $(\Delta\varphi)_1$ は，(6.14) より，

$$(\Delta\varphi)_1 = \varphi(\boldsymbol{r} + \Delta\boldsymbol{r}_1) - \varphi(\boldsymbol{r}) = (\nabla\varphi)_1 \cdot \Delta\boldsymbol{r}_1 \tag{7.12}$$

で与えられる．ここで，$\Delta\boldsymbol{r}_1$ を線分要素 1 とよぶことにすると，これは微小なので，$(\nabla\varphi)_1$ は線分要素 1 の中点でのスカラー場の勾配の値とみなしてよい．

いま，図 7.5 のように，この線分要素 1 に線分要素 2 をくっ付けると，線分要素 2 $(\Delta\boldsymbol{r}_2)$ だけのスカラー場の変化は

$$\begin{aligned}(\Delta\varphi)_2 &= \varphi(\boldsymbol{r} + \Delta\boldsymbol{r}_1 + \Delta\boldsymbol{r}_2) - \varphi(\boldsymbol{r} + \Delta\boldsymbol{r}_1) \\ &= (\nabla\varphi)_2 \cdot \Delta\boldsymbol{r}_2 \end{aligned} \tag{7.13}$$

となる．ここで，線分要素 2 の始点と終点の位置ベクトルに注意しよう．そこで，線分要素 1 と 2 をまとめて 1 つの線分要素とみなすと，この合体した線分要素

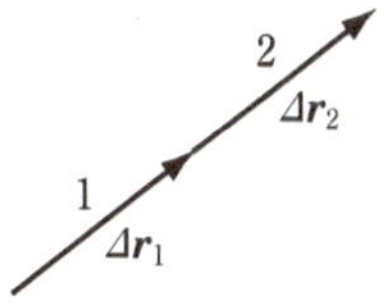

図 7.5

によるスカラー場の変化 $(\Delta\varphi)_{1+2} = (\Delta\varphi)_1 + (\Delta\varphi)_2$ は，(7.12) と (7.13) より

$$\varphi(\boldsymbol{r}+\Delta\boldsymbol{r}_1+\Delta\boldsymbol{r}_2)-\varphi(\boldsymbol{r}) = (\nabla\varphi)_1\cdot\Delta\boldsymbol{r}_1 + (\nabla\varphi)_2\cdot\Delta\boldsymbol{r}_2 \tag{7.14}$$

となって，途中のスカラー場の項 $\varphi(\boldsymbol{r}+\Delta\boldsymbol{r}_1)$ がちょうどキャンセルされる．

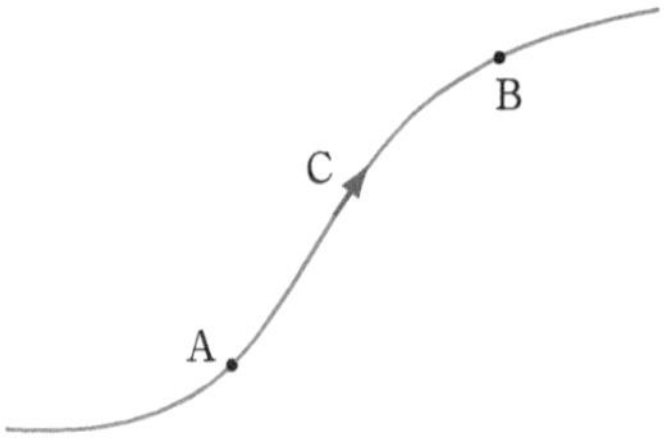

図 7.6

さらにいくつ線分要素を付け加えても，途中のスカラー場の項がすべてキャンセルされてなくなることは明らかであろう．そこで，図 7.6 の経路 C に沿って出発点 A (位置ベクトル $\boldsymbol{r}_\mathrm{A}$) から終点 B (位置ベクトル $\boldsymbol{r}_\mathrm{B}$) まで微小な線分要素で n 分割すると，(7.14) の拡張として，

$$\varphi\left(\boldsymbol{r}_\mathrm{A}+\sum_{i=1}^{n}\Delta\boldsymbol{r}_i\right)-\varphi(\boldsymbol{r}_\mathrm{A}) = \varphi(\boldsymbol{r}_\mathrm{B})-\varphi(\boldsymbol{r}_\mathrm{A}) = \sum_{i=1}^{n}(\nabla\varphi)_i\cdot\Delta\boldsymbol{r}_i \tag{7.15}$$

が得られる．

ところで，線分要素を十分小さくとる極限では，上式の最後の式は (7.2) より線積分になり，

$$\varphi(\mathrm{B})-\varphi(\mathrm{A}) = \int_{\mathrm{C:A}}^{\mathrm{B}}\nabla\varphi(\boldsymbol{r})\cdot d\boldsymbol{r} \tag{7.16}$$

が導かれる．ここで，点 A，B でのスカラー場の値を $\varphi(\mathrm{A})$，$\varphi(\mathrm{B})$ とおき，経路 C に沿った点 A から点 B までの線積分を $\int_{\mathrm{C:A}}^{\mathrm{B}}$ で表した．

ここまでくると，(7.14) や図 7.5 では $\Delta\boldsymbol{r}_1$ から $\Delta\boldsymbol{r}_2$ に直線的に伸ばしているのに対して，(7.15) や図 7.6 では曲線上で議論していることが気になるかもしれない．しかし，分割の線要素 $\Delta\boldsymbol{r}_i$ を十分小さくとると，直線からのズレは 2 次の微小量となって，気にする必要はないのである．

実は，勾配の場の線積分は簡単で，図 7.6 のように空間中の曲線 C に沿って点 A から点 B まで勾配の場 $\nabla\varphi(\boldsymbol{r})$ を線積分すると，

$$\int_{\mathrm{C:A}}^{\mathrm{B}} \nabla \varphi(\boldsymbol{r}) \cdot d\boldsymbol{r} = \int_{\mathrm{C:A}}^{\mathrm{B}} \frac{\partial \varphi}{\partial \boldsymbol{r}} \cdot d\boldsymbol{r} = \int_{\varphi(\mathrm{A})}^{\varphi(\mathrm{B})} d\varphi = \varphi(\mathrm{B}) - \varphi(\mathrm{A})$$

$$\therefore \quad \int_{\mathrm{C:A}}^{\mathrm{B}} \nabla \varphi(\boldsymbol{r}) \cdot d\boldsymbol{r} = \varphi(\mathrm{B}) - \varphi(\mathrm{A}) \qquad (7.17)$$

となって，容易に計算できる．ここで，(7.17) の第 2 式から第 3 式への変形には (6.15) を使った．このとき，積分変数は φ に変わっているので，積分範囲は φ の点 A での値 φ(A) から点 B での値 φ(B) までになっていることに注意しよう．すると，(7.17) の最後の式は，第 3 式において 1 を積分するだけなので，ほとんど当たり前の結果なのである．図 7.5 を使って (7.17) を導いた訳は，ほとんど同じ考えで発散の体積積分を面積分に，回転の場の面積分を線積分に変形できるからである．これらは次節以降の話題である．

(7.17) が，線積分に関する積分定理である．積分に慣れてしまうと (7.17) はほとんど自明の結果なので，これから述べる面積分や体積積分の場合の積分定理のような大げさな名前は付いていない．しかし，それらとの対比でいえば，(7.17) でのポイントは，スカラー場の勾配の場の線積分が積分範囲の両端点でのスカラー場の値で表されており，いわば左辺の線 (1 次元) と右辺の点 (0 次元) との対応になっているということである．

(7.17) でもう 1 つ重要なことは，勾配の場 (あるいは渦なしの場) の線積分の値は，経路 C の途中には一切よらず，始点と終点だけで決まることである．そのために，経路 C が図 7.7 のように閉曲線の場合には，C 上のどの点から出発してもまたそこに戻ることになるので，(7.17) の右辺は常にゼロ，すなわち，

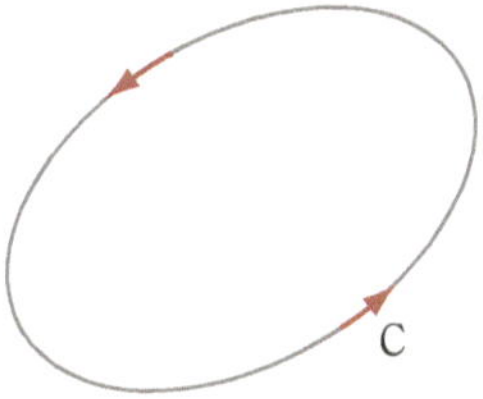

図 7.7

$$\oint_{\mathrm{C}} \nabla \varphi(\boldsymbol{r}) \cdot d\boldsymbol{r} = 0 \qquad (7.18)$$

が成り立つ．ここで，積分記号 $\oint_{\mathrm{C}}$ は閉曲線 C に沿ってぐるりと 1 周する線積分を意味する．

(7.18) は，与えられた場 $\boldsymbol{A}(\boldsymbol{r})$ が勾配の場であるかどうかの判定に使うことができる．すなわち，任意の閉曲線 C に対して $\oint_{\mathrm{C}} \boldsymbol{A}(\boldsymbol{r}) \cdot d\boldsymbol{r} = 0$ が成り立

つかどうかを調べればよいのである.

例題 3

地表近くで質量 m の質点にはたらく重力 $\boldsymbol{f}$ は鉛直下方に向き，地表を xy 平面，z 軸を鉛直上方にとる座標系で，$\boldsymbol{f} = -mg\boldsymbol{k} = (0, 0, -mg)$ と表される．ここで g は重力加速度であり，$\boldsymbol{k} = (0, 0, 1)$ は z 軸の向きの基本ベクトルである．この重力を $\boldsymbol{f} = -\nabla\phi$ とすると，ϕ はどのように表されるか．また，この質点を点 A から点 B（点 A より h だけ高い）までゆっくり運ぶときにしなければならない仕事 W はいくらか．

解 このとき，ϕ は

$$\nabla\phi = mg\boldsymbol{k}$$

$$\therefore \quad \frac{\partial\phi}{\partial x} = \frac{\partial\phi}{\partial y} = 0, \qquad \frac{\partial\phi}{\partial z} = mg \tag{1}$$

を満たさなければならない．(1) は簡単な微分方程式の例であり，初めの 2 式から，ϕ は x と y によらないことがわかる．したがって，(1) の第 3 式の左辺の微分は普通の微分に置き換えられるので，これは容易に積分できて

$$\phi = mgz + c$$

となる．これは地表近くでの重力ポテンシャルとよばれる．

物体に力 $\boldsymbol{F}$ を加えて点 A から点 B までゆっくり運ぶときにしなければならない仕事 W は，力学で学ぶように

$$W = \int_{\mathrm{A}}^{\mathrm{B}} \boldsymbol{F}\cdot d\boldsymbol{r} \tag{2}$$

で与えられることがわかっている．いまの場合，質点に重力 $\boldsymbol{f} = -mg\boldsymbol{k} = -\nabla\phi$ がはたらいているので，この質点を重力に抗してゆっくり運ぶには，ちょうど重力と逆向きの力 $\boldsymbol{F} = \nabla\phi$ を加えなければならない．したがって，(2) より，しなければならない仕事は

$$\begin{aligned} W &= \int_{\mathrm{A}}^{\mathrm{B}} \boldsymbol{F}\cdot d\boldsymbol{r} = \int_{\mathrm{A}}^{\mathrm{B}} \nabla\phi\cdot d\boldsymbol{r} = \phi(\mathrm{B}) - \phi(\mathrm{A}) \\ &= (mgz_{\mathrm{B}} + c) - (mgz_{\mathrm{A}} + c) = mg(z_{\mathrm{B}} - z_{\mathrm{A}}) = mgh \end{aligned} \tag{3}$$

となる．ここで z_{A}, z_{B} は，それぞれ点 A, B の z 座標であり，$z_{\mathrm{B}} = z_{\mathrm{A}} + h$ であることを使った．(3) の結果は，物体をもち上げるには仕事をしなければならないという日常的な経験と合っている．

問題 4 電磁気学において，静電場 $\boldsymbol{E}$ は静電ポテンシャル ϕ を使って，$\boldsymbol{E} = -\nabla\phi$ と表され，静電場の中では電荷 q に力 $\boldsymbol{f} = q\boldsymbol{E}$ がはたらくことがわかって

いる．この電荷を点Aから点Bまでゆっくり運ぶときにしなければならない仕事 W はいくらか．［ヒント：電荷が電場から $\boldsymbol{f}$ だけの力を受けているとき，君が加えなければならない力 $\boldsymbol{F}$ はどれだけか．］

7.3　積分定理 (2) — ガウスの定理 —

前章の 6.4 節において，ベクトル場 $\boldsymbol{A}(\boldsymbol{r})$ の中の微小な直方体の表面と内部で (6.27) の関係があることをみた．そこで，図 7.8 のように，同じような微小な直方体 1 と 2 を 2 つくっ付けて，全体としてみるとどうなるかを考えてみよう．

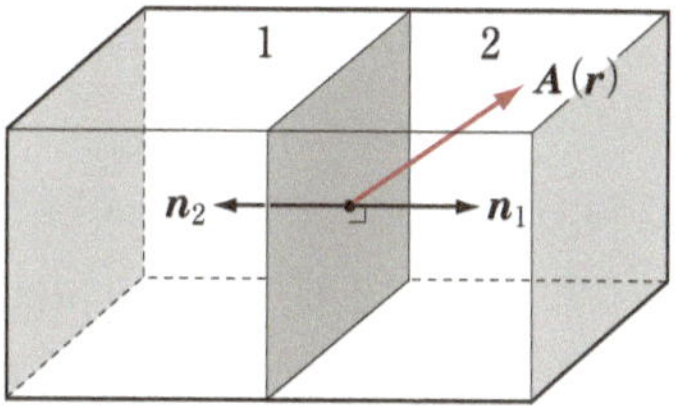

図 7.8

合体した直方体の内部ではそれぞれの直方体がもつ (6.27) の右辺の発散量を加えればよいが，左辺の方の面についての加算は少し修正される．それは，直方体 1 と 2 がくっ付いた面（面積を $\varDelta S$ とする）でのそれぞれの法線ベクトルを図のように $\boldsymbol{n}_1$，$\boldsymbol{n}_2$ とおくと，直方体 1 の面としては $\boldsymbol{A}(\boldsymbol{r})\cdot\boldsymbol{n}_1$ であり，直方体 2 の面としては $\boldsymbol{A}(\boldsymbol{r})\cdot\boldsymbol{n}_2$ となって，場のベクトル $\boldsymbol{A}(\boldsymbol{r})$ は共通であるが，法線ベクトルは異なる．その上，図 7.8 からわかるように，$\boldsymbol{n}_1$ と $\boldsymbol{n}_2$ とはちょうど逆向きであり，$\boldsymbol{n}_2 = -\boldsymbol{n}_1$ の関係にある．したがって，直方体 1 と 2 のこの面からの寄与は

$$\boldsymbol{A}(\boldsymbol{r})\cdot\boldsymbol{n}_1\,\varDelta S + \boldsymbol{A}(\boldsymbol{r})\cdot\boldsymbol{n}_2\,\varDelta S = \boldsymbol{A}(\boldsymbol{r})\cdot(\boldsymbol{n}_1 + \boldsymbol{n}_2)\,\varDelta S = 0 \quad (7.19)$$

となって，ちょうどキャンセルする．

以上より，合体した直方体でも，結局は，その内部での場の発散量は合体した直方体の表面から滲み出す量に等しい．これは微小な直方体をいくつ合体させても同じことで，合体して互いにくっ付いた面での場の滲み出し量の寄与はきれいに消えてしまい，合体物の表面の寄与だけが残ることを意味する．

ここはポイント!

ここで，図 7.9 のように，ベクトル場 $\boldsymbol{A}(\boldsymbol{r})$ の中に領域 V をとり，その表面をSとして，この領域Vを微小な直方体に分割する．すなわち，この領域Vは微小な直方体が合体してできているとみなす．このとき，微小な直方体それぞれに対して (6.27) が成り立つので，領域Vを構成するすべての直方体について (6.27) の和をつくると，

$$\sum_i \{\boldsymbol{A}(\boldsymbol{r})\cdot\boldsymbol{n}\}_i \varDelta S_i = \sum_j \{\nabla\cdot\boldsymbol{A}(\boldsymbol{r})\}_j \varDelta V_j \tag{7.20}$$

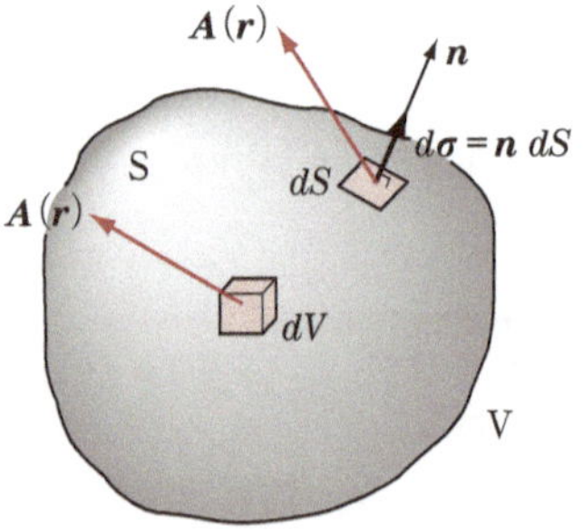

図 7.9

が得られる．ここで，上式右辺の和は領域Vを構成するすべての微小な直方体についてとり，左辺の和はそれらの表面すべてについてとる．

ところが，領域Vの中にあるすべての直方体の表面で (7.19) のような打ち消し合いが起こるので，(7.20) の左辺で残るのは領域Vの表面Sを構成する微小面だけである．もし表面の近くで微小な直方体にならない凹凸が気になるなら，その部分は凹凸をならすような多面体で近似して (6.28) を使うと，(7.20) の左辺で残るのは表面Sをほとんど滑らかに覆う微小面になる．このとき，微小な直方体の体積 $\varDelta V_j$ をゼロにする極限をとれば，微小面 $\varDelta S_i$ もゼロに近づき，積分の定義から左辺は面積分に，右辺は体積積分になって，

$$\int_S \boldsymbol{A}(\boldsymbol{r})\cdot d\boldsymbol{\sigma} = \int_S \boldsymbol{A}(\boldsymbol{r})\cdot\boldsymbol{n}\, dS = \int_V \nabla\cdot\boldsymbol{A}(\boldsymbol{r})\, dV \tag{7.21}$$

が成り立つことがわかる．この積分定理を**ガウスの定理**という．

ここはポイント!

任意の微小領域の中での場の発散量が，その表面からの場の滲み出しの量と一致するという (6.28) を思い出すと，ガウスの定理 (7.21) は (6.28) の関係を微小でない領域にまで広げたものとして直観的に納得できるであろう．ガウスの定理で重要なポイントは，(7.21) からわかるように，それがベクトル場に関する3次元的な体積積分を2次元的な面積分に関係づけていることである．これはちょうど，勾配の場の積分定理 (7.17) が，1次元的な線積分が0次元的な点での数値に関係づけられていることに対応する．話の流れからいって残るのは，2次元的な面積分と1次元的な線積分を関係づける

積分定理であるが，これは次節で述べることにする．

例題 4

原点に電荷 q があるとき，位置ベクトル $\boldsymbol{r}$ $(|\boldsymbol{r}| = r)$ の点での電場 $\boldsymbol{E}$ は

$$\boldsymbol{E} = \frac{q}{4\pi\varepsilon_0}\frac{\boldsymbol{r}}{r^3} = \frac{q}{4\pi\varepsilon_0}\frac{\boldsymbol{n}}{r^2}$$

(ε_0 は真空の誘電率，$\boldsymbol{n} = \boldsymbol{r}/r$ は動径 ($\boldsymbol{r}$) 方向の単位ベクトル)

で与えられることが電磁気学で知られている．原点を含む任意の領域を V とし，その表面を S とするとき，

$$\int_{\mathrm{S}} \boldsymbol{E}\cdot\boldsymbol{n}\, dS = \frac{q}{\varepsilon_0} \tag{7.22}$$

が成り立つことを示せ．電磁気学では，この関係を積分型のガウスの法則という．

解 ガウスの定理 (7.21) を使うと

$$\int_{\mathrm{S}} \boldsymbol{E}\cdot\boldsymbol{n}\, dS = \int_{\mathrm{V}} \nabla\cdot\boldsymbol{E}\, dV \tag{1}$$

となるので，まず $\nabla\cdot\boldsymbol{E}$ を計算してみる．そのために $\nabla\cdot(\boldsymbol{r}/r^3)$ を計算すると，

$$\begin{aligned}
\nabla\cdot\left(\frac{\boldsymbol{r}}{r^3}\right) &= \frac{\partial}{\partial x}\left(\frac{x}{r^3}\right) + \frac{\partial}{\partial y}\left(\frac{y}{r^3}\right) + \frac{\partial}{\partial z}\left(\frac{z}{r^3}\right) \\
&= \left(\frac{1}{r^3} - \frac{3x}{r^4}\frac{\partial r}{\partial x}\right) + \left(\frac{1}{r^3} - \frac{3y}{r^4}\frac{\partial r}{\partial y}\right) + \left(\frac{1}{r^3} - \frac{3z}{r^4}\frac{\partial r}{\partial z}\right) \\
&= \left(\frac{1}{r^3} - \frac{3x}{r^4}\frac{x}{r}\right) + \left(\frac{1}{r^3} - \frac{3y}{r^4}\frac{y}{r}\right) + \left(\frac{1}{r^3} - \frac{3z}{r^4}\frac{z}{r}\right) \\
&= \frac{3}{r^3} - \frac{3(x^2 + y^2 + z^2)}{r^5} = 0
\end{aligned}$$

となって，$\nabla\cdot\boldsymbol{E} = (q/4\pi\varepsilon_0)\nabla\cdot(\boldsymbol{r}/r^3) = 0$ と結論すると題意と矛盾することになる．問題はどこにあるかというと，$r = 0$ で $\boldsymbol{E}$ が発散し，そこでの微分は意味をなさないので，$r = 0$ は特異な点として上の計算から除かなければならないことである．こうして，

$$\nabla\cdot\boldsymbol{E} = 0 \qquad (r \neq 0) \tag{2}$$

が成り立つことがわかった．

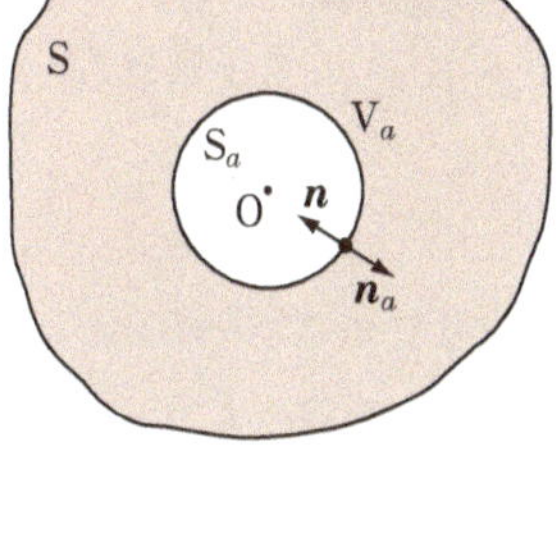

図のように，原点 O を中心とし，半径 a の球

領域 V_a (球面 S_a) を，領域 V にすっぽり含まれるようにとる．領域 V と V_a の間の領域を V′ とし，その表面を S′ とすると，図から明らかなように，S′ は領域 V の表面 S と領域 V_a の表面 S_a からなる．

この領域 V′ に対して (1) の計算を行うと，

$$\int_{S'} \boldsymbol{E}\cdot\boldsymbol{n}\, dS = \int_{S} \boldsymbol{E}\cdot\boldsymbol{n}\, dS + \int_{S_a} \boldsymbol{E}\cdot\boldsymbol{n}\, dS = \int_{V'} \nabla\cdot\boldsymbol{E}\, dV = 0 \qquad (3)$$

となる．最後の式で，領域 V′ が原点を含まず，(2) が成り立つことを使った．

ここで注意しなければならないのは，(3) の第 2 式第 2 項の法線ベクトル $\boldsymbol{n}$ は領域 V′ の表面の法線ベクトルなので，球領域 V_a の内部，すなわち，中心 O に向いていることである．したがって，球領域 V_a の表面 S_a の法線ベクトルを $\boldsymbol{n}_a$ とすると，図のように，これは $\boldsymbol{n}$ と逆向きになり，$\boldsymbol{n} = -\boldsymbol{n}_a$ である．これを使って (3) の第 2 式第 2 項の面積分を書き直すと，

$$\int_{S_a} \boldsymbol{E}\cdot\boldsymbol{n}\, dS = -\int_{S_a} \boldsymbol{E}\cdot\boldsymbol{n}_a\, dS \qquad (4)$$

となる．上式右辺の面積分は，左辺と同じ表面 S_a の面積分であっても，球領域 V_a の表面に関する面積分であることに注意しよう．

こうして，(4) を (3) に代入することにより，

$$\int_{S} \boldsymbol{E}\cdot\boldsymbol{n}\, dS = \int_{S_a} \boldsymbol{E}\cdot\boldsymbol{n}_a\, dS \qquad (5)$$

が得られる．これは，領域 V の表面 S を変形しても，変形の際に原点 O をよぎらない限り，面積分の値が変わらないことを意味する重要な結果である．

(5) の結果から，(7.22) の左辺を計算するには半径 a の球面 S_a で行えばよく，この球面上では $\boldsymbol{E} = (q/4\pi\varepsilon_0)\boldsymbol{n}_a/a^2$ であることを使うと，

$$\int_{S} \boldsymbol{E}\cdot\boldsymbol{n}\, dS = \int_{S_a} \boldsymbol{E}\cdot\boldsymbol{n}_a\, dS = \frac{q}{4\pi\varepsilon_0 a^2}\int_{S_a} dS = \frac{q}{\varepsilon_0}$$

となって，(7.22) が示された．最後の式では，球面の面積が $\int_{S_a} dS = 4\pi a^2$ であることを使ったことはいうまでもない．

問題 5 ベクトル場 $\boldsymbol{A}(\boldsymbol{r})$ が別のベクトル場 $\boldsymbol{B}(\boldsymbol{r})$ の回転の場 $\boldsymbol{A}(\boldsymbol{r}) = \nabla \times \boldsymbol{B}(\boldsymbol{r})$ で与えられるとき，任意の閉曲面 S に対して

$$\int_{S} \boldsymbol{A}(\boldsymbol{r})\cdot\boldsymbol{n}\, dS = 0$$

が成り立つことを示せ．[ヒント：まずガウスの定理を使い，次に回転の発散がどうなるかを考えよ．]

7.4 積分定理 (3) ─ストークスの定理─

前章の6.5節で，ベクトル場 $\boldsymbol{A}(\boldsymbol{r})$ の中の微小な長方形の縁と内部で，場の回転量に関して (6.39) の関係があることをみた．そこで，図7.10のように，同じような微小な長方形1と2の2つをくっ付け，全体を1つの微小な長方形としてみるとどうなるかを考えてみよう．

図7.10からわかるように，合体した長方形の内部ではそれぞれの長方形がもつ (6.39) の右辺の回転量を加えればよいが，左辺の長方形の縁の方の加算は少し修正される．それは，長方形1と2がくっ付いた辺 (長さを Δr とする) でのそれぞれの接線ベクトルを，図のように $\boldsymbol{t}_1$，$\boldsymbol{t}_2$ とおくと，長方形1の辺としては $\boldsymbol{A}(\boldsymbol{r})\cdot\boldsymbol{t}_1$ であり，長方形2の辺としては $\boldsymbol{A}(\boldsymbol{r})\cdot\boldsymbol{t}_2$ となって，場のベクトル $\boldsymbol{A}(\boldsymbol{r})$ は共通であるが，接線ベクトルは異なる．その上，図からわかるように，$\boldsymbol{t}_1$ と $\boldsymbol{t}_2$ とはちょうど逆向きであり，$\boldsymbol{t}_2 = -\boldsymbol{t}_1$ の関係にある．したがって，長方形1と2のこの辺からの寄与は

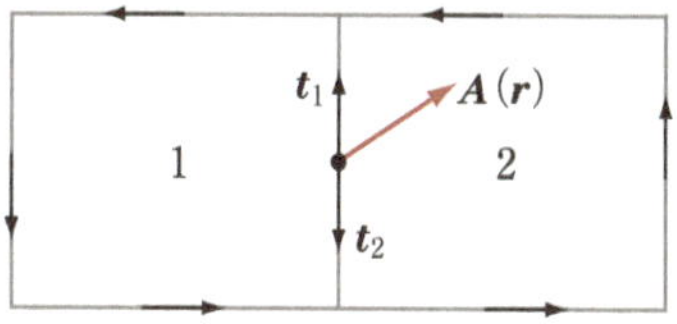

図 7.10

$$\boldsymbol{A}(\boldsymbol{r})\cdot\boldsymbol{t}_1\,\Delta r + \boldsymbol{A}(\boldsymbol{r})\cdot\boldsymbol{t}_2\,\Delta r = \boldsymbol{A}(\boldsymbol{r})\cdot(\boldsymbol{t}_1 + \boldsymbol{t}_2)\,\Delta r = 0 \qquad (7.23)$$

となって，ちょうどキャンセルする．

ここはポイント!

以上より，合体した長方形でも，結局は，その内部での場の回転量は合体した長方形の縁に滲み出ている場の回転量に等しいことがわかる．これは微小な長方形をいくつ合体させても同じことで，合体してくっ付いた辺での場の回転の滲み出し量の寄与はきれいに消えてしまい，合体物全体としての縁の寄与だけが残ることを意味する．

ここで，図7.11のように，ベクトル場 $\boldsymbol{A}(\boldsymbol{r})$ の中に閉曲線Cを縁とする曲面Sを考えよう．Cには図のように向きを付けておく．曲面S上の1点での法線は

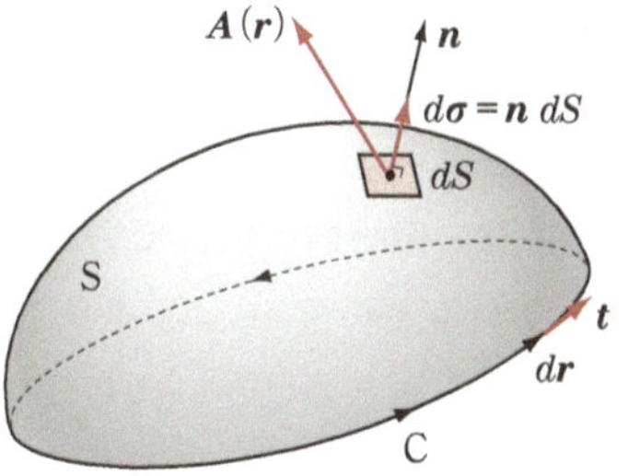

図 7.11

曲面に対して外向きと内向きの2つあるが，ここでは，右ねじをCと同じ向きに回転したときに進む向きの法線をとるものと約束しておく．そして，曲面Sを微小な長方形の領域に分割する．すなわち，この曲面Sが微小な長方形でできているものとみなすのである．長方形が十分微小であれば，この近似は許される．このとき，微小な長方形それぞれに対して(6.39)が成り立つので，曲面Sを構成するすべての長方形について(6.39)の和をつくると，

$$\sum_i \{\boldsymbol{A}(\boldsymbol{r})\cdot\boldsymbol{t}\}_i \, \varDelta r_i = \sum_j \{\nabla \times \boldsymbol{A}(\boldsymbol{r})\}_j \, \varDelta S_j \tag{7.24}$$

が得られる．ここで，上式右辺の和は曲面Sを構成するすべての微小な長方形についてとり，左辺の和はそれらの辺すべてについてとる．

ところが，曲面S上のすべての微小な長方形で(7.23)のような打ち消し合いが起こるので，(7.24)の左辺で残るのは曲面Sの縁Cを構成する微小な辺だけである．もし縁の近くで微小な長方形にならないギザギザが気になるなら，その部分を長方形から外れた多辺形で近似して(6.40)を使うと，(7.24)の左辺で残るのは縁Cをほとんど滑らかにつなぐ微小線分になる．このとき，微小な長方形の面積$\varDelta S_j$をゼロにする極限をとれば，微小線分$\varDelta r_i$もゼロに近づき，積分の定義から，(7.24)の左辺は線積分に，右辺は面積分になって，

$$\oint_{\mathrm{C}} \boldsymbol{A}(\boldsymbol{r})\cdot d\boldsymbol{r} = \oint_{\mathrm{C}} \boldsymbol{A}(\boldsymbol{r})\cdot\boldsymbol{t}\,dr = \int_{\mathrm{S}} \{\nabla \times \boldsymbol{A}(\boldsymbol{r})\}\cdot d\boldsymbol{\sigma} = \int_{\mathrm{S}} \{\nabla \times \boldsymbol{A}(\boldsymbol{r})\}\cdot\boldsymbol{n}\,dS \tag{7.25}$$

が成り立つことがわかる．上式の第1式と2式の線積分では，積分路の線要素ベクトル$d\boldsymbol{r}$がそこでの接線ベクトル$\boldsymbol{t}$と$d\boldsymbol{r} = \boldsymbol{t}\,dr$の関係に，第3式と4式の面積分では，面積要素ベクトル$d\boldsymbol{\sigma}$がそこでの法線ベクトル$\boldsymbol{n}$と$d\boldsymbol{\sigma} = \boldsymbol{n}\,dS$の関係にあることを使った．この積分定理(7.25)を**ストークスの定理**という．

任意の微小面の内部での場の回転量が，その縁に滲み出している回転量と一致するという(6.40)を思い出すと，ストークスの定理(7.25)は(6.40)の関係を微小ではない曲面にまで広げたものとして直観的に納得できるであろう．

ここはポイント!

ストークスの定理のポイントは，それがベクトル場に関する2次元的な面

積分を1次元的な線積分に関係づけていることである．これはちょうど，勾配の場の積分定理 (7.17) が1次元的な線積分を0次元的な点での数値に関係づけ，ガウスの定理 (7.21) が3次元的な体積積分を2次元的な面積分に関係づけていることに対応する．

例題 5

図のように，原点Oを中心とし，xy 平面より上にある半径 a の半球面をS，その縁の円周を閉曲線Cとする．いま，ベクトル場 $\boldsymbol{A}(\boldsymbol{r})$ が $\boldsymbol{A}(\boldsymbol{r}) = (1/2)\boldsymbol{B}\times\boldsymbol{r}$ ($\boldsymbol{B} = (0,\,0,\,B)$ で B は一定) のとき，面積分 $\int_{\mathrm{S}} \{\nabla\times\boldsymbol{A}(\boldsymbol{r})\}\cdot\boldsymbol{n}\,dS$ を求めよ．

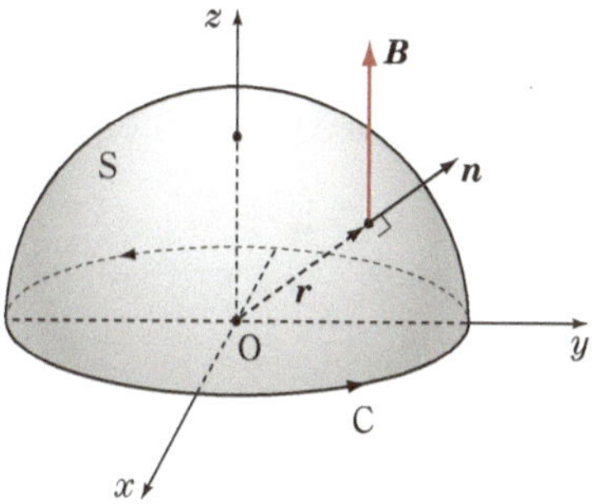

解 ストークスの定理 (7.25) より，線積分 $\oint_{\mathrm{C}} \boldsymbol{A}(\boldsymbol{r})\cdot d\boldsymbol{r}$ を計算すればよい．閉曲線C上の1点の位置ベクトルを $\boldsymbol{r}$ とし，それが x 軸となす角を φ とすると，$\boldsymbol{r}$ は2次元極座標表示で

$$\boldsymbol{r} = a\cos\varphi\,\boldsymbol{i} + a\sin\varphi\,\boldsymbol{j} \tag{1}$$

と表される．ここで，$\boldsymbol{i} = (1,\,0,\,0)$，$\boldsymbol{j} = (0,\,1,\,0)$ は，それぞれ $x,\,y$ 軸方向の基本ベクトルである．ここで $\boldsymbol{r}$ の微小変化 $d\boldsymbol{r}$ をつくると，(1) で変化するのは φ だけなので，

$$d\boldsymbol{r} = (-a\sin\varphi\,\boldsymbol{i} + a\cos\varphi\,\boldsymbol{j})\,d\varphi \tag{2}$$

となる．これは φ の微小変化の結果なので，円周C上の線要素ベクトルである．

次に，$\boldsymbol{A}(\boldsymbol{r})$ はベクトル積の定義 (5.16a) より，

$$\boldsymbol{A}(\boldsymbol{r}) = \frac{1}{2}\boldsymbol{B}\times\boldsymbol{r} = \left(-\frac{1}{2}By,\,\frac{1}{2}Bx,\,0\right) = -\frac{1}{2}Ba\sin\varphi\,\boldsymbol{i} + \frac{1}{2}Ba\cos\varphi\,\boldsymbol{j} \tag{3}$$

と表されるので，(2) と (3) より

$$\boldsymbol{A}(\boldsymbol{r})\cdot d\boldsymbol{r} = \left(\frac{1}{2}Ba^2\sin^2\varphi + \frac{1}{2}Ba^2\cos^2\varphi\right)d\varphi = \frac{1}{2}Ba^2\,d\varphi \tag{4}$$

が得られる．

こうして，求めたい面積分 $\int_{\mathrm{S}} \{\nabla\times\boldsymbol{A}(\boldsymbol{r})\}\cdot\boldsymbol{n}\,dS$ は，ストークスの定理 (7.25) と

(4) を使って，

$$\int_S \{\nabla \times \boldsymbol{A}(\boldsymbol{r})\}\cdot\boldsymbol{n}\,dS = \oint_C \boldsymbol{A}(\boldsymbol{r})\cdot d\boldsymbol{r} = \frac{1}{2}Ba^2\int_0^{2\pi} d\varphi = \pi a^2 B$$

となることがわかる．

問 題 6 上の例題5でベクトル場 $\boldsymbol{A}(\boldsymbol{r})$ の回転の定義 (6.38) を使って計算し，$\nabla \times \boldsymbol{A}(\boldsymbol{r}) = \boldsymbol{B}$ となることを確かめよ．次に，この関係を使って，面積分 $\int_S \{\nabla \times \boldsymbol{A}(\boldsymbol{r})\}\cdot\boldsymbol{n}\,dS = \int_S \boldsymbol{B}\cdot\boldsymbol{n}\,dS$ を直接計算してみよ．［ヒント：この面積分はすでに計算したことを思い出そう．］

上の例題5は，与えられたベクトル場の回転の面積分をストークスの定理を使って線積分にして計算している．他方，問題6は，その回転を計算して面積分を直接計算するという問題である．両者が等しいことが確認できれば，このベクトル場の場合にストークスの定理がきちんと成り立っていることを確かめたことになる．

問 題 7 ベクトル場 $\boldsymbol{A}(\boldsymbol{r})$ が勾配の場 $\boldsymbol{A}(\boldsymbol{r}) = \nabla\varphi$ で与えられるとき，任意の閉曲線Cに対して，$\oint_C \boldsymbol{A}(\boldsymbol{r})\cdot d\boldsymbol{r} = 0$ であることを，ストークスの定理を使って示せ．［ヒント：勾配の場の回転はどうであったかを思い出そう．］

7.5 まとめとポイントチェック

本章ではまず，ベクトル場の線積分と面積分を定義し，次にベクトル場に関連した積分定理を導いた．スカラー場の勾配の場の線積分が積分経路の終点と始点でのスカラー場の値の差で与えられるという定理，ある領域に亘るベクトル場の発散の体積積分がその領域の表面を通ってのベクトル場の滲み出しの面積分に等しいというガウスの定理，そして，ある曲面に亘るベクトル場の回転に関する面積分がその曲面の縁を1周したベクトル場の回転量に等しいというストークスの定理である．

これらの定理は，ベクトル場が矢印の流れのようにみえることから，直観的に理解できることもわかった．そして，その説明からもわかるように，流体力学の議論に重要である．特に，電磁気学はベクトル場の科学といってよいくらいにベクトル場が活躍するので，本章で学んだことをきちんと理解しておくことが大切である．

ポイントチェック

- □ ベクトル場の線積分がわかった．
- □ ベクトル場の面積分がわかった．
- □ 簡単な線積分，面積分の計算ができるようになった．
- □ 勾配の場に関する積分定理が理解できた．
- □ ベクトル場の発散の体積積分に関するガウスの定理が理解できた．
- □ ベクトル場の回転の面積分に関するストークスの定理が理解できた．
- □ すべての積分定理について，直観的な説明ができるようになった．

8 行列と行列式

学習目標

- **行列，行列式とは何かを理解する．**
- **行列にはいろいろな種類があることを理解する．**
- **行列の演算の仕方を理解する．**
- **簡単な行列式の計算の仕方を理解する．**
- **行列式の性質を説明できるようになる．**
- **連立 1 次方程式を行列と行列式を使って解けるようになる．**
- **行列の固有値と固有ベクトルとは何かを説明できるようになる．**

本章では，普通の数の拡張として，数を並べてできる行列を導入し，その加減算や乗算などの演算の仕方について述べる．行列には数の並べ方や何を並べるかによって，転置行列，正方行列，単位行列など，いろいろな種類の行列がある．続いて，正方行列に対応して行列式を導入する．行列は数の拡張であるが，行列式は特有の仕方で計算される数値であって，その計算法に由来する特別な性質をもっている．行列と行列式の基本的な性質を述べた上で，それらの応用として，連立 1 次方程式の解き方について述べる．そして最後に，正方行列にはそれに付随した固有値と固有ベクトルがあることを述べる．これは，現代物理学の最も重要な柱であるだけでなく，化学，電子工学や最近では情報科学などでも必須になりつつある量子力学を理解するための基礎となる．

8.1 行　列

数を行と列に並べてカッコでくくったものを**行列**といい，例えば，2 行 3 列に並べた行列は

$$\begin{pmatrix} 1 & 3 & 0 \\ 2 & -5 & 4 \end{pmatrix}, \qquad \begin{pmatrix} a_1 & a_2 & a_3 \\ b_1 & b_2 & b_3 \end{pmatrix} \tag{8.1}$$

などのように表される．そして，一般に m 行 n 列の行列 A は

$$A = \begin{pmatrix} a_{11} & a_{12} & \cdots & a_{1n} \\ a_{21} & a_{22} & \cdots & a_{2n} \\ \vdots & \vdots & \ddots & \vdots \\ a_{m1} & a_{m2} & \cdots & a_{mn} \end{pmatrix} \tag{8.2}$$

のように，m 行と n 列に mn 個の数を並べたもので，a_{ij} $(i = 1, 2, \cdots, m\,;\ j = 1, 2, \cdots, n)$ を行列の (i, j) 要素という．カッコにそれほどの意味があるわけではなく，(8.2) で 1 行 1 列の行列は数 a_{11} を表すだけなので，行列は普通の数の拡張とみなすことができる．また，(8.2) のようにいちいち行と列を書くのが面倒なときには，

ここはポイント!

$$A = (a_{ij})$$

と略記する場合があることを前もって注意しておく．

8.2 行列の演算

前節でみたように，行列は普通の数の拡張なので，その演算の仕方も普通の数のそれとは違ってくる．本節では，行列の演算の基本である足し算と掛け算の仕方と，その際に注意しなければならないことを述べる．

行列の和と差

2 つの m 行 n 列の行列 $A = (a_{ij})$ と $B = (b_{ij})$ の和 $A + B$ も m 行 n 列の行列であり，その行列要素はそれぞれの対応する行列要素の和をとるだけでよく，

$$A + B = (a_{ij} + b_{ij}) \tag{8.3}$$

である．例えば，

$$A = \begin{pmatrix} 2 & 5 & -3 \\ 4 & 0 & 1 \end{pmatrix}, \qquad B = \begin{pmatrix} 6 & -1 & 8 \\ -2 & 7 & 3 \end{pmatrix}$$

のとき，それらの和は

$$A + B = \begin{pmatrix} 8 & 4 & 5 \\ 2 & 7 & 4 \end{pmatrix}$$

となる．

行列 $A = (a_{ij})$ に定数 c を掛けると，

$$cA = (ca_{ij}) \tag{8.4}$$

が得られる．これは同じ行列を何個か加えた場合を考えれば，理解できるであろう．

2つの m 行 n 列の行列 $A = (a_{ij})$ と $B = (b_{ij})$ の差 $A - B$ は行列 B に定数 -1 を掛けて行列 A との和をとればよい．したがって，これも m 行 n 列の行列であり，その行列要素はそれぞれの対応する行列要素の差であり，

$$A - B = (a_{ij} - b_{ij}) \tag{8.5}$$

ここはポイント!

となることも明らかであろう．

ここで重要なことは，2つの行列の和や差をとる場合には，両者の行と列の数が，それぞれ同じでなければならないことである．決して2行3列の行列と3行2列の行列との和や差をとることはできないのである．

問題 1 2つの行列 A，B を

$$A = \begin{pmatrix} 1 & 2 \\ 3 & 4 \\ 5 & 6 \end{pmatrix}, \qquad B = \begin{pmatrix} 1 & 6 \\ 2 & 5 \\ 3 & 4 \end{pmatrix}$$

とするとき，$A + B$，$A - B$，$2A + 3B$ を求めよ．

行列の積

$A = (a_{ij})$ を m 行 n 列の行列，$B = (b_{jk})$ を n 行 p 列の行列とするとき，これら2つの行列の積 AB は m 行 p 列の行列であり，その (i, k) 要素 $(AB)_{ik}$ は

$$(AB)_{ik} = \sum_{j=1}^{n} a_{ij} b_{jk} \qquad (i = 1, 2, \cdots, m\,;\, k = 1, 2, \cdots, p) \tag{8.6}$$

ここはポイント!

で与えられる．(8.6) からわかるように，この積の定義が意味をなすのは，前の行列 A の列の数 n と後の行列 B の行の数 n とが一致する場合だけであることに注意しよう．

例えば，2つの行列

$$A = \begin{pmatrix} 2 & 1 \\ 4 & 3 \end{pmatrix}, \qquad B = \begin{pmatrix} 1 & -2 & 5 \\ -1 & 6 & 3 \end{pmatrix}$$

の場合には，A の列の数2と B の行の数2とが一致するので，積 AB が計算

できて,

$$AB = \begin{pmatrix} 2 & 1 \\ 4 & 3 \end{pmatrix} \begin{pmatrix} 1 & -2 & 5 \\ -1 & 6 & 3 \end{pmatrix} = \begin{pmatrix} 1 & 2 & 13 \\ 1 & 10 & 29 \end{pmatrix}$$

となり，確かに積 AB は 2 行 3 列の行列であることがわかる．積 AB のアミ掛けした (1, 1) 要素は，A のアミ掛けした 1 行の要素と B のアミ掛けした 1 列の要素の積の和から

$$2 \times 1 + 1 \times (-1) = 2 - 1 = 1$$

と求められる．積 AB の他の要素も同様にして計算される．

問題 2 2 つの行列 A, B を

$$A = \begin{pmatrix} 1 & 2 & 3 \\ 4 & 5 & 6 \end{pmatrix}, \qquad B = \begin{pmatrix} 3 & 6 \\ 2 & 5 \\ 1 & 4 \end{pmatrix}$$

とするとき，積 AB を求めよ．

行列の積の順序

前に積 AB を求めた 2 つの行列

$$A = \begin{pmatrix} 2 & 1 \\ 4 & 3 \end{pmatrix}, \qquad B = \begin{pmatrix} 1 & -2 & 5 \\ -1 & 6 & 3 \end{pmatrix}$$

に対して，逆順の積 BA を求めようとしても，この場合には積の前の行列 B の列の数 3 と後の行列 A の行の数 2 とが一致せず，積が定義すらできない．また,

$$A = \begin{pmatrix} 2 & 1 \\ 4 & 3 \end{pmatrix}, \qquad B = \begin{pmatrix} 1 & -2 \\ 3 & 2 \end{pmatrix}$$

のように，積が定義できる場合でも

$$AB = \begin{pmatrix} 2 & 1 \\ 4 & 3 \end{pmatrix} \begin{pmatrix} 1 & -2 \\ 3 & 2 \end{pmatrix} = \begin{pmatrix} 5 & -2 \\ 13 & -2 \end{pmatrix}$$

$$BA = \begin{pmatrix} 1 & -2 \\ 3 & 2 \end{pmatrix} \begin{pmatrix} 2 & 1 \\ 4 & 3 \end{pmatrix} = \begin{pmatrix} -6 & -5 \\ 14 & 9 \end{pmatrix}$$

となって，積 AB と逆順の積 BA とは等しくない．

このように，2 つの行列の積 AB と BA が共に存在しても，結果は積の順

ここはポイント!

序によって異なり，一般には $AB \neq BA$ である．普通の数 a と b の場合には積に関する交換則 $ab = ba$ が成り立つが，行列の積に関しては一般に交換則が成り立たないのである．すなわち，前に行列は普通の数の拡張と記したが，行列は一般に交換則を満たさない拡張された数ということができる．特に，2 つの行列 A，B の積 AB と BA が等しく，$AB = BA$ が成り立つとき，2 つの行列 A，B は**交換可能**，あるいは**可換**であるという．このことは，ミクロの世界を支配する量子力学で重要な意味をもつことになる．

問 題 3 2 つの行列 A，B を

$$A = \begin{pmatrix} 2 & -1 \\ 3 & 5 \end{pmatrix}, \qquad B = \begin{pmatrix} 1 & 2 \\ 4 & -2 \end{pmatrix}$$

とするとき，積 AB と BA を求め，可換かどうかを確かめよ．

8.3 いろいろな行列

この節では，特徴のある行列をいくつか紹介する．特徴があるから特別かというと必ずしもそうではなく，これから物理学や工学を学ぶにつれてしばしば出会うことになるであろう．

転置行列

(8.2) に示された m 行 n 列の行列 $A = (a_{ij})$ に対して，その行と列をすっかり入れ替えた n 行 m 列の行列を**転置行列**といい，

$$A^{\mathrm{t}} = (a_{ji}) = \begin{pmatrix} a_{11} & a_{21} & \cdots & a_{m1} \\ a_{12} & a_{22} & \cdots & a_{m2} \\ \vdots & \vdots & \ddots & \vdots \\ a_{1n} & a_{2n} & \cdots & a_{mn} \end{pmatrix} \tag{8.7}$$

と表される．ここでの t は転置行列の英語 transposed matrix の最初の 1 文字から来ている．例えば，

$$A = \begin{pmatrix} 1 & 2 & 3 \\ 4 & 5 & 6 \end{pmatrix} \text{ に対して } A^{\mathrm{t}} = \begin{pmatrix} 1 & 4 \\ 2 & 5 \\ 3 & 6 \end{pmatrix}$$

となる．

例題 1

2つの行列 A, B があって，その積 AB が定義できるとき，

$$(AB)^{\mathrm{t}} = B^{\mathrm{t}} A^{\mathrm{t}} \tag{8.8}$$

が成り立つことを示せ．

解 $A = (a_{ij})$ を m 行 n 列の行列，$B = (b_{jk})$ を n 行 p 列の行列とするとき，積 AB は m 行 p 列の行列であり，その (i, k) 要素は (8.6) で与えられる．その転置行列 $(AB)^{\mathrm{t}}$ の (k, i) 要素 $((AB)^{\mathrm{t}})_{ki}$ は，転置行列の定義から AB の (i, k) 要素 $(AB)_{ik}$ に等しく，

$$((AB)^{\mathrm{t}})_{ki} = (AB)_{ik} = \sum_{j=1}^{n} a_{ij}\, b_{jk} \quad (i = 1, 2, \cdots, m\,;\ k = 1, 2, \cdots, p) \tag{1}$$

であり，$(AB)^{\mathrm{t}}$ は p 行 m 列の行列である．他方，B^{t} の (k, j) 要素は B の (j, k) 要素 b_{jk} に等しく，A^{t} の (j, i) 要素は A の (i, j) 要素 a_{ij} に等しいので，これらを (1) の最後の式に代入すれば，

$$\sum_{j=1}^{n} a_{ij}\, b_{jk} = \sum_{j=1}^{n} (A^{\mathrm{t}})_{ji}\, (B^{\mathrm{t}})_{kj} = \sum_{j=1}^{n} (B^{\mathrm{t}})_{kj}\, (A^{\mathrm{t}})_{ji} = (B^{\mathrm{t}} A^{\mathrm{t}})_{ki} \tag{2}$$

が得られる．

(1) と (2) より，

$$((AB)^{\mathrm{t}})_{ki} = (B^{\mathrm{t}} A^{\mathrm{t}})_{ki} \qquad (i = 1, 2, \cdots, m\,;\ k = 1, 2, \cdots, p)$$

となり，行列 $(AB)^{\mathrm{t}}$ と $B^{\mathrm{t}} A^{\mathrm{t}}$ の対応するすべての要素が等しいことになって，(8.8) が示されたことになる．

問題 4 2つの行列 A, B を

$$A = \begin{pmatrix} 1 & 2 & 3 \\ 4 & 5 & 6 \end{pmatrix}, \qquad B = \begin{pmatrix} 2 & -1 \\ -2 & 3 \\ 1 & 4 \end{pmatrix}$$

とするとき，(8.8) が成り立つことを確かめよ．

対称行列・反対称行列・正方行列

行列 $A = (a_{ij})$ とその転置行列 $A^{\mathrm{t}} = (a_{ji})$ が等しく，$A^{\mathrm{t}} = A$ が成り立つとき，両者の対応する要素がすべて等しいので，$a_{ji} = a_{ij}$, $m = n$ が成り立つ．このような行列では，各要素が対角要素 $a_{11}, a_{22}, \cdots, a_{ii}, \cdots, a_{nn}$ を挟んで対称なので，**対称行列**とよばれる．対称行列では必然的に行の数と列の数

が等しくなる．このように，行と列の数が等しい行列を**正方行列**という．また，$A^{t} = -A$ の場合を**反対称行列**といい，$a_{ji} = -a_{ij}$ である．反対称行列も正方行列であり，その対角要素は $a_{jj} = -a_{jj} = 0$ となって，すべてゼロである．

対角行列・単位行列・ゼロ行列

n 行 n 列の正方行列 $A = (a_{ij})$ で対角要素 a_{ii} $(i = 1, 2, \cdots, n)$ 以外のすべての非対角要素 a_{ij} $(i \neq j)$ がゼロのものを**対角行列**という．また，対角行列のうち，特にすべての対角要素が 1 のものを**単位行列**といい，I で表す．例えば，3 行 3 列の単位行列は，

$$I = \begin{pmatrix} 1 & 0 & 0 \\ 0 & 1 & 0 \\ 0 & 0 & 1 \end{pmatrix} \tag{8.9}$$

である．単位行列 I は同じ大きさの任意の行列 A と可換であり，

ここはポイント!

$$AI = IA = A, \qquad I^2 = II = I \tag{8.10}$$

という重要な性質をもち，単位行列 I は普通の数の演算における 1 の役割をもつ．

それに対して，普通の数の演算での 0 の役割を果たすのが**ゼロ行列** O であり，O のすべての要素がゼロである．例えば，3 行 3 列のゼロ行列は，

$$O = \begin{pmatrix} 0 & 0 & 0 \\ 0 & 0 & 0 \\ 0 & 0 & 0 \end{pmatrix} \tag{8.11}$$

である．A と O が同じ大きさの正方行列ならば，

$$AO = OA = O \tag{8.12}$$

が成り立つことは容易に理解できるであろう．

問 題 5 3 行 3 列の行列

$$A = \begin{pmatrix} 1 & 2 & -3 \\ 6 & 5 & 4 \\ 7 & -8 & 9 \end{pmatrix}$$

と単位行列 (8.9) を使って，$AI = IA = A$ が成り立つことを確かめよ．

8.4 行列式

行列 A に関連した数として，n 行 n 列の正方行列 A に対して，**行列式**とよばれる

$$|A| \equiv \det A = \begin{vmatrix} a_{11} & a_{12} & \cdots & a_{1n} \\ a_{21} & a_{22} & \cdots & a_{2n} \\ \vdots & \vdots & \ddots & \vdots \\ a_{n1} & a_{n2} & \cdots & a_{nn} \end{vmatrix} \tag{8.13}$$

を導入する．ここでの det は行列式の英語 determinant の初めの 3 文字をとったものである．(8.13) のように，行列式を表す 2 本の縦棒の中の行列は，必ず正方行列でなければならない．また，縦棒の中身が n 行 n 列の正方行列 A のとき，行列式 $|A|$ は n 次の行列式という．1 次の行列式は要素を 1 つしかもたないので，その要素そのものに等しいとして，

ここはポイント!

$$|A| = |a_{11}| = a_{11} \tag{8.14}$$

と定義しておく．ここでの 2 本の縦棒は，絶対値の記号ではないことに注意しよう．

行列は普通の数ではなく，拡張された数であることは前節までに述べた．それに対して，これから述べるように，行列式は特殊な方法で計算される数である．(8.13) の形からみて，正方行列の現れるところには，それに付随して行列式も出てくるのかもしれないということは想像がつくであろう．なぜ，どのような形で行列式が必要になるかは次節以降において具体的な例で述べるとして，本節では (8.13) の行列式がどのような計算法で普通の数にできるかをみていこう．

ここはポイント!

n 次の行列式 $|A|$ の計算の準備として，その i 行 j 列の要素 a_{ij} を含む第 i 行と第 j 列を除いた $(n-1)$ 次の行列式

$$M_{ij} = \begin{vmatrix} a_{11} & a_{12} & \cdots & a_{1j} & \cdots & a_{1n} \\ a_{21} & a_{22} & \cdots & a_{2j} & \cdots & a_{2n} \\ \vdots & \vdots & \ddots & \vdots & \ddots & \vdots \\ a_{i1} & a_{i2} & \cdots & a_{ij} & \cdots & a_{in} \\ \vdots & \vdots & \ddots & \vdots & \ddots & \vdots \\ a_{n1} & a_{n2} & \cdots & a_{nj} & \cdots & a_{nn} \end{vmatrix} \tag{8.15}$$

を導入する．ここで，i 行と j 列の網掛けは，その部分を除くことを意味する．そして，この 1 行と 1 列が少なくなった行列式 M_{ij} を a_{ij} の**小行列式**という．

さらに，この小行列に $(-1)^{i+j}$ を掛けた

$$A_{ij} = (-1)^{i+j} M_{ij} \tag{8.16}$$

を定義しておき，これを a_{ij} の**余因子**という．この余因子 A_{ij} は，$(i+j)$ が偶数か奇数かによって $(n-1)$ 次の小行列式 M_{ij} に $+1$ または -1 が掛かるだけなので，基本的には $(n-1)$ 次の行列式である．なぜわざわざこの面倒そうな余因子を導入するのかというと，一般的な行列式 (8.13) をどのように計算するか説明するのに必要だからである．

例 題 2

3 次の行列式

$$|A| = \begin{vmatrix} a_{11} & a_{12} & a_{13} \\ a_{21} & a_{22} & a_{23} \\ a_{31} & a_{32} & a_{33} \end{vmatrix} \tag{8.17}$$

の余因子 A_{ij} をすべて列挙せよ．

解 小行列式 M_{ij} は，それぞれの要素を含む行と列を除いて行列式をつくればよいので，

$$\begin{cases} M_{11} = \begin{vmatrix} a_{22} & a_{23} \\ a_{32} & a_{33} \end{vmatrix}, & M_{12} = \begin{vmatrix} a_{21} & a_{23} \\ a_{31} & a_{33} \end{vmatrix}, & M_{13} = \begin{vmatrix} a_{21} & a_{22} \\ a_{31} & a_{32} \end{vmatrix} \\ M_{21} = \begin{vmatrix} a_{12} & a_{13} \\ a_{32} & a_{33} \end{vmatrix}, & M_{22} = \begin{vmatrix} a_{11} & a_{13} \\ a_{31} & a_{33} \end{vmatrix}, & M_{23} = \begin{vmatrix} a_{11} & a_{12} \\ a_{31} & a_{32} \end{vmatrix} \\ M_{31} = \begin{vmatrix} a_{12} & a_{13} \\ a_{22} & a_{23} \end{vmatrix}, & M_{32} = \begin{vmatrix} a_{11} & a_{13} \\ a_{21} & a_{23} \end{vmatrix}, & M_{33} = \begin{vmatrix} a_{11} & a_{12} \\ a_{21} & a_{22} \end{vmatrix} \end{cases} \tag{8.18}$$

である．したがって，それぞれの余因子 A_{ij} は (8.16) より，因子 $(-1)^{i+j}$ に注意して，

$$\begin{cases} A_{11} = \begin{vmatrix} a_{22} & a_{23} \\ a_{32} & a_{33} \end{vmatrix}, & A_{12} = -\begin{vmatrix} a_{21} & a_{23} \\ a_{31} & a_{33} \end{vmatrix}, & A_{13} = \begin{vmatrix} a_{21} & a_{22} \\ a_{31} & a_{32} \end{vmatrix} \\ A_{21} = -\begin{vmatrix} a_{12} & a_{13} \\ a_{32} & a_{33} \end{vmatrix}, & A_{22} = \begin{vmatrix} a_{11} & a_{13} \\ a_{31} & a_{33} \end{vmatrix}, & A_{23} = -\begin{vmatrix} a_{11} & a_{12} \\ a_{31} & a_{32} \end{vmatrix} \\ A_{31} = \begin{vmatrix} a_{12} & a_{13} \\ a_{22} & a_{23} \end{vmatrix}, & A_{32} = -\begin{vmatrix} a_{11} & a_{13} \\ a_{21} & a_{23} \end{vmatrix}, & A_{33} = \begin{vmatrix} a_{11} & a_{12} \\ a_{21} & a_{22} \end{vmatrix} \end{cases} \tag{8.19}$$

である．

問 題 6 3次の行列式

$$|A| = \begin{vmatrix} 2 & 1 & 3 \\ 3 & 2 & 5 \\ 4 & 3 & 6 \end{vmatrix}$$

の小行列式 M_{ij} と余因子 A_{ij} をすべて列挙せよ．

行列式の計算法

以上で n 次の行列式 $|A|$ を計算するための準備は整った．$|A|$ は，i 行目の要素 a_{ij} $(j = 1, 2, \cdots, n)$ とそれにともなう余因子 A_{ij} を使って，

$$|A| = a_{i1} A_{i1} + a_{i2} A_{i2} + \cdots + a_{in} A_{in} \qquad (i = 1, 2, \cdots, n) \tag{8.20}$$

ここはポイント!

と定義される．(8.20) のポイントは，左辺の n 次の行列式 $|A|$ が，右辺では $(n-1)$ 次の行列式である余因子 A_{ij} で表されていることである．したがって，その $(n-1)$ 次の行列式も (8.20) によって $(n-2)$ 次の行列式で表される．こうして，次々に低次の行列式で表せば，ついには n 次の行列式 $|A|$ が 1 次の行列式で表されることになる．そして，(8.14) によって 1 次の行列式はただの数なので，結局，(8.13) や (8.15) で表される n 次の行列式 $|A|$ が普通の数として得られるのである．

ここはポイント!

定義式 (8.20) からわかるように，行列式 $|A|$ を計算するのに，どの行の要素とそれにともなう余因子を使っても構わない．さらに，正方行列からつくられる行列式では，行を列に対して特別に扱う理由はなく，行と列の区別は全くない．したがって，行列式 $|A|$ は，j 列目の要素 a_{ij} $(i = 1, 2, \cdots, n)$ とそれにともなう余因子 A_{ij} を使っても展開できるはずで，

$$|A| = a_{1j} A_{1j} + a_{2j} A_{2j} + \cdots + a_{nj} A_{nj} \qquad (j = 1, 2, \cdots, n) \tag{8.21}$$

とも定義できる．すなわち，行列式では行と列を入れ替えてもその値は変わらず，転置行列 A^{t} の行列式は

$$|A^{\mathrm{t}}| = |A| \tag{8.22}$$

を満たす．

これまでの計算を具体的に実行するために，まず 2 次の行列式を求めてみ

よう．行列式の展開式 (8.20) を 2 次の行列式の 1 行目の要素に適用すると，

$$\begin{vmatrix} a_{11} & a_{12} \\ a_{21} & a_{22} \end{vmatrix} = a_{11}A_{11} + a_{12}A_{12} \tag{8.23}$$

と展開される．この場合の余因子は，(8.14)～(8.16) を使って，

$A_{11} = (-1)^{1+1}M_{11} = |a_{22}| = a_{22}$，　$A_{12} = (-1)^{1+2}M_{12} = -|a_{21}| = -a_{21}$

となる．ここでも，2 本の縦棒は絶対値の記号ではないことに注意しておく．これを (8.23) に代入すると，

$$\begin{vmatrix} a_{11} & a_{12} \\ a_{21} & a_{22} \end{vmatrix} = a_{11}a_{22} - a_{12}a_{21} \tag{8.24}$$

が得られる．これが2 次の行列式の具体的な計算式であり，その結果は対応する行列の要素を使って表される普通の数であることがわかる．また，これがヤコビ行列式に関連して，(4.15) で使われた式であることも思い出そう．

問題 7 (8.24) は，(8.21) の展開式を使っても導かれることを示せ．

問題 8 次の 2 次の行列式を求めよ．

(1) $\begin{vmatrix} 2 & 1 \\ 4 & 3 \end{vmatrix}$　(2) $\begin{vmatrix} 2 & -3 \\ 1 & 5 \end{vmatrix}$　(3) $\begin{vmatrix} -2 & 7 \\ 0 & 5 \end{vmatrix}$

問題 9 問題 6 の小行列式 M_{ij} と余因子 A_{ij} をすべて計算せよ．

3 次の行列式の計算式

(8.20) と 2 次の行列式の計算式 (8.24) を使って，3 次の行列式の計算式を導いてみよう．

例題 3

3 次の行列式を要素で表すと，

$$\begin{vmatrix} a_{11} & a_{12} & a_{13} \\ a_{21} & a_{22} & a_{23} \\ a_{31} & a_{32} & a_{33} \end{vmatrix} = a_{11}a_{22}a_{33} + a_{12}a_{23}a_{31} + a_{32}a_{21}a_{13} - a_{13}a_{22}a_{31} - a_{12}a_{21}a_{33} - a_{11}a_{23}a_{32} \tag{8.25}$$

となることを示せ．

解 3次の行列式$|A|$を第1行目の要素で展開すると，(8.20) より

$$|A| = a_{11}A_{11} + a_{12}A_{12} + a_{13}A_{13}$$

となる．これに3次の行列式の余因子 (8.19) を代入すると，

$$|A| = a_{11}\begin{vmatrix} a_{22} & a_{23} \\ a_{32} & a_{33} \end{vmatrix} - a_{12}\begin{vmatrix} a_{21} & a_{23} \\ a_{31} & a_{33} \end{vmatrix} + a_{13}\begin{vmatrix} a_{21} & a_{22} \\ a_{31} & a_{32} \end{vmatrix}$$

となる．上式にある2次の行列式に (8.24) を適用して変形すると，

$$\begin{aligned}|A| &= a_{11}(a_{22}a_{33} - a_{23}a_{32}) - a_{12}(a_{21}a_{33} - a_{23}a_{31}) + a_{13}(a_{21}a_{32} - a_{22}a_{31}) \\ &= a_{11}a_{22}a_{33} - a_{11}a_{23}a_{32} - a_{12}a_{21}a_{33} + a_{12}a_{23}a_{31} + a_{13}a_{21}a_{32} - a_{13}a_{22}a_{31} \\ &= a_{11}a_{22}a_{33} + a_{12}a_{23}a_{31} + a_{13}a_{21}a_{32} - a_{11}a_{23}a_{32} - a_{12}a_{21}a_{33} - a_{13}a_{22}a_{31}\end{aligned}$$

が得られる．これは (8.25) の右辺と等しく，(8.25) が成り立つことが示された．

問題 10 (8.25) は，第2行目の要素で展開しても導かれることを示せ．

問題 11 (8.25) は，第1列目の要素で展開しても導かれることを示せ．

［ヒント：(8.21) の展開式を，第1列目の要素に適用すればよい．］

8.5 行列式の性質

(8.24) からわかるように，2次の行列式の計算は対角要素をたすき掛けに掛け算してその差をとればよく，図示すると図8.1 (a) のようになって覚えやすい．3次の行列式 (8.25) はこれよりずっと複雑そうであるが，図8.1 (b) のように，やはりたすき掛け的な掛け算の和と差として覚えるとよい．

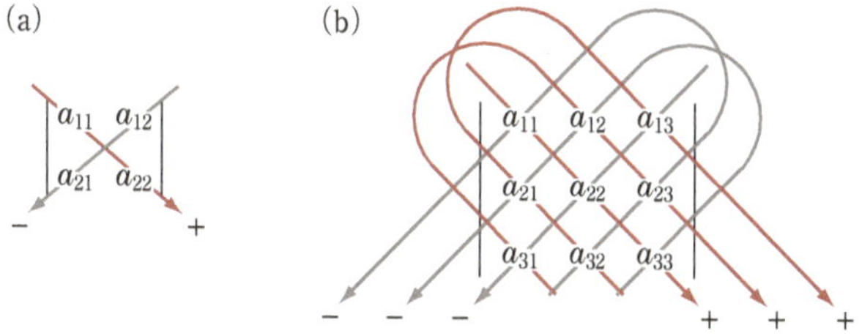

図 8.1

この図で矢印の先にある ＋ と − は，矢印に従って要素の積をつくり，それを加算 (＋) もしくは減算 (−) することを意味する．

問題 12 次の3次の行列式を求めよ．

(1) $\begin{vmatrix} 2 & 1 & 3 \\ 3 & 2 & 5 \\ 4 & 3 & 6 \end{vmatrix}$　　(2) $\begin{vmatrix} 2 & 0 & 3 \\ 3 & -1 & 5 \\ 2 & 3 & 6 \end{vmatrix}$　　(3) $\begin{vmatrix} 4 & 2 & -2 \\ 0 & -3 & 0 \\ 1 & 0 & -1 \end{vmatrix}$

ここはポイント!

残念ながら，4 次以上の行列式ではこのようにはいかず，定義 (8.20) または (8.21) に戻って次数の低い行列式で展開し，最終的には 3 次の行列式による展開式にして計算しなければならない．その場合，なるべくゼロの多い行や列で展開すると，計算が簡単になることは明らかであろう．

行列式には以下に列挙するような性質があり，これらの性質をうまく使うことによって，行列式の計算が大幅に簡単になる場合がある．

(1)　行列式のどの行，どの列で展開しても，行列式の値は変わらない．

これはすでに (8.20) と (8.21) で強調したことである．

(2)　行列式の行と列を交換しても，行列式の値は変わらない．

これは転置行列の行列式が元の行列の行列式に等しいことを指しており，(8.22) にすでに示した．

(3)　1 つの行（または列）のすべての要素がゼロのとき，行列式はゼロになる．

その行（または列）の要素で (8.20)（または (8.21)）を使って展開すれば，展開の係数がすべてゼロなので，行列式もゼロとなることは容易にわかる．

(4)　1 つの行（または列）のすべての要素を c 倍すると，行列式も c 倍になる．

(8.13) で i 行目の要素 a_{ij} $(j = 1, 2, \cdots, n)$ を c 倍して，その行の要素で展開すると，(8.20) より，

$$\begin{aligned} ca_{i1} A_{i1} + ca_{i2} A_{i2} + \cdots + ca_{in} A_{in} &= c(a_{i1} A_{i1} + a_{i2} A_{i2} + \cdots + a_{in} A_{in}) \\ &= c|A| \end{aligned}$$

となることから明らかである．列の場合には (8.21) を使えばよい．

(5)　1 つの行（または列）のすべての要素が 2 つの数の和になっている場合，その行（または列）を 2 組に分けてできる 2 つの行列式の和に分けることができる．

これも，(8.13) で i 行目の要素 a_{ij} ($j = 1, 2, \cdots, n$) を $a_{ij} = a_{ij}{}^{(1)} + a_{ij}{}^{(2)}$ として，その行の要素で展開すると，(8.20) より，

$$\begin{aligned} |A| &= a_{i1}A_{i1} + a_{i2}A_{i2} + \cdots + a_{in}A_{in} \\ &= (a_{i1}{}^{(1)} + a_{i1}{}^{(2)})A_{i1} + (a_{i2}{}^{(1)} + a_{i2}{}^{(2)})A_{i2} \\ &\qquad + \cdots + (a_{in}{}^{(1)} + a_{in}{}^{(2)})A_{in} \\ &= (a_{i1}{}^{(1)}A_{i1} + a_{i2}{}^{(1)}A_{i2} + \cdots + a_{in}{}^{(1)}A_{in}) \\ &\qquad + (a_{i1}{}^{(2)}A_{i1} + a_{i2}{}^{(2)}A_{i2} + \cdots + a_{in}{}^{(2)}A_{in}) \\ &= |A^{(1)}| + |A^{(2)}| \end{aligned}$$

となって，上に記したことが示される．ここで，例えば $|A^{(1)}|$ は i 行目の要素だけが $a_{ij}{}^{(1)}$ であって，その他の行は行列式 $|A|$ と一切変わらない．

(6)　行列式の任意の 2 つの行（または列）を交換すると，その値の符号が変わる．

2 次の行列式では，(8.24) で行を交換すると，

$$\begin{vmatrix} a_{21} & a_{22} \\ a_{11} & a_{12} \end{vmatrix} = a_{21}a_{12} - a_{22}a_{11} = -(a_{11}a_{22} - a_{12}a_{21}) = -\begin{vmatrix} a_{11} & a_{12} \\ a_{21} & a_{22} \end{vmatrix}$$

となって，確かに符号が反転する．列を交換する場合でも明らかであろう．

問題 13　3 次の行列式で，第 1 行と第 2 行を交換すると符号が変わることを確かめよ．

問題 14　3 次の行列式で，第 2 列と第 3 列を交換すると符号が変わることを確かめよ．

(7)　行列式の任意の 2 つの行（または列）が等しいとき，その行列式の値はゼロである．

これは，(6) の性質より，等しい 2 つの行をとり換えても行列式は変わらずに符号が変わることから，明らかであろう．

問題 15　行列式のある行の要素をすべて c 倍して，それを別の行のそれぞれの要素に加えても，行列式の値が変わらないことを示せ．［ヒント：そのように加工した行列式において，まず性質 (5) を使って 2 つの行列式の和にし，次に性質 (4)

と (7) を考慮してみよ.]

(8) A と B が同じ n 行 n 列の正方行列のとき,

$$|AB| = |A||B| \tag{8.26}$$

が成り立つ.

問 題 16 次の 2 行 2 列の行列

$$A = \begin{pmatrix} a_{11} & a_{12} \\ a_{21} & a_{22} \end{pmatrix}, \qquad B = \begin{pmatrix} b_{11} & b_{12} \\ b_{21} & b_{22} \end{pmatrix}$$

について, (8.26) を確かめよ.

問 題 17 次の 3 行 3 列の行列

$$A = \begin{pmatrix} 2 & 1 & 3 \\ 3 & 2 & 5 \\ 4 & 3 & 6 \end{pmatrix}, \qquad B = \begin{pmatrix} 4 & 2 & -2 \\ 0 & -3 & 0 \\ 1 & 0 & -1 \end{pmatrix}$$

について, (8.26) を確かめよ.

8.6 逆行列

次節からの議論の準備として, 逆行列を定義しておく. n 行 n 列の正方行列 $A = (a_{ij})$ に対する逆行列 A^{-1} は, 行列式 $|A| \neq 0$ のとき,

$$AA^{-1} = A^{-1}A = I \tag{8.27}$$

を満たす行列として定義される. ここで, I は (8.10) に示した性質をもつ単位行列である. この逆行列はちょうど数 a に対する逆数 a^{-1} に相当するもので, これまで行列の四則演算のうちの和, 差, 積をみてきたが, 残りの商 (割り算) のための行列とみなされる.

例 題 4

2 行 2 列の行列 $A = \begin{pmatrix} a_{11} & a_{12} \\ a_{21} & a_{22} \end{pmatrix}$ の逆行列 A^{-1} は,

$$A^{-1} = \frac{1}{|A|}\begin{pmatrix} a_{22} & -a_{12} \\ -a_{21} & a_{11} \end{pmatrix} \tag{8.28}$$

で与えられることを示せ.

解 行列 A の逆行列 A^{-1} を

$$A^{-1} = \begin{pmatrix} x_{11} & x_{12} \\ x_{21} & x_{22} \end{pmatrix} \tag{1}$$

とおくと，行列の掛け算の規則から

$$AA^{-1} = \begin{pmatrix} a_{11} & a_{12} \\ a_{21} & a_{22} \end{pmatrix}\begin{pmatrix} x_{11} & x_{12} \\ x_{21} & x_{22} \end{pmatrix}$$

$$= \begin{pmatrix} a_{11}x_{11} + a_{12}x_{21} & a_{11}x_{12} + a_{12}x_{22} \\ a_{21}x_{11} + a_{22}x_{21} & a_{21}x_{12} + a_{22}x_{22} \end{pmatrix}$$

である．これが (8.27) より 2 行 2 列の単位行列 $I = \begin{pmatrix} 1 & 0 \\ 0 & 1 \end{pmatrix}$ に等しいことから，

$$\begin{cases} a_{11}x_{11} + a_{12}x_{21} = 1 & (2) \\ a_{11}x_{12} + a_{12}x_{22} = 0 & (3) \\ a_{21}x_{11} + a_{22}x_{21} = 0 & (4) \\ a_{21}x_{12} + a_{22}x_{22} = 1 & (5) \end{cases}$$

が成り立つ．(4) より $x_{21} = -(a_{21}/a_{22})x_{11}$ であり，これを (2) に代入すると

$$\left(a_{11} - \frac{a_{12}a_{21}}{a_{22}}\right)x_{11} = 1, \qquad \therefore \quad x_{11} = \frac{a_{22}}{a_{11}a_{22} - a_{12}a_{21}} = \frac{a_{22}}{|A|} \tag{6}$$

が得られる．ここで，$|A|$ は行列 A に対する行列式であり，$|A| = a_{11}a_{22} - a_{12}a_{21}$ であるから，(6) より

$$x_{21} = -\frac{a_{21}}{|A|} \tag{7}$$

も直ちに得られる．

同様にして，(3) より $x_{12} = -(a_{12}/a_{11})x_{22}$ であり，これを (5) に代入して

$$x_{22} = \frac{a_{11}}{a_{11}a_{22} - a_{12}a_{21}} = \frac{a_{11}}{|A|} \tag{8}$$

$$x_{12} = -\frac{a_{12}}{|A|} \tag{9}$$

が得られる．(6)～(9) を (1) に代入すれば，確かに A の逆行列 A^{-1} は (8.28) で与えられることがわかる．

問題 18 2 行 2 列の行列 $A = \begin{pmatrix} 2 & 1 \\ 4 & 3 \end{pmatrix}$ の逆行列 A^{-1} を求めよ．また，その結果が (8.27) を満たすことを確かめよ．

問題 19 例題 4 の解答では $AA^{-1} = I$ から逆行列 A^{-1} を求めたが，$A^{-1}A = I$ からも同じ結果が得られることを示せ．

一般の正方行列の逆行列

一般的に，n 行 n 列の正方行列

$$A=(a_{ij})=\begin{pmatrix} a_{11} & a_{12} & \cdots & a_{1n} \\ a_{21} & a_{22} & \cdots & a_{2n} \\ \vdots & \vdots & \ddots & \vdots \\ a_{n1} & a_{n2} & \cdots & a_{nn} \end{pmatrix} \tag{8.29}$$

に対する逆行列 A^{-1} は

$$A^{-1}=\frac{1}{|A|}\begin{pmatrix} A_{11} & A_{21} & \cdots & A_{n1} \\ A_{12} & A_{22} & \cdots & A_{n2} \\ \vdots & \vdots & \ddots & \vdots \\ A_{1n} & A_{2n} & \cdots & A_{nn} \end{pmatrix} \tag{8.30}$$

で与えられる．ここで，A_{ij} は (8.16) で定義された，行列要素 a_{ij} の余因子である．逆行列を求める際にも，余因子が必要であることに注意しよう．ただし，(8.30) では余因子 A_{ij} が行列 A の要素 a_{ij} に対して行と列が入れ替わった並び方をしていることに注意しなければならない．

(8.29) と (8.30) を使って 2 つの行列の積 AA^{-1} をつくると，(8.27) より結果は n 行 n 列の単位行列 I になるはずである．実際，(8.29) と (8.30) から積 AA^{-1} の 1 行 1 列成分を計算すると，

$$\frac{1}{|A|}(a_{11}A_{11}+a_{12}A_{12}+\cdots+a_{1n}A_{1n})=\frac{1}{|A|}|A|=1 \tag{8.31}$$

となって，確かに単位行列 I の 1 行 1 列成分に一致することがわかる．ただし，上の計算で行列式の計算公式 (8.20) を使った．同様にして，積 AA^{-1} の対角成分である i 行 i 列成分 $(i=1,2,\cdots,n)$ はすべて 1 であることが示される．

積 AA^{-1} の 1 行 2 列成分は

$$\frac{1}{|A|}(a_{11}A_{21}+a_{12}A_{22}+\cdots+a_{1n}A_{2n}) \tag{8.32}$$

となるが，これがゼロであることはすぐにはわからない．そこで，行列式の性質 (7) より，2 つの行が同じだと行列式がゼロになることを使って，行列式の 1 行目と 2 行目が等しいとすると，

$$\begin{vmatrix} a_{11} & a_{12} & \cdots & a_{1n} \\ a_{11} & a_{12} & \cdots & a_{1n} \\ a_{31} & a_{32} & \cdots & a_{3n} \\ \vdots & \vdots & \ddots & \vdots \\ a_{n1} & a_{n2} & \cdots & a_{nn} \end{vmatrix} = 0 \tag{8.33}$$

となる．ここで上の行列式の2行目を使って行列式の計算公式 (8.20) を適用すると，2行目の成分の余因子が $A_{21}, A_{22}, \cdots, A_{2n}$ であることから，(8.33) の行列式の値は

$$a_{11} A_{21} + a_{12} A_{22} + \cdots + a_{1n} A_{2n}$$

で与えられ，これはゼロでなければならない．これより (8.32) がゼロとなり，積 AA^{-1} の非対角成分の1つである1行2列の成分は確かにゼロであることがわかる．

他の非対角成分も同様の仕方ですべてゼロになることが示される．こうして，(8.30) に与えられた行列が行列 A の逆行列 A^{-1} であることがわかる．

8.7 連立1次方程式

これまでに述べた行列と行列式の応用として，連立1次方程式の解法を考えてみよう．以下に示すように，行列と行列式を使うことによって，一般の連立1次方程式の解が非常にきれいに得られることがわかる．

まず，2元連立1次方程式

$$\begin{cases} a_{11} x_1 + a_{12} x_2 = b_1 \\ a_{21} x_1 + a_{22} x_2 = b_2 \end{cases} \tag{8.34}$$

をとり上げると，その解は，上の第2式で x_2 を x_1 で表して，それを第1式に代入することで容易に求められ，

$$\begin{cases} x_1 = \dfrac{b_1 a_{22} - a_{12} b_2}{a_{11} a_{22} - a_{12} a_{21}} = \dfrac{b_1 a_{22} - a_{12} b_2}{|A|} \\[2ex] x_2 = \dfrac{a_{11} b_2 - a_{21} b_1}{a_{11} a_{22} - a_{12} a_{21}} = \dfrac{a_{11} b_2 - a_{21} b_1}{|A|} \end{cases} \tag{8.35}$$

である．ここで $|A| = a_{11} a_{22} - a_{12} a_{21}$ は，(8.34) の左辺の未知数の係数か

らつくった 2 行 2 列の行列 $A=\begin{pmatrix} a_{11} & a_{12} \\ a_{21} & a_{22} \end{pmatrix}$ に対する行列式 $|A|$ の値である．そこで，この行列 A のことを 2 元連立 1 次方程式 (8.34) の**係数行列**という．

ところで，2 行 2 列の行列式の立場で (8.35) の分子をみると，それぞれ，

$$b_1 a_{22} - a_{12} b_2 = \begin{vmatrix} b_1 & a_{12} \\ b_2 & a_{22} \end{vmatrix} \tag{8.36}$$

$$a_{11} b_2 - a_{21} b_1 = \begin{vmatrix} a_{11} & b_1 \\ a_{21} & b_2 \end{vmatrix} \tag{8.37}$$

のように，行列式で表されることがわかる．しかもこれらは，それぞれ元の行列式 $|A|$ の第 1 列，第 2 列を b_1 と b_2 で置き換えた形をしている．そこで，(8.36)，(8.37) の行列式をそれぞれ $|B_1|$，$|B_2|$ とおくと，2 元連立 1 次方程式 (8.34) の解は

$$\begin{cases} x_1 = \dfrac{|B_1|}{|A|} \\[2ex] x_2 = \dfrac{|B_2|}{|A|} \end{cases} \tag{8.38}$$

のように，簡潔な形で表すことができる．

いま，

$$\begin{pmatrix} a_{11} & a_{12} \\ a_{21} & a_{22} \end{pmatrix} = A, \qquad \begin{pmatrix} x_1 \\ x_2 \end{pmatrix} = X, \qquad \begin{pmatrix} b_1 \\ b_2 \end{pmatrix} = B \tag{8.39}$$

とおいてみよう．すなわち，A は上に述べた 2 元連立 1 次方程式の係数行列であり，未知数 x_1，x_2 を 2 行 1 列の行列 X に，右辺の定数項を 2 行 1 列の行列 B においたことになる．すると，行列の積の規則から，2 元連立 1 次方程式 (8.34) は

$$AX = B \tag{8.40}$$

という非常に簡潔な形で表される．

(8.40) は直ちに n 元連立 1 次方程式

$$\begin{cases} a_{11} x_1 + a_{12} x_2 + \cdots + a_{1n} x_n = b_1 \\ a_{21} x_1 + a_{22} x_2 + \cdots + a_{2n} x_n = b_2 \\ \qquad\qquad\qquad \vdots \\ a_{n1} x_1 + a_{n2} x_2 + \cdots + a_{nn} x_n = b_n \end{cases} \tag{8.41}$$

に一般化でき，この場合にも (8.40) と全く同じ形の

$$AX = B \tag{8.42}$$

で表される．ここで A は (8.29) で与えられる n 行 n 列の行列であり，連立1次方程式 (8.41) の係数行列である．また，X と B は，それぞれ，

$$X = \begin{pmatrix} x_1 \\ x_2 \\ \vdots \\ x_n \end{pmatrix}, \qquad B = \begin{pmatrix} b_1 \\ b_2 \\ \vdots \\ b_n \end{pmatrix} \tag{8.43}$$

で与えられる n 行1列の行列である．しかも，A の逆行列 A^{-1} が存在する場合には,(8.42) の両辺で A^{-1} を左側から掛けると,逆行列の定義 (8.27) より，

$$X = A^{-1}B \tag{8.44}$$

となって，n 元連立1次方程式 (8.41) の解が直ちに求められる．

しかし，(8.44) は (8.41) の形式的な解であって，方程式の未知数がその係数 a_{ij} や定数項 b_j でどのように表されるかはすぐにはわからない．そこで，次にそれを考えてみよう．

まず，(8.44) の左辺の i 行目の要素は i 番目の未知数 x_i であり，右辺の i 行目の要素は行列の積の規則より $\sum_{j=1}^{n} (A^{-1})_{ij} b_j$ なので，n 元連立1次方程式 (8.41) の i 番目の解 x_i は

$$x_i = \sum_{j=1}^{n} (A^{-1})_{ij} b_j \tag{8.45}$$

となる．行列 A の逆行列 A^{-1} は (8.30) で与えられているので，それを使って上式右辺を書き換えると，

$$x_i = \frac{1}{|A|} \sum_{j=1}^{n} A_{ji} b_j \tag{8.46}$$

と表される．ここで A_{ji} は行列要素 a_{ji} の余因子である．上式で注意しなければならないことは，(8.30) をよくみるとわかるように，逆行列と余因子の行と列が入れ替わっていることで，$(A^{-1})_{ij}$ が A_{ji} に対応する．

いま，行列式 $|A|$ の i 列目を $b_1, b_2, \cdots, b_n$ で置き換えた行列式を $|B_i|$ $(i = 1, 2, \cdots, n)$ とおくと，行列式 $|B_i|$ は

$$|B_i| = \begin{vmatrix} a_{11} & a_{12} & \cdots & a_{1(i-1)} & b_1 & a_{1(i+1)} & \cdots & a_{1n} \\ a_{21} & a_{22} & \cdots & a_{2(i-1)} & b_2 & a_{2(i+1)} & \cdots & a_{2n} \\ \vdots & \vdots & \cdots & \vdots & \vdots & \vdots & \ddots & \vdots \\ a_{n1} & a_{n2} & \cdots & a_{n(i-1)} & b_n & a_{n(i+1)} & \cdots & a_{nn} \end{vmatrix} \tag{8.47}$$

と表される．そして (8.21) を使って，この行列式の値を i 列目の要素 $b_1, b_2, \cdots, b_n$ で展開すると，

$$|B_i| = A_{1i}\,b_1 + A_{2i}\,b_2 + \cdots + A_{ni}\,b_n = \sum_{j=1}^{n} A_{ji}\,b_j \tag{8.48}$$

となる．これを (8.46) に代入すれば，n 元連立 1 次方程式 (8.41) の i 番目の解 x_i が

$$x_i = \frac{|B_i|}{|A|} \qquad (i = 1, 2, \cdots, n) \tag{8.49}$$

という，簡潔な形で表されることがわかる．

実際，2 元連立 1 次方程式 (8.34) の場合，(8.47) で $n = 2$ とおいて $|B_1|$, $|B_2|$ を求めると，それらは (8.36) と (8.37) で与えた $|B_1|$, $|B_2|$ に一致することがわかる．したがって，(8.49) は間違いなく 2 元連立 1 次方程式の正しい解を与える．ここでのポイントは，一般の n 元連立 1 次方程式 (8.41) の解が，(8.49) のように，係数行列からつくられる行列式と係数行列の列を右辺の定数項で置き換えた行列の行列式で表されるということである．

ここはポイント!

例 題 5

2 元連立 1 次方程式

$$\begin{cases} 2x_1 + x_2 = 5 \\ -x_1 + 3x_2 = 1 \end{cases}$$

の解を，(8.49) を使って求めよ．

解 この場合の係数行列は $A = \begin{pmatrix} 2 & 1 \\ -1 & 3 \end{pmatrix}$ であり，対応する行列式は

$$|A| = \begin{vmatrix} 2 & 1 \\ -1 & 3 \end{vmatrix} = 2 \cdot 3 - 1 \cdot (-1) = 7 \tag{1}$$

となる．また，このときの行列式 $|A|$ の列を定数項で置き換えた行列式 $|B_1|$, $|B_2|$ は

$$|B_1| = \begin{vmatrix} 5 & 1 \\ 1 & 3 \end{vmatrix} = 15 - 1 = 14, \qquad |B_2| = \begin{vmatrix} 2 & 5 \\ -1 & 1 \end{vmatrix} = 2 + 5 = 7 \qquad (2)$$

となる．(1) と (2) を (8.49) の $n = 2$ の場合に代入して，

$$x_1 = \frac{|B_1|}{|A|} = \frac{14}{7} = 2, \qquad x_2 = \frac{|B_2|}{|A|} = \frac{7}{7} = 1$$

が得られ，確かに元の連立方程式を満たすことがわかる．

問題 20 2 元連立 1 次方程式

$$\begin{cases} 2x_1 - 3x_2 = 2 \\ x_1 + 4x_2 = 12 \end{cases}$$

の解を，(8.49) を使って求めよ．

8.8 行列の固有値と固有ベクトル

本節では，行列と行列式のもう 1 つの応用として，行列の固有値と固有ベクトルをとり上げる．これは，これから物理学や工学を学ぶ際に必要となる話題である．

前節の (8.43) で与えられた X や B は n 行 1 列の行列とみなして議論してきた．しかし，これらは n 個の数を並べたものなので，ベクトルとみなすこともできる．ただし，通常のベクトルは横に並べるので，(8.43) のように縦に並べた場合を特に**列ベクトル**という．

いま，$A = (a_{ij})$ を (8.29) で与えられる n 行 n 列の行列，X を (8.43) で与えられる n 次元列ベクトルとするとき，n 元連立 1 次方程式

$$AX = \lambda X \qquad (8.50)$$

を考えてみる．ここで，λ はこの方程式から決められる定数である．

n 元連立 1 次方程式 (8.42) では，行列 A と列ベクトル B が与えられていて，列ベクトル X を求めることが問題であった．要は，連立方程式を解くだけのことで，行列と行列式を使うと，その解が (8.44) あるいは (8.49) のように，形式的に見事に表されるということであって，問題意識は単純そのものである．しかし，(8.50) では行列 A だけが与えられていて，数値 λ と列

ここはポイント!

ベクトル X を求めるという，全く新しい問題であることに注意しよう．その意味で，λ と X は行列 A だけによって決まる，A に固有な量とみなされ，それぞれ，**固有値**，**固有ベクトル**とよばれる．

(8.50) だけをみていても，それが現実の物理現象とどのような関係があるのかさっぱりわからず，単なる数学的な問題にすぎないと思われるかもしれない．確かに，日常的な現象を記述する力学，電磁気学，熱力学などには，(8.50) が活躍する問題は現れない．しかし，物質中の電子などが活躍するミクロな世界では事情が一変して，量子力学が物理的な現象を記述するのである．しかも現代社会では，各種家電製品，テレビ，ラジオ，パソコン，携帯電話，スマートフォンなどのない生活は考えられない．これらすべてに，私たちには直接みえない電子が量子力学に従って活躍している．この量子力学によれば，電子などの粒子がもつ位置や運動量，角運動量などの物理量が行列 A で，粒子がとる状態が列ベクトル X で表され，測定したときに粒子が具体的に示す物理量の値が λ であるという仕組みをとる．その意味で，一見無味乾燥で現実味のなさそうにみえる (8.50) は，現代の理工学にとって非常に重要な問題なのである．

(8.50) の左辺を書き下すと，(8.41) の n 個の左辺になる．すなわち，行列 A が列ベクトル X の左から作用すると，その結果としてできる列ベクトルは

$$AX = \begin{pmatrix} a_{11}x_1 + a_{12}x_2 + \cdots + a_{1n}x_n \\ a_{21}x_1 + a_{22}x_2 + \cdots + a_{2n}x_n \\ \vdots \\ a_{n1}x_1 + a_{n2}x_2 + \cdots + a_{nn}x_n \end{pmatrix} \tag{8.51}$$

となって，この列ベクトルの成分は元の列ベクトル X の各成分が混じり合うことになる．方程式 (8.50) の意味するところは，「A が左から X に作用しても成分の混じり合いが起こらず，単に X の λ 倍になるような，特別な列ベクトル X と数値 λ を探しなさい」ということである．

(8.50) の右辺を左辺に移項してまとめると，

$$(A - \lambda I)X = 0 \tag{8.52}$$

となる．ここで I は n 行 n 列の単位行列である．λ は単なる数値にすぎない

ので，それを行列 A と同格に並べることはできず，左辺のように λI とおかなければならない．実際，単位行列の性質から $IX = X$ であり，これを使うと (8.52) から容易に (8.50) が再現できる．

(8.52) を普通の連立方程式の形で表すと，

$$\begin{cases} (a_{11}-\lambda)x_1 + a_{12}x_2 + \cdots + a_{1n}x_n = 0 \\ a_{21}x_1 + (a_{22}-\lambda)x_2 + \cdots + a_{2n}x_n = 0 \\ \qquad\vdots \\ a_{n1}x_1 + a_{n2}x_2 + \cdots + (a_{nn}-\lambda)x_n = 0 \end{cases} \tag{8.53}$$

となる．λ の値がわかっているものとすると，(8.53) は n 元連立 1 次方程式 (8.41) で右辺の定数項がすべてゼロの場合になり，(8.47) の行列式 $|B_i|$ の i 列目の要素がすべてゼロであって，行列式の性質 (3) より $|B_i| = 0$ となる．したがって，もし (8.53) の係数からつくられる行列式がゼロでなければ，n 元連立 1 次方程式の解 (8.49) より，(8.53) の解は

$$x_i = 0 \qquad (i = 1, 2, \cdots, n) \tag{8.54}$$

というつまらない結果が得られる．このような大げさなことをいわなくても，(8.54) が (8.53) の解であることは明らかであろう．

しかし，もし n 元連立 1 次方程式 (8.53) の係数からつくられる行列式がゼロであれば，(8.53) の解は (8.49) のようにはっきりとは決まらないけれども，解が不定という形で，ともかくゼロでない解が存在することになる．したがって，この場合の解の存在条件は (8.53) の係数からつくられる行列式がゼロであり，

$$\begin{vmatrix} a_{11}-\lambda & a_{12} & \cdots & a_{1n} \\ a_{21} & a_{22}-\lambda & \cdots & a_{2n} \\ \vdots & \vdots & \ddots & \vdots \\ a_{n1} & a_{n2} & \cdots & a_{nn}-\lambda \end{vmatrix} = 0 \tag{8.55}$$

と表される．

これは λ についての n 次方程式であり，その解 λ_i $(i = 1, 2, \cdots, n)$ を (8.50) の**固有値**という．そして，それぞれの固有値 λ_i $(i = 1, 2, \cdots, n)$ に対して，(8.50) の形の**固有値方程式**

$$AX_i = \lambda_i X_i \qquad (i = 1, 2, \cdots, n) \tag{8.56}$$

は，すべての成分がゼロという自明な解以外に，自明でなくて意味のある解 X_i をもつ．

(8.55) の左辺は n 元連立 1 次方程式 (8.53) の係数からつくられる係数行列式である．したがって，固有値 λ を求めるための方程式 (8.55) は，(8.52) の係数行列からつくった行列式より，

$$|A-\lambda I|=0 \tag{8.57}$$

という簡潔な形で表すことができる．これを，固有値 λ を決めるための**特性方程式**という．

例題 6

行列 $A=\begin{pmatrix}4 & -3\\ 2 & -1\end{pmatrix}$ の固有値と固有ベクトルを求めよ．

解 この行列の固有値 λ を求めるための特性方程式は (8.57) より，

$$\begin{vmatrix}4-\lambda & -3\\ 2 & -1-\lambda\end{vmatrix}=(4-\lambda)(-1-\lambda)+6=\lambda^2-3\lambda+2=(\lambda-1)(\lambda-2)=0$$

となって，固有値として

$$\lambda_1=1, \qquad \lambda_2=2$$

の 2 つが得られる．

このときの固有値方程式は，(8.56) で $A=\begin{pmatrix}4 & -3\\ 2 & -1\end{pmatrix}$ とおいて具体的に書き下すと，固有値を λ として，

$$\begin{cases}(4-\lambda)x_1-3x_2=0\\ 2x_1-(1+\lambda)x_2=0\end{cases} \tag{1}$$

である．ここで，固有値として $\lambda=\lambda_1=1$ をとると，(1) は

$$\begin{cases}3x_1-3x_2=0\\ 2x_1-2x_2=0\end{cases}$$

となり，2 式は共に $x_1=x_2$ を与えるだけである．すなわち，列ベクトル $X=\begin{pmatrix}x_1\\ x_2\end{pmatrix}$ の関係が決まるだけで，それぞれの値は決まらない．これが (8.53) で自明でない解が存在するための不定の条件なのである．

こうして，固有値 $\lambda=\lambda_1=1$ の固有ベクトル X_1 は

$$X_1=\begin{pmatrix}x_1\\ x_2\end{pmatrix}=\begin{pmatrix}x_1\\ x_1\end{pmatrix}=x_1\begin{pmatrix}1\\ 1\end{pmatrix}$$

となって，x_1 をどのような値にするかという不定性が残る．これはもともとの(8.50) で X を定数倍しても方程式の形が変わらないことからきているので，最も簡単な形にするという約束をしておき，

$$X_1 = \begin{pmatrix} x_1 \\ x_2 \end{pmatrix} = \begin{pmatrix} 1 \\ 1 \end{pmatrix}$$

とおけばよい．

同様にして，固有値として $\lambda = \lambda_2 = 2$ とすると，(1) は

$$\begin{cases} 2x_1 - 3x_2 = 0 \\ 2x_1 - 3x_2 = 0 \end{cases}$$

となり，方程式はやはり不定であって，$2x_1 = 3x_2$ という関係式が得られる．この場合の固有値 $\lambda = \lambda_2 = 2$ の固有ベクトル X_2 としては

$$X_1 = \begin{pmatrix} x_1 \\ x_2 \end{pmatrix} = \begin{pmatrix} 3 \\ 2 \end{pmatrix}$$

とすればよい．

問 題 21　行列 $A = \begin{pmatrix} -2 & 6 \\ 1 & 3 \end{pmatrix}$ の固有値と固有ベクトルを求めよ．

8.9　まとめとポイントチェック

本章では，なじみ深い普通の数の拡張として，数を並べてできる行列を導入し，その加減算や乗算などの演算の仕方について述べた．また，行列には転置行列，正方行列，単位行列など，いろいろな種類があり，応用の世界が広がる．

続いて，正方行列に対応して行列式が導入された．行列式は特有の仕方で計算される数値であって，その計算法に由来する特別な性質をもっていることも述べた．行列と行列式の基本的な性質を知った上で，それらの応用として，連立１次方程式の解法と，行列の固有値と固有ベクトルの基礎的な事柄を述べた．特に後者は，現代の理工学において最も重要な柱である量子力学を理解するための基礎となる．

ポイントチェック

- □ 行列とは何かがわかった.
- □ 行列の加減算と乗算の仕方が理解できた.
- □ いろいろな種類の行列があることがわかった.
- □ 単位行列とはどんなものかがわかった.
- □ 行列式とは何かがわかった.
- □ 2 行 2 列や 3 行 3 列の行列式の計算の仕方がわかった.
- □ 一般の行列式の系統的な計算方法があることがわかった.
- □ 行列式には計算に便利ないろいろな性質があることがわかった.
- □ 逆行列の意味が理解できた.
- □ 連立 1 次方程式を解くのに行列と行列式が応用できることがわかった.
- □ 正方行列には固有値と固有ベクトルがあることがわかった.

あとがき

筆者が高校生活を終えて大学に入り立ての頃，将来の進路として数学科も念頭に入れていた．理学系，工学系のどの学科に進むかは2年生の後期に決まるので，入学の頃には選択の余地がいろいろとあったからである．しかし，入学後の授業が始まって，大学での数学の講義が高校時代のそれとあまりにも大きな差があることに驚かされてしまった．何とか理解してついていくことさえ難しいことに愕然としたのを，50年以上経ったいまでもよく覚えている．与えられた数学の問題を解くことはできても，数学的な考え方にはあまりにも未熟だったのである．

それ以来，数学を将来の進路とすることは諦めてしまった．だからといって，数学の勉強を止めてしまったわけではない．これまで折に触れて，その時々に自分がやっていることの必要に応じて，数学を勉強してきたし，現在でも続けている．すなわち，数学そのものを専門とすることは諦めても，自分がしている仕事の助けとしての数学は決して捨てられなかった．端的にいって，数学は道具であると考えることにすると，これほど重要な道具は他にないと思われてくるのである．

本書は，大学初年級の読者が，数学科以外の理工学のどの分野にせよ，それを学ぶ際に必要なごく基礎的な数学を解説するために書いたテキストである．いってみれば，数学を道具とみなして，道具箱の中のいろいろな道具を示して，それぞれの使い方をわかりやすく記した解説書のようなものである．したがって，本書を読み終わって物足りなく感じる読者も多いであろう．そのような読者は，当然，より本格的なテキストに挑戦すべきである．その場合に，まずは拙著『物理数学』(裳華房) に進むことをお勧めする．特に本書では扱わなかった複素関数論，フーリエ解析は，このテキストでわかりやすく解説したからである．これらは，理工学系で高学年になるにつれて必須とされるテーマである．意欲のある読者はぜひ参考にしていただきたい．

問 題 解 答

すべての問題は直前の本文の内容か，その前にある例題に関係したものばかりである．したがって，もしわからなかったり間違えたりした場合には，本文の関連した部分や直前の例題の説明に戻って，じっくりと考え直してみるとよい．

第1章

[問題1]

（1） $3x^2+10x+4$ （2） $4x^3+16x$ （3） $5x^4$

☞ 微分公式 (1.3) に関する演習問題である．

[問題2] 例題2と同様に考えればよい．図1.2で，三角関数の定義を使って

$$\overline{\mathrm{OH}}=\overline{\mathrm{OA}}\cos x=r\cos x,\qquad \overline{\mathrm{OI}}=\overline{\mathrm{OB}}\cos(x+\varDelta x)=r\cos(x+\varDelta x)$$

なので，

$$\overline{\mathrm{OH}}-\overline{\mathrm{OI}}=\overline{\mathrm{IH}}=r\cos x-r\cos(x+\varDelta x) \qquad (1)$$

ところが，△ABJ で ∠ABJ $=x$，$\overline{\mathrm{AB}}\cong r\varDelta x$ であることを使って，

$$\overline{\mathrm{IH}}=\overline{\mathrm{AJ}}=\overline{\mathrm{AB}}\sin x\cong r\varDelta x\sin x \qquad (2)$$

(2) を (1) に代入して整理すると

$$\cos(x+\varDelta x)-\cos x=-\varDelta x\sin x$$

これを微分の定義 (1.2) に代入して

$$\frac{d}{dx}\cos x=-\sin x$$

が得られる．

[問題3] 図1.2の△OAB で $\overline{\mathrm{OA}}=\overline{\mathrm{OB}}=r$ であり ∠AOB $=\varDelta x$ が微小なので，∠OAB $=\pi/2$ とみなされる．したがって，三角関数の定義より，

$$\overline{\mathrm{AB}}=\overline{\mathrm{OB}}\sin\varDelta x=r\sin\varDelta x \qquad (1)$$

他方で，$\overline{\mathrm{AB}}$ は O を中心とする半径 r の円の微小な円弧ともみなされ，$\overline{\mathrm{AB}}\cong\overset{\frown}{\mathrm{AB}}=r\varDelta x$ であり，これを (1) に代入して，

$$\sin\varDelta x\cong\varDelta x$$

が得られる．同様にして，

$$\overline{\mathrm{OA}}=\overline{\mathrm{OB}}\cos\varDelta x=r\cos\varDelta x$$

であり，他方で $\overline{\mathrm{OA}}$ は半径 r に等しいことから，

$$\cos\varDelta x\cong 1$$

が導かれる．

[問題 4]

（1）　$\dfrac{d}{dx}(x^2 \cos x) = 2x \cos x - x^2 \sin x$

（2）　$\dfrac{d}{dx}(\sin x \cos x) = \cos^2 x - \sin^2 x = \cos 2x$

（3）　$\dfrac{d}{dx}(\cos^2 x) = -\sin x \cos x - \sin x \cos x = -2 \sin x \cos x = -\sin 2x$

☞　関数の積の微分公式 (1.9) の演習問題であり，例題 3 と同様に計算すればよい．

[問題 5]

（1）　$\dfrac{d}{dx}\left(\dfrac{x}{x^2+2x+2}\right) = \dfrac{(x^2+2x+2) - x(2x+2)}{(x^2+2x+2)^2} = \dfrac{-x^2+2}{(x^2+2x+2)^2}$

（2）　$\dfrac{d}{dx}\left(\dfrac{1}{\cos x}\right) = \dfrac{\sin x}{\cos^2 x}$

（3）　$\dfrac{d}{dx}(\cot x) = \dfrac{d}{dx}\left(\dfrac{\cos x}{\sin x}\right) = \dfrac{-\sin^2 x - \cos^2 x}{\sin^2 x} = -\dfrac{1}{\sin^2 x}$

（4）　$\dfrac{d}{dx}\left(\dfrac{1}{x^5}\right) = \dfrac{dx^{-5}}{dx} = -5x^{-6}$

☞　2 つの関数の商（割り算）の微分公式 (1.11)，(1.12) の演習問題であり，例題 4，5 と同様に計算すればよい．

[問題 6]

（1）　$\dfrac{d}{dx}\sqrt{x} = \dfrac{d}{dx}x^{1/2} = \dfrac{1}{2}x^{-1/2} = \dfrac{1}{2\sqrt{x}}$　　（2）　$\dfrac{d}{dx}x^{3/2} = \dfrac{3}{2}x^{1/2} = \dfrac{3}{2}\sqrt{x}$

（3）　$\dfrac{d}{dx}\left(\dfrac{1}{\sqrt{x}}\right) = \dfrac{d}{dx}x^{-1/2} = -\dfrac{1}{2}x^{-3/2}$　　（4）　$\dfrac{d}{dx}x^{-5/3} = -\dfrac{5}{3}x^{-8/3}$

☞　べき関数の微分公式 (1.15) の演習問題である．

[問題 7]

（1）　$u = ax + b$ とおいて，

$$\frac{d}{dx}\cos(ax+b) = \frac{d\cos u}{du}\frac{d}{dx}(ax+b) = -a\sin u = -a\sin(ax+b)$$

となる．

（2）　$u = x^2 + 1$ とおいて，

$$\frac{d}{dx}\sqrt{x^2+1} = \frac{d\sqrt{u}}{du}\frac{d}{dx}(x^2+1) = 2x\left(\frac{1}{2}u^{-1/2}\right) = \frac{x}{\sqrt{x^2+1}}$$

となる．

（3）　$u = x^2 + 2$ とおいて，

$$\frac{d}{dx}(x^2+2)^{1/3} = \frac{du^{1/3}}{du}\frac{d}{dx}(x^2+2) = 2x\left(\frac{1}{3}u^{-2/3}\right) = \frac{2}{3}\frac{x}{(x^2+2)^{2/3}}$$

となる．

（4） $u = \dfrac{x-a}{x+a}$ とおいて，

$$\frac{d}{dx}\sqrt{\frac{x-a}{x+a}} = \frac{d\sqrt{u}}{du}\frac{d}{dx}\left(\frac{x-a}{x+a}\right) = \left(\frac{1}{2}u^{-1/2}\right)\left(\frac{2a}{(x+a)^2}\right) = \frac{a}{(x+a)^2}\sqrt{\frac{x+a}{x-a}}$$

となる．

☞ 合成関数の微分公式 (1.16) の演習問題である．

[問題 8]

（1） $\dfrac{d}{dx}\sin(ax+b) = a\cos(ax+b)$

$$\therefore\ \frac{d^2}{dx^2}\sin(ax+b) = \frac{d}{dx}\frac{d}{dx}\sin(ax+b) = \frac{d}{dx}\{a\cos(ax+b)\}$$
$$= -a^2\sin(ax+b)$$

（2） $\dfrac{d}{dx}\cos(ax+b) = -a\sin(ax+b)$

$$\therefore\ \frac{d^2}{dx^2}\cos(ax+b) = -a\frac{d}{dx}\sin(ax+b) = -a^2\cos(ax+b)$$

（3） $\dfrac{d}{dx}(x^2+1) = 2x,\quad \therefore\ \dfrac{d^2}{dx^2}(x^2+1) = \dfrac{d}{dx}(2x) = 2$

（4） $\dfrac{d}{dx}\sqrt{x} = \dfrac{1}{2}x^{-1/2},\quad \therefore\ \dfrac{d^2}{dx^2}\sqrt{x} = \dfrac{1}{2}\dfrac{d}{dx}x^{-1/2} = -\dfrac{1}{4}x^{-3/2}$

（5） $\dfrac{d}{dx}x\sin x = \sin x + x\cos x$

$$\therefore\ \frac{d^2}{dx^2}x\sin x = \frac{d}{dx}(\sin x + x\cos x) = \cos x + \cos x - x\sin x$$
$$= 2\cos x - x\sin x$$

☞ 与えられた関数を2度微分すればよい．

[問題 9] $f(x) = \dfrac{1}{1+x}$ とおいて，$f(0) = 1$．$f'(x) = \dfrac{-1}{(1+x)^2} = -(1+x)^{-2}$ なので，$f'(0) = -1$．微分を次々に繰り返すと，

$$f''(x) = 2!(1+x)^{-3},\quad f^{(3)}(x) = -3!(1+x)^{-4},\quad \cdots,$$
$$f^{(n)}(x) = (-1)^n n!(1+x)^{-n-1},\quad \cdots$$

となり，$f''(0) = 2!$，$f^{(3)}(0) = -3!$，$\cdots$，$f^{(n)}(0) = (-1)^n n!$，$\cdots$．これを (1.28) に代入すると，

$$\frac{1}{1+x} = 1 - x + x^2 - x^3 + \cdots + (-1)^n x^n + \cdots = \sum_{n=0}^{\infty}(-1)^n x^n$$

が得られる．

☞ 例題 8 と同じようにすればよい．

[問題 10]　$f(0) = \cos 0 = 1$．次に，$f'(x) = -\sin x$ なので，$f'(0) = 0$．さらに微分を次々に繰り返していくと，

$$f^{(2)}(x) = -\cos x,\quad f^{(3)}(x) = \sin x,\quad f^{(4)}(x) = \cos x,\quad f^{(5)}(x) = -\sin x,$$
$$f^{(6)}(x) = -\cos x,\quad f^{(7)}(x) = \sin x,\quad f^{(8)}(x) = \cos x,\quad f^{(9)}(x) = -\sin x,\quad \cdots$$

となる．これより

$$f(0) = f^{(4)}(0) = f^{(8)}(0) = \cdots = 1$$
$$f^{(2)}(0) = f^{(6)}(0) = f^{(10)}(0) = \cdots = -1$$
$$f^{(1)}(0) = f^{(3)}(0) = f^{(5)}(0) = f^{(7)}(0) = f^{(9)}(0) = \cdots = 0$$

である．これをまとめると，

$$f^{(2n)}(0) = (-1)^n, \qquad f^{(2n+1)}(0) = 0$$

と表すことができる．

以上の結果を (1.28) に代入すると，sin x のテイラー展開として

$$\cos x = 1 - \frac{1}{2!}x^2 + \frac{1}{4!}x^4 - \frac{1}{6!}x^6 + \frac{1}{8!}x^8 - \frac{1}{10!}x^{10} + \cdots = \sum_{n=0}^{\infty} \frac{(-1)^n}{(2n)!}x^{2n}$$

が得られる．これより，x が微小量のときの近似式

$$\cos x \cong 1$$

が成り立ち，これは問題 3 で幾何学的に求めた近似式 (1.6) の 1 つである．

☞ 例題 9 と同じようにすればよい．

[問題 11]　$f(x) = \sin x$ とおくと，$f'(x) = \cos x$，$f''(x) = -\sin x$，$f'''(x) = -\cos x$，$f^{(4)}(x) = \sin x$．同様に，$f(x) = \cos x$ とおくと，$f'(x) = -\sin x$，$f''(x) = -\cos x$，$f'''(x) = \sin x$，$f^{(4)}(x) = \cos x$ となり，$\sin x$，$\cos x$ は共に 4 度微分すると，それぞれ元の $\sin x$，$\cos x$ になる．

[問題 12]

（1）$\dfrac{d}{dx}e^{2x+3} = 2e^{2x+3}$　　（2）$\dfrac{d}{dx}(xe^{3x}) = e^{3x} + 3xe^{3x} = (3x+1)e^{3x}$

（3）$\dfrac{d}{dx}(x^2 e^{-x}) = 2xe^{-x} - x^2 e^{-x} = -x(x-2)e^{-x}$

（4）$\dfrac{d}{dx}e^{\sin x} = e^{\sin x}\cos x$

（5）$\dfrac{d}{dx}(e^{ax}\cos bx) = ae^{ax}\cos bx - be^{ax}\sin bx = e^{ax}(a\cos bx - b\sin bx)$

☞ 関数の積の微分公式 (1.9)，合成関数の微分公式 (1.16)，および指数関数の微分公式 (1.44) に関する演習問題である．例題 10 を参考にすればよい．

[問題 13]

(1) $\dfrac{d}{dx}\log(x^2+1)=\dfrac{2x}{x^2+1}$

(2) $\dfrac{d}{dx}(x\log x)=\log x+x\dfrac{1}{x}=\log x+1$

(3) $$\begin{aligned}\frac{d}{dx}\{x^2\log(x^2+2)\}&=2x\log(x^2+2)+x^2\frac{2x}{x^2+2}\\&=2x\log(x^2+2)+\frac{2x^3}{x^2+2}\end{aligned}$$

☞ 関数の積の微分公式 (1.9), 合成関数の微分公式 (1.16) および対数関数の微分公式 (1.52) に関する演習問題である. 例題 11 を参考にすればよい.

[問題 14] 対数関数 $y=\log_a x$ は指数関数 (1.53) の逆関数なので, この式で x と y をとり換えた $x=a^y$ を満たす. この式の両辺を x で微分すると, 合成関数の微分公式 (1.16) と (1.55) を使って,

$$1=\frac{d}{dx}a^y=\frac{da^y}{dy}\frac{dy}{dx}=a^y\log a\frac{dy}{dx}=x\log a\frac{dy}{dx}$$

$$\therefore\quad \frac{dy}{dx}=\frac{d}{dx}\log_a x=\frac{1}{x\log a}$$

となる.

[問題 15] (1.61) と, この式で θ を $-\theta$ に置き換えた式を示すと,

$$e^{i\theta}=\cos\theta+i\sin\theta\quad(1)\qquad e^{-i\theta}=\cos\theta-i\sin\theta\quad(2)$$

である. ただし, (2) で $\cos\theta$ が偶関数 ($\cos(-\theta)=\cos\theta$), $\sin\theta$ が奇関数 ($\sin(-\theta)=-\sin\theta$) であることを使った. (1) と (2) を連立させて, $\cos\theta$, $\sin\theta$ について解けば, 容易に

$$\cos\theta=\frac{1}{2}(e^{i\theta}+e^{-i\theta}),\qquad \sin\theta=\frac{1}{2i}(e^{i\theta}-e^{-i\theta})$$

が導かれる.

[問題 16] (1.65) の第 1 式の両辺を 2 乗すると,

$$\cos^2\theta=\frac{1}{4}(e^{i2\theta}+2e^{i\theta}e^{-i\theta}+e^{-i2\theta})=\frac{1}{4}\left(2e^{i\theta-i\theta}+2\frac{e^{i2\theta}+e^{-i2\theta}}{2}\right)=\frac{1}{2}(1+\cos 2\theta)$$

最後の式の変形で, (1.65) の第 1 式の θ を 2θ とした式を使った.

同様にして, (1.65) の第 2 式の両辺を 2 乗すると, $i^2=-1$ に注意して,

$$\begin{aligned}\sin^2\theta&=-\frac{1}{4}(e^{i2\theta}-2e^{i\theta}e^{-i\theta}+e^{-i2\theta})=-\frac{1}{4}\left(-2+2\frac{e^{i2\theta}+e^{-i2\theta}}{2}\right)\\&=\frac{1}{2}(1-\cos 2\theta)\end{aligned}$$

となる.

第2章

［問題1］ 図のように，直線 $y = x$ と x 軸の0から x との間の面積は $x \cdot x/2 = x^2/2$ であり，積分定数を除いて x の不定積分 (2.14) と一致する．

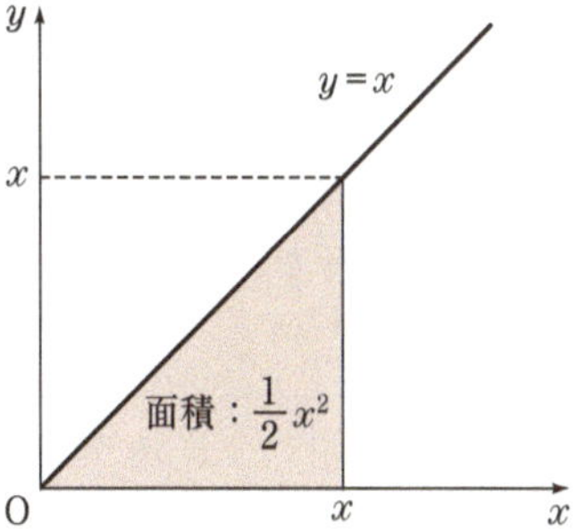

［問題2］ 微分すると x^2 になる関数は $x^3/3$ なので，不定積分は

$$\int x^2\, dx = \frac{1}{3}x^3 + C$$

となる．また，その定積分は (2.11) より

$$\int_3^6 x^2\, dx = \left[\frac{1}{3}x^3\right]_3^6 = 72 - 9 = 63$$

となる．

［問題3］ 多項式の各項を積分して加えればよい．

$$\int (x^3 + 4x^2 + 3x + 2)\, dx = \frac{1}{4}x^4 + \frac{4}{3}x^3 + \frac{3}{2}x^2 + 2x + C$$

［問題4］ (2.15) でそれぞれ，$a = 1/2$，$2/3$ とおけばよい．

$$\int \sqrt{x}\, dx = \frac{2}{3}x^{3/2} + C, \qquad \int x^{2/3}\, dx = \frac{3}{5}x^{5/3} + C$$

［問題5］ (2.16) ～ (2.18) より

（1） $\displaystyle\int \sin 2x\, dx = -\frac{1}{2}\cos 2x + C$，　（2） $\displaystyle\int \cos 3x\, dx = \frac{1}{3}\sin 3x + C$，

（3） $\displaystyle\int e^{5x}\, dx = \frac{1}{5}e^{5x} + C$

となる．

［問題6］ (1.73) において両辺を $\log a$ で割るとわかるように，$a^x / \log a$ を微分すると a^x が得られることから

$$\int a^x\,dx = \frac{1}{\log a}a^x + C$$

となる．

[問題 7]

（1） $\displaystyle\int_1^{10}\frac{1}{x}\,dx = [\log|x|]_1^{10} = \log 10 - \log 1 = \log 10$

（2） $\displaystyle\int_{-5}^{-2}\frac{1}{x}\,dx = [\log|x|]_{-5}^{-2} = \log 2 - \log 5$

本文(2.22)の下で注意したように，確かに(2)の問題では結果が負になっている．

☞ 不定積分(2.22)の演習問題である．

[問題 8]

（1） $x+2=t$ とおくと，$x=t-2$，$dx=dt$ である．(2.26)より

$$\int(x+2)^3\,dx = \int t^3\,dt = \frac{1}{4}t^4 + C = \frac{1}{4}(x+2)^4 + C$$

となる．

（2） $3x+1=t$ とおくと，$x=(t-1)/3$，$dx=dt/3$ である．(2.26)より

$$\int\frac{1}{3x+1}\,dx = \int\frac{1}{t}\frac{1}{3}\,dt = \frac{1}{3}\int\frac{1}{t}\,dt = \frac{1}{3}\log|t| + C = \frac{1}{3}\log|3x+1| + C$$

となる．

（3） $2x-3=t$ とおくと，$x=(t+3)/2$，$dx=dt/2$ である．(2.26)より

$$\int\sin(2x-3)\,dx = \frac{1}{2}\int\sin t\,dt = -\frac{1}{2}\cos t + C = -\frac{1}{2}\cos(2x-3) + C$$

となる．

☞ 例題1と同じように計算すればよい．

[問題 9] $f(x)=t$ とおくと，(2.25)より $dt=f'(x)\,dx$ である．これらを(2.29)の左辺に代入し，不定積分(2.23)を使うと，

$$\int\frac{f'(x)}{f(x)}\,dx = \int\frac{1}{t}\,dt = \log|t| + C = \log|f(x)| + C$$

となる．

☞ 例題2と同じように計算すればよい．

[問題 10]

（1） $\sqrt{x^2+3}=t$ とおくと，$x^2+3=t^2$．これより，$2x\,dx=2t\,dt$，$\therefore\ x\,dx = t\,dt$.

$$\therefore\ \int x\sqrt{x^2+3}\,dx = \int t^2\,dt = \frac{1}{3}t^3 + C = \frac{1}{3}(x^2+3)^{3/2} + C$$

（2） $\sqrt{x^2+1}=t$ とおくと，$x^2+1=t^2$．これより，$x^2=t^2-1$，$\therefore\ x\,dx =$

$t\,dt$.

$$\therefore\quad \int x^3\sqrt{x^2+1}\,dx=\int x^2\sqrt{x^2+1}\,x\,dx=\int (t^2-1)t^2\,dt=\int (t^4-t^2)\,dt$$
$$=\frac{1}{5}t^5-\frac{1}{3}t^3+C=\frac{1}{5}(x^2+1)^{5/2}-\frac{1}{3}(x^2+1)^{3/2}+C$$

(3) $x^2=t$ とおくと，$2x\,dx=dt$，$\therefore\quad x\,dx=dt/2$

$$\therefore\quad \int xe^{x^2}\,dx=\frac{1}{2}\int e^t\,dt=\frac{1}{2}e^t+C=\frac{1}{2}e^{x^2}+C$$

☞ 例題 3 を参考にして計算すればよい.

[問題 11]

(1) $x^2+2=t$ とおくと，$2x\,dx=dt$. 積分範囲は $x=1$ のときに $t=3$，$x=3$ のときに $t=11$ なので，

$$\int_1^3 x\sin(x^2+2)\,dx=\frac{1}{2}\int_3^{11}\sin t\,dt=\frac{1}{2}[-\cos t]_3^{11}=\frac{\cos 3-\cos 11}{2}$$

となる.

(2) $\sqrt{x+3}=t$ とおくと，$x+3=t^2$，$\therefore\quad dx=2t\,dt$. 積分範囲は $x=1$ のときに $t=\sqrt{1+3}=2$，$x=6$ のときに $t=\sqrt{6+3}=3$ なので，

$$\int_1^6 \frac{x}{\sqrt{x+3}}\,dx=2\int_2^3\frac{t^2-3}{t}\,t\,dt=2\int_2^3(t^2-3)\,dt=2\left[\frac{1}{3}t^3-3t\right]_2^3=\frac{20}{3}$$

となる.

(3) $x^2/2=t$ とおくと，$x\,dx=dt$. 積分範囲は $x=0$ のときに $t=0$，$x=2$ のときに $t=2$ なので，

$$\int_0^2 xe^{-x^2/2}\,dx=\int_0^2 e^{-t}\,dt=[-e^{-t}]_0^2=1-e^{-2}$$

となる.

☞ 例題 4 を参考にして計算すればよい.

[問題 12]

(1) $f(x)=x$，$g'(x)=e^{-x}$ とおくと，$f'(x)=1$，$g(x)=-e^{-x}$ なので，(2.30) より

$$\int xe^{-x}\,dx=-xe^{-x}+\int e^{-x}\,dx=-xe^{-x}-e^{-x}+C=-(x+1)e^{-x}+C$$

となる.

(2) $f(x)=x^2$，$g'(x)=e^{-x}$ とおくと，$f'(x)=2x$，$g(x)=-e^{-x}$ なので，(2.30) より

$$\int x^2e^{-x}\,dx=-x^2e^{-x}+2\int xe^{-x}\,dx=-x^2e^{-x}-2(x+1)e^{-x}+C$$
$$=-(x^2+2x+2)e^{-x}+C$$

となる.

（3） $f(x) = x$, $g'(x) = \sin x$ とおくと, $f'(x) = 1$, $g(x) = -\cos x$ なので, (2.30) より

$$\int x \sin x \, dx = -x \cos x + \int \cos x \, dx = -x \cos x + \sin x + C$$

となる.

いずれの場合も, 結果を微分すると被積分関数になることを確かめよ.

☞ 例題5と同じようにして計算すればよい.

[問題13] $f(x) = \log x$, $g'(x) = x$ とおくと, $f'(x) = 1/x$, $g(x) = x^2/2$ であり, (2.30) より

$$\int x \log x \, dx = \frac{1}{2} x^2 \log x - \frac{1}{2}\int \frac{1}{x} x^2 \, dx = \frac{1}{2} x^2 \log x - \frac{1}{2}\int x \, dx$$
$$= \frac{1}{2} x^2 \log x - \frac{1}{4} x^2 + C$$

となる.

☞ 例題6を参考にして考えればよい.

[問題14]

（1） この場合は, 問題12の（2）の結果を使って,

$$\int_0^\infty x^2 e^{-x} \, dx = -\left[(x^2 + 2x + 2) e^{-x}\right]_0^\infty = -0 + 2 = 2$$

ここでも, x が増すとき, x の多項式よりも指数関数 e^x がはるかに速く増大するので, xe^{-x} や $x^2 e^{-x}$ が x の無限大の極限でゼロになることを使った.

（2） $f(x) = x - 1$, $g'(x) = (x-2)^2$ とおくと, $f'(x) = 1$, $g(x) = (x-2)^3/3$ なので, (2.31) より

$$\int_1^2 (x-1)(x-2)^2 \, dx = \frac{1}{3}\left[(x-1)(x-2)^3\right]_1^2 - \frac{1}{3}\int_1^2 (x-2)^3 \, dx$$
$$= -\frac{1}{12}\left[(x-2)^4\right]_1^2 = \frac{1}{12}$$

となる.

（3） この場合は, 問題12の（3）の結果を使って,

$$\int_0^{\pi/2} x \sin x \, dx = \left[-x \cos x + \sin x\right]_0^{\pi/2} = (-0 + 1) - (-0 + 0) = 1$$

となる.

☞ 例題7と同じようにして計算すればよい.

[問題15] 例題8と同じように, ただし, 積分の順序を変えて計算する. x を固定して y について0から1まで積分する場合,

$$\iint_D (x+y)\,dx\,dy = \int_0^1 \left\{\int_0^1 (x+y)\,dy\right\} dx \qquad (1)$$

と表される．｛　｝内の積分では x が固定されていて定数とみなされるので，

$$\int_0^1 (x+y)\,dy = \left[xy + \frac{1}{2}y^2\right]_0^1 = x + \frac{1}{2}$$

となる．これを (1) の右辺に代入すると，

$$\iint_D (x+y)\,dx\,dy = \int_0^1 \left(x + \frac{1}{2}\right) dx = \left[\frac{1}{2}x^2 + \frac{1}{2}x\right]_0^1 = \frac{1}{2} + \frac{1}{2} = 1$$

となって，確かに例題 8 の解の結果と一致する．

［問題 16］ 与えられた領域 D にわたって積分するのに，まず y を固定して x について積分する．そのためには，x の積分範囲を決めなければならない．領域 D の境界の斜線部分は直線 $y = 1 - x$ なので，x の積分範囲は 0 から $1 - y$ である（図を描いてみよ）．したがって，与えられた積分は

$$\iint_D xy\,dx\,dy = \int_0^1 \left(\int_0^{1-y} xy\,dx\right) dy \qquad (1)$$

と表される．（　）内の積分では y が固定されていて定数とみなされるので，

$$\int_0^{1-y} xy\,dx = y\left[\frac{1}{2}x^2\right]_0^{1-y} = \frac{1}{2}y(1-y)^2$$

これを (1) の右辺に代入して積分すると，

$$\iint_D xy\,dx\,dy = \frac{1}{2}\int_0^1 y(1-y)^2\,dy = \frac{1}{2}\int_0^1 (y - 2y^2 + y^3)\,dy$$

$$= \frac{1}{2}\left[\frac{1}{2}y^2 - \frac{2}{3}y^3 + \frac{1}{4}y^4\right]_0^1 = \frac{1}{24}$$

となる．

［問題 17］ まず x を固定して y について積分する場合には，y の積分範囲は 0 から $1 - x$ である（図を描いてみよ）．したがって，与えられた積分は

$$\iint_D xy\,dx\,dy = \int_0^1 \left(\int_0^{1-x} xy\,dy\right) dx \qquad (1)$$

と表される．（　）内の積分では x が固定されていて定数とみなされるので，

$$\int_0^{1-x} xy\,dy = x\left[\frac{1}{2}y^2\right]_0^{1-x} = \frac{1}{2}x(1-x)^2$$

これを (1) の右辺に代入して積分すると，

$$\iint_D xy\,dx\,dy = \frac{1}{2}\int_0^1 x(1-x)^2\,dx = \frac{1}{2}\int_0^1 (x - 2x^2 + x^3)\,dx = \frac{1}{24}$$

となる．

［問題 18］ 半径 a の円の面積 S を求めるには，(2.36) で被積分関数を 1 として，

rについて0からaまで，φについて0から2πまで積分すればよいので，

$$\iint_D r\,dr\,d\varphi = \int_0^{2\pi} d\varphi \int_0^a r\,dr = 2\pi\left[\frac{1}{2}r^2\right]_0^a = \pi a^2$$

となる．

［問題19］ 1を楕円領域Dにわたって積分すると，形式的に

$$S = \iint_D dx\,dy \tag{1}$$

と表される．ここで積分変数を $y=(b/a)t$ として y から t に変えると，$dy=(b/a)\,dt$ なので，(1) は

$$S = \frac{b}{a}\iint_{D'} dx\,dt \tag{2}$$

となる．ここで，変数をyからtに変えたので，xt平面での積分領域は領域Dとは違ったものになるので，それをD′とおいた．

ところで，$y=b$ のとき $t=a$ なので，D′は半径aの円領域となり，問題18の結果より

$$\iint_{D'} dx\,dt = \pi a^2$$

である．これを (2) に代入して，

$$S = \frac{b}{a}\pi a^2 = \pi ab$$

となる．

［問題20］ 与えられた積分を

$$\int_0^1\left\{\int_0^1\left(\int_0^1 xyz\,dx\right)dy\right\}dz \tag{1}$$

と変形して，x，y，zについて順次積分する．初めにxについて積分する際，y，zは定数とみなすので，

$$\int_0^1 xyz\,dx = yz\int_0^1 x\,dx = yz\left[\frac{1}{2}x^2\right]_0^1 = \frac{1}{2}yz$$

これを (1) のyについての積分に代入すると，zは定数とみなすので，

$$\int_0^1\left(\frac{1}{2}yz\right)dy = \frac{1}{2}z\int_0^1 y\,dy = \frac{1}{2}z\left[\frac{1}{2}y^2\right]_0^1 = \frac{1}{4}z$$

これを (1) のzについての積分に代入すると，

$$\int_0^1\left(\frac{1}{4}z\right)dz = \frac{1}{4}\left[\frac{1}{2}z^2\right]_0^1 = \frac{1}{8}$$

以上によって，

$$\iiint_V xyz\,dx\,dy\,dz = \int_0^1 \left\{ \int_0^1 \left(\int_0^1 xyz\,dx \right) dy \right\} dz = \frac{1}{8}$$

となる．

☞ 例題10と同様の手続きで積分すればよい．

［問題21］ 半径 a の球の体積 V を求めるには，(2.40) で被積分関数を1として，r について0から a まで，θ について0から π まで，φ について0から 2π まで積分すればよいので，

$$\iiint_V r^2 \sin\theta\,dr\,d\theta\,d\varphi = \int_0^a r^2\,dr \int_0^\pi \sin\theta\,d\theta \int_0^{2\pi} d\varphi = \frac{1}{3}a^3 \cdot 2 \cdot 2\pi = \frac{4\pi}{3}a^3$$

となる．ただし，上式の途中で，例題11の (2) の $\int_0^\pi \sin\theta\,d\theta = 2$ を使った．

第3章

［問題1］ (3.2) の両辺に dx/dt を掛けると，

$$m\frac{dx}{dt}\frac{d^2x}{dt^2} = f(x)\frac{dx}{dt} \tag{1}$$

(1) の左辺は例題1の解の (1) より，

$$m\frac{dx}{dt}\frac{d^2x}{dt^2} = \frac{d}{dt}\left\{\frac{1}{2}m\left(\frac{dx}{dt}\right)^2\right\} \tag{2}$$

また，右辺も，$f(x) = -dV(x)/dx$ と表されることと合成関数の微分公式 (1.16) から，

$$f(x)\frac{dx}{dt} = -\frac{dV(x)}{dx}\frac{dx}{dt} = -\frac{d}{dt}\{V(x)\} \tag{3}$$

(2) と (3) を (1) に代入して整理すると，

$$\frac{d}{dt}\left\{\frac{1}{2}m\left(\frac{dx}{dt}\right)^2 + V(x)\right\} = 0 \tag{4}$$

(4) は，左辺の { } 内の量が時間的に変化せず，常に一定であることを意味する．その一定量を E とおくと，確かに (3.3) が得られる．

［問題2］ 与えられた微分方程式を積分すると，一般解は

$$y = \cos x + C \tag{1}$$

初期条件より，(1) に $x_0 = 0$ を代入することによって，

$$y_0 = 1 + C = 1, \qquad \therefore \quad C = 0$$

これより，初期条件を満たす特解は

$$y = \cos x$$

となる．

［問題3］ $F(x) = \int^x P(x')\,dx'$ とおくと，(3.10) は

$$y = ce^{-F(x)} \tag{1}$$

この両辺を x で微分すると，合成関数の微分公式 (1.16) より，

$$\frac{dy}{dx} = -ce^{-F(x)}\frac{dF(x)}{dx} \tag{2}$$

となる．ところが，積分の微分公式 (2.9) より，

$$\frac{dF(x)}{dx} = P(x) \tag{3}$$

(1) と (3) を (2) の右辺に代入すると，

$$\frac{dy}{dx} = -P(x)\,y$$

となって，(3.8) が得られる．これは (3.10) が微分方程式 (3.8) の解であることを意味する．

［問題 4］ この場合は $P(x) = 2$ であり，$\int^x 2\,dx' = 2x$ より，これを (3.10) に代入すると一般解は

$$y = ce^{-2x} \tag{1}$$

(1) で $x = 0$ とおくと $y = c$ なので，初期条件 $x_0 = 0,\ y_0 = 3$ より $c = 3$ で，その場合の解は

$$y = 3e^{-2x}$$

となる．

［問題 5］ 例題 4 と同じように考えればよい．与えられた非同次微分方程式に対応する同次方程式 $y' + 2y = 0$ の一般解 y_g は

$$y_g = ce^{-2x}$$

他方，特解の方は

$$y_p = 2$$

とすれば，$y_p' = 0$ より左辺が 4 となって，与えられた非同次微分方程式を満たす．

こうして，この非同次微分方程式の一般解は

$$y = 2 + ce^{-2x}$$

となる．

［問題 6］

（1） 対応する特性方程式は$\lambda - 2 = 0$で，$\lambda = 2$．これより，一般解は $y = ce^{2x}$．

（2） 対応する特性方程式は$\lambda + 3 = 0$で，$\lambda = -3$．これより，一般解は $y = ce^{-3x}$．

（3） 対応する特性方程式は$\lambda - 5 = 0$で，$\lambda = 5$．これより，一般解は $y = ce^{5x}$．

☞ 微分方程式の解を，その特性方程式から求める演習問題である．

［問題 7］

（1） 同次微分方程式の一般解は，特性方程式 $\lambda - 2 = 0$ より

$$y_g = ce^{2x} \qquad (c：定数) \tag{1}$$

非同次項が $1+2x$ なので，特解を多項式

$$y_{\mathrm{p}} = a_0 + a_1 x \tag{2}$$

として，未定の係数 a_0, a_1 を決める．

(2) を与えられた微分方程式に代入して整理すると，

$$(a_1 - 2a_0) - 2a_1 x = 1 + 2x$$

この式が x の値によらず常に成り立つためには，

$$a_1 - 2a_0 = 1, \qquad -2a_1 = 2$$

これより，$a_0 = -1$，$a_1 = -1$ となり，特解は

$$y_{\mathrm{p}} = -1 - x \tag{3}$$

こうして，その一般解 y は (1) と (3) より

$$y = -1 - x + ce^{2x}$$

となる．

（2） 同次微分方程式の一般解は，特性方程式 $\lambda + 1 = 0$ より

$$y_{\mathrm{g}} = ce^{-x} \qquad (c：定数) \tag{1}$$

非同次項が $2e^x$ なので，特解として多項式

$$y_{\mathrm{p}} = ae^x \tag{2}$$

と予想して，未定の係数 a を決める．

(2) を与えられた微分方程式に代入して整理すると，

$$2ae^x = 2e^x$$

これより，$a = 1$ となり，特解は

$$y_{\mathrm{p}} = e^x \tag{3}$$

こうして，その一般解 y は (1) と (3) より

$$y = e^x + ce^{-x}$$

となる．

（3） 同次微分方程式の一般解は，特性方程式 $\lambda - 1 = 0$ より

$$y_{\mathrm{g}} = ce^x \qquad (c：定数) \tag{1}$$

非同次項が $\cos x$ なので，特解を

$$y_{\mathrm{p}} = a_1 \sin x + a_2 \cos x \tag{2}$$

として，未定の係数 a_1, a_2 を決める．

(2) を与えられた微分方程式に代入して整理すると，

$$(a_1 - a_2)\cos x - (a_1 + a_2)\sin x = \cos x$$

これより，$a_1 = 1/2$，$a_2 = -1/2$ となり，特解は

$$y_{\mathrm{p}} = \frac{1}{2}(\sin x - \cos x) \tag{3}$$

こうして，その一般解 y は (1) と (3) より

$$y = \frac{1}{2}(\sin x - \cos x) + ce^x$$

となる．

（4） 同次微分方程式の一般解は，特性方程式 $\lambda + 2 = 0$ より

$$y_g = ce^{-2x} \qquad (c：定数) \tag{1}$$

非同次項が xe^x なので，特解を多項式と指数関数 e^x の積

$$y_p = (a_0 + a_1 x)e^x \tag{2}$$

として，未定の係数 a_0，a_1 を決める．

(2) を与えられた微分方程式に代入して整理すると，

$$(3a_0 + a_1 + 3a_1 x)e^x = xe^x$$

これより，$a_0 = -1/9$，$a_1 = 1/3$ となり，特解は

$$y_p = \left(-\frac{1}{9} + \frac{1}{3}x\right)e^x \tag{3}$$

こうして，その一般解 y は (1) と (3) より

$$y = \left(-\frac{1}{9} + \frac{1}{3}x\right)e^x + ce^{-2x}$$

となる．

☞ 例題5の解と全く同じように計算すればよい．いずれの場合についても，求めた特解が与えられた非同次微分方程式を満たすことを必ず確かめよ．

[問題8] $y_2 = xe^{\lambda_0 x}$ を微分すると，$y_2{}' = (1 + \lambda_0 x)e^{\lambda_0 x}$，$y_2{}'' = (2\lambda_0 + \lambda_0{}^2 x)e^{\lambda_0 x}$．これらを (3.27) の左辺に代入して整理すると，

$$y_2{}'' + ay_2{}' + by_2 = \{(2\lambda_0 + a) + (\lambda_0{}^2 + a\lambda_0 + b)x\}e^{\lambda_0 x} \tag{1}$$

ところが，λ_0 は特性方程式 (3.30) の解（$\lambda_0{}^2 + a\lambda_0 + b = 0$）であり，その重解でもあって，(3.33) を満たす（$2\lambda_0 + a = 0$）．よって，(1) の右辺がゼロとなり，(3.34) の $y_2 = xe^{\lambda_0 x}$ は確かに (3.27) の解である．

[問題9]

（1） 特性方程式は $\lambda^2 - 5\lambda + 4 = 0$ であり，その解は $\lambda = 1, 4$ だから，一般解は

$$y = c_1 e^x + c_2 e^{4x}$$

となる．

（2） 特性方程式は $\lambda^2 - 6\lambda + 9 = 0$ であり，これは重解 $\lambda = 3$ をもつ．したがって，一般解は

$$y = (c_1 + c_2 x)e^{3x}$$

となる．

（3） 特性方程式は $\lambda^2 - 4\lambda + 8 = 0$ であり，その解は $\lambda = 2 \pm 2i$ なので，一般解は

$$y = e^{2x}(c_1 \cos 2x + c_2 \sin 2x)$$

あるいは

$$y = Ae^{2x} \cos(2x + \delta)$$

となる．

☞ 例題 7 と同じように計算すればよい．

[問題 10]

（1） 特性方程式は $\lambda^2 - 4\lambda + 3 = 0$ であり，その解は $\lambda = 1, 3$ だから，その一般解は

$$y = c_1 e^x + c_2 e^{3x}$$

初期条件より

$$y(0) = c_1 + c_2 = 1, \qquad y'(0) = c_1 + 3c_2 = -2$$

これより，$c_1 = 5/2$，$c_2 = -3/2$．したがって，この場合の解は

$$y = \frac{5}{2} e^x - \frac{3}{2} e^{3x}$$

となる．

（2） 特性方程式は $\lambda^2 - 6\lambda + 9 = 0$ であり，その解は $\lambda = 3$（重解）だから，その一般解は

$$y = (c_1 + c_2 x)e^{3x}$$

初期条件より

$$y(0) = c_1 = -1, \quad y'(0) = 3c_1 + c_2 = 1, \qquad \therefore \quad c_1 = -1, \quad c_2 = 4$$

したがって，この場合の解は

$$y = (-1 + 4x)e^{3x}$$

となる．

（3） 特性方程式は $\lambda^2 - 4\lambda + 8 = 0$ であり，その解は $\lambda = 2 \pm 2i$ なので，一般解は

$$y = e^{2x}(c_1 \cos 2x + c_2 \sin 2x)$$

初期条件より，

$$y(0) = c_1 = 0, \quad y'(0) = 2c_2 = 4, \qquad \therefore \quad c_1 = 0, \quad c_2 = 2$$

したがって，この場合の解は

$$y = 2e^{2x} \sin 2x$$

となる．

☞ 例題 8 の解にならって，まず微分方程式の一般解を求め，次に初期条件を考慮すればよい．

[問題 11]

（1） 非同次項が 2 次の多項式なので，与えられた微分方程式の特解 y_p を

$$y_p = a_0 + a_1 x + a_2 x^2 \tag{1}$$

とおいて，未定の係数 a_0, a_1, a_2 の決定を試みる．(1) を与えられた微分方程式の左辺に代入して計算し，整理すると，

$$(4a_0 - 5a_1 + 2a_2) + (4a_1 - 10a_2)x + 4a_2 x^2 = x^2$$

この式が x の値によらず常に成り立つためには，

$$4a_0 - 5a_1 + 2a_2 = 0, \qquad 4a_1 - 10a_2 = 0, \qquad 4a_2 = 1$$

これより，$a_0 = 21/32$，$a_1 = 5/8$，$a_2 = 1/4$．したがって，特解 y_p は

$$y_\mathrm{p} = \frac{21}{32} + \frac{5}{8}x + \frac{1}{4}x^2 \tag{2}$$

となる．これが特解であることを，与えられた微分方程式に代入して確かめてみよ．

対応する同次微分方程式 $y'' - 5y' + 4y = 0$ の一般解 y_g は，特性方程式から

$$y_\mathrm{g} = c_1 e^x + c_2 e^{4x} \tag{3}$$

したがって，与えられた非同次微分方程式の一般解 y は，(2) と (3) より

$$y = y_\mathrm{p} + y_\mathrm{g} = \frac{21}{32} + \frac{5}{8}x + \frac{1}{4}x^2 + c_1 e^x + c_2 e^{4x}$$

となる．

(2) 非同次項が指数関数なので，与えられた微分方程式の特解 y_p を

$$y_\mathrm{p} = ce^{2x} \tag{1}$$

とおいて，未定の係数 c の決定を試みる．(1) を与えられた微分方程式の左辺に代入して計算し，整理すると，

$$2ce^{2x} = e^{2x}$$

これより，$c = 1/2$．したがって，特解 y_p は

$$y_\mathrm{p} = \frac{1}{2}e^{2x} \tag{2}$$

となる．これが特解であることを，与えられた微分方程式に代入して確かめてみよ．

対応する同次微分方程式 $y'' - 2y' + 2y = 0$ の一般解 y_g は，特性方程式から

$$y_\mathrm{g} = e^x (A \sin x + B \cos x) \tag{3}$$

したがって，与えられた非同次微分方程式の一般解 y は，(2) と (3) より

$$y = y_\mathrm{p} + y_\mathrm{g} = \frac{1}{2}e^{2x} + e^x (A \sin x + B \cos x)$$

となる．

(3) 非同次項が三角関数なので，与えられた微分方程式の特解 y_p を

$$y_\mathrm{p} = A \sin x + B \cos x \tag{1}$$

とおいて，未定の係数 A, B の決定を試みる．(1) を与えられた微分方程式の左辺に代入して計算し，整理すると，

$$(7A + 6B) \sin x + (-6A + 7B) \cos x = \cos x$$

これより，$7A + 6B = 0$，$-6A + 7B = 1$，$\therefore\ A = -6/85$，$B = 7/85$．した

がって，特解 y_{p} は

$$y_{\mathrm{p}} = -\frac{6}{85}\sin x + \frac{7}{85}\cos x \tag{2}$$

となる．これが特解であることを，与えられた微分方程式に代入して確かめてみよ．

対応する同次微分方程式 $y'' - 6y' + 8y = 0$ の一般解 y_{g} は，特性方程式から

$$y_{\mathrm{g}} = c_1 e^{2x} + c_2 e^{4x} \tag{3}$$

したがって，与えられた非同次微分方程式の一般解 y は，(2) と (3) より

$$y = y_{\mathrm{p}} + y_{\mathrm{g}} = -\frac{6}{85}\sin x + \frac{7}{85}\cos x + c_1 e^{2x} + c_2 e^{4x}$$

となる．

（4） 非同次項が指数関数と三角関数の積なので，与えられた微分方程式の特解 y_{p} を

$$y_{\mathrm{p}} = e^x (A\sin x + B\cos x) \tag{1}$$

とおいて，未定の係数 A, B の決定を試みる．(1) を与えられた微分方程式の左辺に代入して計算し，整理すると，

$$e^x \{(11A - 7B)\sin x + (7A + 11B)\cos x\} = e^x \sin x$$

これより，$A = 11/170$，$B = -7/170$．したがって，特解 y_{p} は

$$y_{\mathrm{p}} = e^x \left(\frac{11}{170}\sin x - \frac{7}{170}\cos x\right) \tag{2}$$

となる．これが特解であることを，与えられた微分方程式に代入して確かめてみよ．

対応する同次微分方程式 $y'' + 5y' + 6y = 0$ の一般解 y_{g} は，特性方程式から

$$y_{\mathrm{g}} = c_1 e^{-2x} + c_2 e^{-3x} \tag{3}$$

したがって，与えられた非同次微分方程式の一般解 y は，(2) と (3) より

$$y = y_{\mathrm{p}} + y_{\mathrm{g}} = e^x \left(\frac{11}{170}\sin x - \frac{7}{170}\cos x\right) + c_1 e^{-2x} + c_2 e^{-3x}$$

となる．

☞ 例題 10 と同様にして解けばよい．

第 4 章

[問題 1]

（1） $\dfrac{\partial f}{\partial x} = 2xy + y^2$，$\dfrac{\partial f}{\partial y} = x^2 + 2xy$

（2） $\dfrac{\partial f}{\partial x} = 2x$，$\dfrac{\partial f}{\partial y} = 2y$，$\dfrac{\partial f}{\partial z} = 2z$

☞ 例題 1 と同じように計算すればよい．

[問題 2] この場合，位置 (x, y, z) にある質量 m の粒子にはたらく力は，(4.13)

を (4.8) に代入して求めると,

$$F_x = 0, \qquad F_y = 0, \qquad F_z = -mg$$

すなわち，水平方向には力ははたらかず，鉛直下方に mg の大きさの重力がはたらく．

[問題3]　万有引力 (4.12) とクーロン力 (4.14) の違いは，同じ距離依存性の $1/r^2$ に付く係数が万有引力では GMm であり，クーロン力では $Qq/4\pi\varepsilon_0$ であるということだけである．そして，万有引力に関する位置エネルギーが (4.9) で与えられることから，クーロン力に関する位置エネルギー $U(r)$ は

$$U(r) = \frac{1}{4\pi\varepsilon_0}\frac{Qq}{r}$$

とおくことができる．ここで万有引力の場合の (4.9) と違って負号を付けていない理由は，クーロン力は同符号の電荷 ($Qq > 0$) 間では斥力が，異符号の電荷 ($Qq < 0$) 間では引力がはたらくからである．

[問題4]　2行2列の行列式は，一般に (4.15) の左辺で表される．ここで，2行をとり換えるということは $\begin{vmatrix} c & d \\ a & b \end{vmatrix}$ という行列式にするということである．この行列式の値は，(4.15) の右辺の規則に従って計算すると，

$$\begin{vmatrix} c & d \\ a & b \end{vmatrix} = cb - da = -(ad - bc) = -\begin{vmatrix} a & b \\ c & d \end{vmatrix}$$

となり，確かに2行をとり換えると符号が変わる．列をとり換える場合でも，

$$\begin{vmatrix} b & a \\ d & c \end{vmatrix} = bc - ad = -(ad - bc) = -\begin{vmatrix} a & b \\ c & d \end{vmatrix}$$

となって，やはり符号が変わる．

2行が等しいときや2列が等しいときには，

$$\begin{vmatrix} a & b \\ a & b \end{vmatrix} = ab - ba = 0, \qquad \begin{vmatrix} a & a \\ c & c \end{vmatrix} = ac - ac = 0$$

となって，行列式がゼロになることがわかる．

[問題5]　ヤコビ行列式の定義 (4.16) で $f = x$ とおくと，$(\partial x/\partial x)_y = 1$，$(\partial x/\partial y)_x = 0$ なので

$$\frac{\partial(x,\, g)}{\partial(x,\, y)} = \begin{vmatrix} \left(\dfrac{\partial x}{\partial x}\right)_y & \left(\dfrac{\partial x}{\partial y}\right)_x \\ \left(\dfrac{\partial g}{\partial x}\right)_y & \left(\dfrac{\partial g}{\partial y}\right)_x \end{vmatrix} = \begin{vmatrix} 1 & 0 \\ \left(\dfrac{\partial g}{\partial x}\right)_y & \left(\dfrac{\partial g}{\partial y}\right)_x \end{vmatrix} = \left(\frac{\partial g}{\partial y}\right)_x$$

となって，(4.18) の第2式が導かれる．

☞　(4.18) の第1式を導いたのと同じようにすればよい．

[問題6]　(4.18) を使って (4.31) の左辺を書き換え，引き続き (4.17) を使って変形すると，

$$\left(\frac{\partial x}{\partial y}\right)_z\left(\frac{\partial y}{\partial z}\right)_x\left(\frac{\partial z}{\partial x}\right)_y=\frac{\partial(x,\,z)}{\partial(y,\,z)}\frac{\partial(y,\,x)}{\partial(z,\,x)}\frac{\partial(z,\,y)}{\partial(x,\,y)}$$
$$=\left\{-\frac{\partial(z,\,x)}{\partial(y,\,z)}\right\}\left\{-\frac{\partial(x,\,y)}{\partial(z,\,x)}\right\}\left\{-\frac{\partial(y,\,z)}{\partial(x,\,y)}\right\}$$
$$=-\frac{\partial(z,\,x)}{\partial(y,\,z)}\frac{\partial(x,\,y)}{\partial(z,\,x)}\frac{\partial(y,\,z)}{\partial(x,\,y)}$$

上の最後の式で (4.29) を使うと，ヤコビ行列式の積がすべて消し合って1となり，(4.31) が導かれる．この (4.31) より

$$\left(\frac{\partial x}{\partial y}\right)_z=-\frac{1}{\left(\dfrac{\partial y}{\partial z}\right)_x\left(\dfrac{\partial z}{\partial x}\right)_y}\tag{1}$$

が得られる．ここで (4.30) を使って

$$\left(\frac{\partial y}{\partial z}\right)_x=\frac{1}{\left(\dfrac{\partial z}{\partial y}\right)_x}$$

と変形し，これを (1) に代入すると (4.32) が導かれる．

［問題 7］ (4.31) の左辺で $x,\,y,\,z$ の代わりに $T,\,V,\,p$ とおくと

$$\left(\frac{\partial T}{\partial V}\right)_p\left(\frac{\partial V}{\partial p}\right)_T\left(\frac{\partial p}{\partial T}\right)_V\tag{1}$$

が得られる．ここで理想気体の状態方程式 $pV=nRT$ より，

$$T=\frac{pV}{nR},\qquad \therefore\quad \left(\frac{\partial T}{\partial V}\right)_p=\frac{p}{nR}\tag{2}$$

同様にして，$pV=nRT$ より，

$$V=\frac{nRT}{p},\qquad \therefore\quad \left(\frac{\partial V}{\partial p}\right)_T=-\frac{nRT}{p^2}=-\frac{pV}{p^2}=-\frac{V}{p}\tag{3}$$

$$p=\frac{nRT}{V},\qquad \therefore\quad \left(\frac{\partial p}{\partial T}\right)_V=\frac{nR}{V}\tag{4}$$

(2) ～ (4) を (1) に代入すると，

$$\left(\frac{\partial T}{\partial V}\right)_p\left(\frac{\partial V}{\partial p}\right)_T\left(\frac{\partial p}{\partial T}\right)_V=\left(\frac{p}{nR}\right)\left(-\frac{V}{p}\right)\left(\frac{nR}{V}\right)=-1$$

となって，確かに (4.31) が成り立つことがわかる．

第5章

［問題 1］ (5.3) より，$\boldsymbol{C}=\boldsymbol{A}+\boldsymbol{B}=(5+3,\,4+2,\,-2-1)=(8,\,6,\,-3)$

［問題 2］ 座標系は初めから与えられているわけではなく，問題に応じて勝手に選んで構わない．そこで，2つのベクトル $\boldsymbol{A}$ と $\boldsymbol{B}$ の始点を原点とし，A を x 軸上に，B を xy 平面上にあるものとして2つのベクトルを成分で表すと，$\boldsymbol{A}=$

$(A, 0, 0)$, $\boldsymbol{B} = (B_x, B_y, 0) = (B\cos\theta, B\sin\theta, 0)$ である．ここで2つのベクトル $\boldsymbol{A}$ と $\boldsymbol{B}$ のなす角が θ であり，$\boldsymbol{A}$ が x 軸上に，$\boldsymbol{B}$ が xy 平面上にあるので，$B_x = B\cos\theta, B_y = B\sin\theta$ となることを使った．したがって，内積の定義 (5.4) より，$\boldsymbol{A}\cdot\boldsymbol{B} = AB\cos\theta$ が直ちに導かれる．

［問題3］ 内積の定義 (5.4) より，$\boldsymbol{A}\cdot\boldsymbol{B} = A_x B_x + A_y B_y + A_z B_z = (-5)\cdot 4 + 3\cdot(-2) + (-2)\cdot(-6) = -20 - 6 + 12 = -14$.

［問題4］ $\boldsymbol{A} = (A_x, A_y, A_z)$, $\boldsymbol{B} = (B_x, B_y, B_z)$, $\boldsymbol{C} = (C_x, C_y, C_z)$ とすると，

$$\boldsymbol{B} + \boldsymbol{C} = (B_x + C_x, B_y + C_y, B_z + C_z)$$

なので，

$$\boldsymbol{A}\cdot(\boldsymbol{B} + \boldsymbol{C}) = A_x(B_x + C_x) + A_y(B_y + C_y) + A_z(B_z + C_z) \qquad (1)$$

他方，

$$\begin{aligned}\boldsymbol{A}\cdot\boldsymbol{B} + \boldsymbol{A}\cdot\boldsymbol{C} &= (A_x B_x + A_y B_y + A_z B_z) + (A_x C_x + A_y C_y + A_z C_z) \\ &= A_x(B_x + C_x) + A_y(B_y + C_y) + A_z(B_z + C_z) \qquad (2)\end{aligned}$$

(1) と (2) が等しいことから，確かに (5.9) が成り立つ．

［問題5］ $\boldsymbol{n}_A$ の2乗をつくると，(5.6) より

$$\boldsymbol{n}_A\cdot\boldsymbol{n}_A \equiv \boldsymbol{n}_A{}^2 = \left(\frac{\boldsymbol{A}}{A}\right)^2 = \frac{\boldsymbol{A}^2}{A^2} = \frac{A^2}{A^2} = 1$$

となって，$\boldsymbol{n}_A$ が単位ベクトルであることがわかる．

［問題6］ 基本ベクトルの定義 (5.11) と内積の定義 (5.4) より，

$$\boldsymbol{i}^2 = \boldsymbol{i}\cdot\boldsymbol{i} = 1\cdot 1 + 0\cdot 0 + 0\cdot 0 = 1$$

となる．同様にして，$\boldsymbol{j}^2 = 1$, $\boldsymbol{k}^2 = 1$ が示される．同じく，基本ベクトルの定義 (5.11) と内積の定義 (5.4) より，

$$\boldsymbol{j}\cdot\boldsymbol{k} = 0\cdot 0 + 1\cdot 0 + 0\cdot 1 = 0$$

となる．同様にして，$\boldsymbol{k}\cdot\boldsymbol{i} = \boldsymbol{i}\cdot\boldsymbol{j} = 0$ が示される．

こうして，(5.12) が成り立つことがわかる．

［問題7］

$$\begin{aligned}\boldsymbol{A}\times\boldsymbol{B} &= (3\cdot 2 - (-1)\cdot(-4), (-1)\cdot 1 - 2\cdot 2, 2\cdot(-4) - 3\cdot 1) \\ &= (2, -5, -11)\end{aligned}$$

また，

$$\begin{aligned}(2\boldsymbol{A} + \boldsymbol{B})\times(\boldsymbol{A} - 2\boldsymbol{B}) &= 2\boldsymbol{A}\times\boldsymbol{A} - 4\boldsymbol{A}\times\boldsymbol{B} + \boldsymbol{B}\times\boldsymbol{A} - 2\boldsymbol{B}\times\boldsymbol{B} \\ &= -4\boldsymbol{A}\times\boldsymbol{B} + \boldsymbol{B}\times\boldsymbol{A} = -4\boldsymbol{A}\times\boldsymbol{B} - \boldsymbol{A}\times\boldsymbol{B} \\ &= -5\boldsymbol{A}\times\boldsymbol{B} = (-10, 25, 55)\end{aligned}$$

となる．

☞ 例題4と同じように計算すればよい．

［問題8］ (5.12) より

$$\boldsymbol{A}\cdot\boldsymbol{B} = 2\boldsymbol{i}\cdot\boldsymbol{i} + 6\boldsymbol{i}\cdot\boldsymbol{j} + 8\boldsymbol{i}\cdot\boldsymbol{k} + \boldsymbol{j}\cdot\boldsymbol{i} + 3\boldsymbol{j}\cdot\boldsymbol{j} + 4\boldsymbol{j}\cdot\boldsymbol{k} - 3\boldsymbol{k}\cdot\boldsymbol{i} - 9\boldsymbol{k}\cdot\boldsymbol{j} - 12\boldsymbol{k}\cdot\boldsymbol{k}$$

$$= 2\boldsymbol{i}\cdot\boldsymbol{i} + 3\boldsymbol{j}\cdot\boldsymbol{j} - 12\boldsymbol{k}\cdot\boldsymbol{k} = 2 + 3 - 12 = -7$$

また，(5.18) より

$$\begin{aligned}\boldsymbol{A}\times\boldsymbol{B} &= 2\boldsymbol{i}\times\boldsymbol{i} + 6\boldsymbol{i}\times\boldsymbol{j} + 8\boldsymbol{i}\times\boldsymbol{k} + \boldsymbol{j}\times\boldsymbol{i} + 3\boldsymbol{j}\times\boldsymbol{j} + 4\boldsymbol{j}\times\boldsymbol{k} - 3\boldsymbol{k}\times\boldsymbol{i} - 9\boldsymbol{k}\times\boldsymbol{j} \\ &\quad - 12\boldsymbol{k}\times\boldsymbol{k} \\ &= 6\boldsymbol{i}\times\boldsymbol{j} + 8\boldsymbol{i}\times\boldsymbol{k} + \boldsymbol{j}\times\boldsymbol{i} + 4\boldsymbol{j}\times\boldsymbol{k} - 3\boldsymbol{k}\times\boldsymbol{i} - 9\boldsymbol{k}\times\boldsymbol{j} \\ &= 6\boldsymbol{k} - 8\boldsymbol{j} - \boldsymbol{k} + 4\boldsymbol{i} - 3\boldsymbol{j} + 9\boldsymbol{i} = 13\boldsymbol{i} - 11\boldsymbol{j} + 5\boldsymbol{k} = (13, -11, 5)\end{aligned}$$

となる．

［問題 9］ 外積の定義 (5.16a) より，

$$\boldsymbol{B}\times\boldsymbol{C} = (1\cdot4 - 1\cdot(-1), 1\cdot3 - 2\cdot4, 2\cdot(-1) - 1\cdot3) = (5, -5, -5)$$

なので，内積の定義 (5.4) より

$$\boldsymbol{A}\cdot(\boldsymbol{B}\times\boldsymbol{C}) = 1\cdot5 + (-3)\cdot(-5) + 2\cdot(-5) = 5 + 15 - 10 = 10$$

となる．

［問題 10］

（1） $\boldsymbol{A}\cdot\{(\boldsymbol{B}-\boldsymbol{C})\times(\boldsymbol{B}+\boldsymbol{C})\} = \boldsymbol{A}\cdot(\boldsymbol{B}\times\boldsymbol{B} + \boldsymbol{B}\times\boldsymbol{C} - \boldsymbol{C}\times\boldsymbol{B} - \boldsymbol{C}\times\boldsymbol{C})$

$$= \boldsymbol{A}\cdot(\boldsymbol{B}\times\boldsymbol{C} - \boldsymbol{C}\times\boldsymbol{B}) = \boldsymbol{A}\cdot(\boldsymbol{B}\times\boldsymbol{C} + \boldsymbol{B}\times\boldsymbol{C})$$
$$= 2\boldsymbol{A}\cdot(\boldsymbol{B}\times\boldsymbol{C})$$

（2） $\boldsymbol{B}\cdot(\boldsymbol{A}\times\boldsymbol{C}) = \boldsymbol{A}\cdot(\boldsymbol{C}\times\boldsymbol{B}) = -\boldsymbol{A}\cdot(\boldsymbol{B}\times\boldsymbol{C})$

（3） $(\boldsymbol{A}+\boldsymbol{B})\cdot\{(\boldsymbol{B}+\boldsymbol{C})\times(\boldsymbol{C}+\boldsymbol{A})\}$

$$\begin{aligned}&= (\boldsymbol{A}+\boldsymbol{B})\cdot(\boldsymbol{B}\times\boldsymbol{C} + \boldsymbol{B}\times\boldsymbol{A} + \boldsymbol{C}\times\boldsymbol{C} + \boldsymbol{C}\times\boldsymbol{A}) \\ &= (\boldsymbol{A}+\boldsymbol{B})\cdot(\boldsymbol{B}\times\boldsymbol{C} + \boldsymbol{B}\times\boldsymbol{A} + \boldsymbol{C}\times\boldsymbol{A}) \\ &= \boldsymbol{A}\cdot(\boldsymbol{B}\times\boldsymbol{C}) + \boldsymbol{A}\cdot(\boldsymbol{B}\times\boldsymbol{A}) + \boldsymbol{A}\cdot(\boldsymbol{C}\times\boldsymbol{A}) + \boldsymbol{B}\cdot(\boldsymbol{B}\times\boldsymbol{C}) \\ &\quad + \boldsymbol{B}\cdot(\boldsymbol{B}\times\boldsymbol{A}) + \boldsymbol{B}\cdot(\boldsymbol{C}\times\boldsymbol{A}) \\ &= \boldsymbol{A}\cdot(\boldsymbol{B}\times\boldsymbol{C}) + \boldsymbol{B}\cdot(\boldsymbol{A}\times\boldsymbol{A}) + \boldsymbol{C}\cdot(\boldsymbol{A}\times\boldsymbol{A}) + \boldsymbol{C}\cdot(\boldsymbol{B}\times\boldsymbol{B}) \\ &\quad + \boldsymbol{A}\cdot(\boldsymbol{B}\times\boldsymbol{B}) + \boldsymbol{B}\cdot(\boldsymbol{C}\times\boldsymbol{A}) \\ &= \boldsymbol{A}\cdot(\boldsymbol{B}\times\boldsymbol{C}) + \boldsymbol{B}\cdot(\boldsymbol{C}\times\boldsymbol{A}) = \boldsymbol{A}\cdot(\boldsymbol{B}\times\boldsymbol{C}) + \boldsymbol{A}\cdot(\boldsymbol{B}\times\boldsymbol{C}) \\ &= 2\boldsymbol{A}\cdot(\boldsymbol{B}\times\boldsymbol{C})\end{aligned}$$

☞ 内積，外積の性質を使う．

［問題 11］ $\boldsymbol{A}\cdot(\boldsymbol{B}\times\boldsymbol{C}) = 0$ より $\boldsymbol{A}$ と $\boldsymbol{B}\times\boldsymbol{C}$ は直交する ($\boldsymbol{A}\perp(\boldsymbol{B}\times\boldsymbol{C})$)．外積の性質からベクトル $\boldsymbol{B}\times\boldsymbol{C}$ は 2 つのベクトル $\boldsymbol{B}$ と $\boldsymbol{C}$ がつくる平面に垂直である．したがって，そのベクトル $\boldsymbol{B}\times\boldsymbol{C}$ に直交するベクトル $\boldsymbol{A}$ は $\boldsymbol{B}$ と $\boldsymbol{C}$ がつくる平面内になければならず，3 つのベクトル $\boldsymbol{A}$, $\boldsymbol{B}$, $\boldsymbol{C}$ は同一平面上にあることになる．

［問題 12］ 外積の定義 (5.16a) より，

$$\boldsymbol{B}\times\boldsymbol{C} = (1\cdot4 - 1\cdot(-1), 1\cdot3 - 2\cdot4, 2\cdot(-1) - 1\cdot3) = (5, -5, -5)$$

なので，さらに外積の定義を使って，

$$\boldsymbol{A}\times(\boldsymbol{B}\times\boldsymbol{C}) = ((-3)\cdot(-5) - 2\cdot(-5), 2\cdot5 - 1\cdot(-5), 1\cdot(-5) - (-3)\cdot5)$$

$$= (25,\ 15,\ 10)$$

となる.

第6章

［問題1］ 加速度は速度の時間的変化率なので，加速度 $\boldsymbol{\alpha}(t)$ は速度 $\boldsymbol{v}(t)$ の時間微分であり，

$$\boldsymbol{\alpha}(t) = \frac{d\boldsymbol{v}}{dt} \tag{1}$$

と表される．ところで，速度 $\boldsymbol{v}(t)$ は質点の位置ベクトル $\boldsymbol{r}(t)$ の時間微分であり，(6.6) で与えられる．そこで (6.6) を (1) に代入すれば，加速度 $\boldsymbol{\alpha}(t)$ は

$$\boldsymbol{\alpha}(t) = \frac{d}{dt}\frac{d\boldsymbol{r}}{dt} = \frac{d^2\boldsymbol{r}}{dt^2} \tag{2}$$

となって，加速度は位置ベクトルの時間に関する2階微分で与えられることがわかる．

また，(1)，(2) を成分で表すと，

$$\boldsymbol{\alpha}(t) = \left(\frac{dv_x}{dt},\ \frac{dv_y}{dt},\ \frac{dv_z}{dt}\right) = \left(\frac{d^2x}{dt^2},\ \frac{d^2y}{dt^2},\ \frac{d^2z}{dt^2}\right)$$

となる．

［問題2］

（1） $\varphi = x^2y + yz^2$ のとき，$\partial\varphi/\partial x = 2xy$, $\partial\varphi/\partial y = x^2 + z^2$, $\partial\varphi/\partial z = 2yz$ なので，

$$\nabla\varphi = (2xy,\ x^2 + z^2,\ 2yz)$$

となる．

（2） $\varphi = r^2/2$ のとき，$\partial\varphi/\partial x = r\,\partial r/\partial x = x$ となる．ここで (4.11a) を使った．同様にして，$\partial\varphi/\partial y = y$, $\partial\varphi/\partial z = z$ なので，

$$\nabla\varphi = (x,\ y,\ z) = \boldsymbol{r}$$

となる．

（3） $\varphi = \ln r$ のとき，$\partial\varphi/\partial x = (d(\ln r)/dr)(\partial r/\partial x) = (1/r)(x/r) = x/r^2$ となる．ここで合成関数の微分公式 (1.16) および (4.11a) を使った．また，r の関数である対数関数 $\ln r$ を r で微分するときは普通の微分記号を使った．同様にして，$\partial\varphi/\partial y = y/r^2$, $\partial\varphi/\partial z = z/r^2$ なので，

$$\nabla\varphi = \left(\frac{x}{r^2},\ \frac{y}{r^2},\ \frac{z}{r^2}\right) = \frac{1}{r^2}(x,\ y,\ z) = \frac{\boldsymbol{r}}{r^2}$$

となる．

☞ 勾配の定義 (6.11) に従って計算すればよい．

［問題3］ 関数の積の微分公式 (1.9) を使って $\nabla(\varphi\psi)$ の x 成分を計算すると，

$$\frac{\partial}{\partial x}(\varphi\psi) = \frac{\partial \varphi}{\partial x}\psi + \varphi\frac{\partial \psi}{\partial x} \tag{1}$$

となる．同様にして，y, z 成分を計算すると，

$$\frac{\partial}{\partial y}(\varphi\psi) = \frac{\partial \varphi}{\partial y}\psi + \varphi\frac{\partial \psi}{\partial y}, \qquad \frac{\partial}{\partial z}(\varphi\psi) = \frac{\partial \varphi}{\partial z}\psi + \varphi\frac{\partial \psi}{\partial z} \tag{2}$$

となるので，(1) と (2) をまとめて，

$$\nabla(\varphi\psi) = \psi\nabla\varphi + \varphi\nabla\psi$$

が得られる．

［問題 4］

（1） $\varphi = \boldsymbol{a}\cdot\boldsymbol{r} = a_x x + a_y y + a_z z$ (a_x, a_y, a_z は定数) なので，$\partial\varphi/\partial x = a_x$, $\partial\varphi/\partial y = a_y$, $\partial\varphi/\partial z = a_z$ となる．したがって，

$$\nabla\varphi = (a_x, a_y, a_z) = \boldsymbol{a}$$

となる．

（2） $\varphi = xyz$ のとき，$\partial\varphi/\partial x = yz$, $\partial\varphi/\partial y = zx$, $\partial\varphi/\partial z = xy$ となる．したがって，

$$\nabla\varphi = (yz, zx, xy)$$

となる．

（3） $\varphi = (z^2 - x^2 - y^2)/2$ のとき，$\partial\varphi/\partial x = -x$, $\partial\varphi/\partial y = -y$, $\partial\varphi/\partial z = z$ となる．したがって，

$$\nabla\varphi = (-x, -y, z)$$

となる．

☞ 勾配の定義 (6.11) に従って計算すればよい．

［問題 5］ 発散の定義 (6.26) に従って計算すると，

$$\nabla\cdot\boldsymbol{A}(\boldsymbol{r}) = \frac{\partial}{\partial x}x + \frac{\partial}{\partial y}y + \frac{\partial}{\partial z}z = 1 + 1 + 1 = 3$$

となる．

ベクトル場が $\boldsymbol{A}(\boldsymbol{r}) = \boldsymbol{r}$ の場合，矢印の広がり具合いは原点から離れるに従って弱くなるが，矢印の長さが原点から離れるにつれて長くなる．そのために，これら 2 つの傾向が互いに打ち消し合って，発散が空間のどこでも一定となる．

［問題 6］ $\varphi\boldsymbol{A}$ はベクトルであり，その x 成分は φA_x であることに注意すると，

$$\begin{aligned}\nabla\cdot(\varphi\boldsymbol{A}) &= \frac{\partial}{\partial x}(\varphi A_x) + \frac{\partial}{\partial y}(\varphi A_y) + \frac{\partial}{\partial z}(\varphi A_z) \\ &= \left(\frac{\partial\varphi}{\partial x}A_x + \varphi\frac{\partial A_x}{\partial x}\right) + \left(\frac{\partial\varphi}{\partial y}A_y + \varphi\frac{\partial A_y}{\partial y}\right) + \left(\frac{\partial\varphi}{\partial z}A_z + \varphi\frac{\partial A_z}{\partial z}\right) \\ &= \left(\frac{\partial\varphi}{\partial x}A_x + \frac{\partial\varphi}{\partial y}A_y + \frac{\partial\varphi}{\partial z}A_z\right) + \varphi\left(\frac{\partial A_x}{\partial x} + \frac{\partial A_y}{\partial y} + \frac{\partial A_z}{\partial z}\right)\end{aligned}$$

$$= (\nabla\varphi)\cdot\boldsymbol{A} + \varphi\nabla\cdot\boldsymbol{A}$$

となることがわかる．

[問題 7]　このとき，$\boldsymbol{A}(\boldsymbol{r}) = \boldsymbol{k}\times\boldsymbol{\rho} = (-y,\ x,\ 0)$ であり，ベクトル場の回転の定義 (6.38) より，

$$\nabla\times\boldsymbol{A}(\boldsymbol{r}) = \left(\frac{\partial A_z}{\partial y} - \frac{\partial A_y}{\partial z},\ \frac{\partial A_x}{\partial z} - \frac{\partial A_z}{\partial x},\ \frac{\partial A_y}{\partial x} - \frac{\partial A_x}{\partial y}\right)$$
$$= (0-0,\ 0-0,\ 1-(-1)) = (0,\ 0,\ 1) = \boldsymbol{k}$$

となる．すなわち，このベクトル場 $\boldsymbol{A}(\boldsymbol{r}) = \boldsymbol{k}\times\boldsymbol{\rho}$ の回転は空間のどこでも一定であり，z 軸の基本ベクトル $\boldsymbol{k}$ である．ベクトル場が $\boldsymbol{A}(\boldsymbol{r}) = \boldsymbol{k}\times\boldsymbol{\rho}$ の場合，ベクトルを表す矢印の向きは例題 4 と同様に xy 平面上にあって，z 軸の周りを回転する．したがって，矢印の向きの回転の度合いは例題 4 と同じく原点から離れるに従って弱くなるが，この問題の場合には，矢印の長さが z 軸から離れるにつれて長くなる．そのために，これら 2 つの傾向が互いに打ち消し合って，ベクトル場の回転は空間のどこでも一定となる．

[問題 8]　$\boldsymbol{B}$ は定ベクトルなので，それを z 軸にとり，$\boldsymbol{B} = (0,\ 0,\ B)$ とおいても構わない．すると，外積の定義 (5.16a) から

$$\boldsymbol{A}(\boldsymbol{r}) = \frac{1}{2}\boldsymbol{B}\times\boldsymbol{r} = \frac{1}{2}(-By,\ Bx,\ 0)$$

となり，ベクトル場の回転の定義 (6.38) より，

$$\nabla\times\boldsymbol{A}(\boldsymbol{r}) = \left(0-0,\ 0-0,\ \frac{1}{2}B - \frac{1}{2}(-B)\right) = (0,\ 0,\ B) = \boldsymbol{B}$$

が得られ，この場合，$\nabla\times\boldsymbol{A}(\boldsymbol{r}) = \boldsymbol{B}$ であることがわかる．

[問題 9]　スカラー場の勾配の定義 (6.11) とベクトル場の回転の定義 (6.38) より，

$$\nabla\times(\nabla\varphi) = \nabla\times\left(\frac{\partial\varphi}{\partial x},\ \frac{\partial\varphi}{\partial y},\ \frac{\partial\varphi}{\partial z}\right)$$
$$= \left(\frac{\partial}{\partial y}\frac{\partial\varphi}{\partial z} - \frac{\partial}{\partial z}\frac{\partial\varphi}{\partial y},\ \frac{\partial}{\partial z}\frac{\partial\varphi}{\partial x} - \frac{\partial}{\partial x}\frac{\partial\varphi}{\partial z},\ \frac{\partial}{\partial x}\frac{\partial\varphi}{\partial y} - \frac{\partial}{\partial y}\frac{\partial\varphi}{\partial x}\right)$$
$$= \left(\frac{\partial^2\varphi}{\partial y\,\partial z} - \frac{\partial^2\varphi}{\partial z\,\partial y},\ \frac{\partial^2\varphi}{\partial z\,\partial x} - \frac{\partial^2\varphi}{\partial x\,\partial z},\ \frac{\partial^2\varphi}{\partial x\,\partial y} - \frac{\partial^2\varphi}{\partial y\,\partial x}\right)$$
$$= (0,\ 0,\ 0) = \boldsymbol{0}$$

となって，(6.42) が成り立つことがわかる．ただし，上の第 4 式では，関数の微分では微分の順序によらないことを使った．

[問題 10]　ベクトル場の発散の定義 (6.26) と外積の定義 (5.16a) を使って素直に計算すればよい．

$$\nabla\cdot(\boldsymbol{A}\times\boldsymbol{B}) = \frac{\partial}{\partial x}(\boldsymbol{A}\times\boldsymbol{B})_x + \frac{\partial}{\partial y}(\boldsymbol{A}\times\boldsymbol{B})_y + \frac{\partial}{\partial z}(\boldsymbol{A}\times\boldsymbol{B})_z$$

$$
\begin{aligned}
&= \frac{\partial}{\partial x}(A_y B_z - A_z B_y) + \frac{\partial}{\partial y}(A_z B_x - A_x B_z) + \frac{\partial}{\partial z}(A_x B_y - A_y B_x) \\
&= \left(\frac{\partial A_y}{\partial x} B_z + A_y \frac{\partial B_z}{\partial x} - \frac{\partial A_z}{\partial x} B_y - A_z \frac{\partial B_y}{\partial x}\right) \\
&\qquad + \left(\frac{\partial A_z}{\partial y} B_x + A_z \frac{\partial B_x}{\partial y} - \frac{\partial A_x}{\partial y} B_z - A_x \frac{\partial B_z}{\partial y}\right) \\
&\qquad + \left(\frac{\partial A_x}{\partial z} B_y + A_x \frac{\partial B_y}{\partial z} - \frac{\partial A_y}{\partial z} B_x - A_y \frac{\partial B_x}{\partial z}\right) \\
&= \left(\frac{\partial A_z}{\partial y} - \frac{\partial A_y}{\partial z}\right) B_x + \left(\frac{\partial A_x}{\partial z} - \frac{\partial A_z}{\partial x}\right) B_y + \left(\frac{\partial A_y}{\partial x} - \frac{\partial A_x}{\partial y}\right) B_z \\
&\quad - A_x \left(\frac{\partial B_z}{\partial y} - \frac{\partial B_y}{\partial z}\right) - A_y \left(\frac{\partial B_x}{\partial z} - \frac{\partial B_z}{\partial x}\right) - A_z \left(\frac{\partial B_y}{\partial x} - \frac{\partial B_x}{\partial y}\right) \\
&= (\nabla \times \boldsymbol{A}) \cdot \boldsymbol{B} - \boldsymbol{A} \cdot (\nabla \times \boldsymbol{B})
\end{aligned}
$$

［問題 11］ $\varphi\boldsymbol{A}$ はベクトルであり，例えばその x 成分は φA_x なので，ベクトル場の回転の定義(6.38)より，$\nabla \times (\varphi\boldsymbol{A})$ の x 成分は

$$
\begin{aligned}
(\nabla \times (\varphi\boldsymbol{A}))_x &= \frac{\partial}{\partial y}(\varphi A_z) - \frac{\partial}{\partial z}(\varphi A_y) \\
&= \frac{\partial \varphi}{\partial y} A_z + \varphi \frac{\partial A_z}{\partial y} - \frac{\partial \varphi}{\partial z} A_y - \varphi \frac{\partial A_y}{\partial z} \\
&= \varphi \left(\frac{\partial A_z}{\partial y} - \frac{\partial A_y}{\partial z}\right) + \left(\frac{\partial \varphi}{\partial y} A_z - \frac{\partial \varphi}{\partial z} A_y\right) \\
&= \varphi (\nabla \times \boldsymbol{A})_x + ((\nabla \varphi) \times \boldsymbol{A})_x
\end{aligned}
$$

となる．$\nabla \times (\varphi\boldsymbol{A})$ の y, z 成分も同じような形に書けるので，

$$
\nabla \times (\varphi\boldsymbol{A}) = \varphi(\nabla \times \boldsymbol{A}) + (\nabla \varphi) \times \boldsymbol{A}
$$

が成り立つことがわかる．

［問題 12］ ベクトル場の回転の定義 (6.38) より，$\nabla \times (\nabla \times \boldsymbol{A})$ の x 成分は

$$
\begin{aligned}
(\nabla \times (\nabla \times \boldsymbol{A}))_x &= \frac{\partial}{\partial y}(\nabla \times \boldsymbol{A})_z - \frac{\partial}{\partial z}(\nabla \times \boldsymbol{A})_y \\
&= \frac{\partial}{\partial y}\left(\frac{\partial A_y}{\partial x} - \frac{\partial A_x}{\partial y}\right) - \frac{\partial}{\partial z}\left(\frac{\partial A_x}{\partial z} - \frac{\partial A_z}{\partial x}\right) \\
&= \frac{\partial^2 A_y}{\partial x\, \partial y} - \frac{\partial^2 A_x}{\partial^2 y} - \frac{\partial^2 A_x}{\partial^2 z} + \frac{\partial^2 A_z}{\partial x\, \partial z} \\
&= \frac{\partial^2 A_y}{\partial x\, \partial y} - \frac{\partial^2 A_x}{\partial^2 y} - \frac{\partial^2 A_x}{\partial^2 z} + \frac{\partial^2 A_z}{\partial x\, \partial z} + \left(\frac{\partial^2 A_x}{\partial^2 x} - \frac{\partial^2 A_x}{\partial^2 x}\right) \\
&= \frac{\partial}{\partial x}\left(\frac{\partial A_x}{\partial x} + \frac{\partial A_y}{\partial y} + \frac{\partial A_z}{\partial z}\right) - \left(\frac{\partial^2 A_x}{\partial^2 x} + \frac{\partial^2 A_x}{\partial^2 y} + \frac{\partial^2 A_x}{\partial^2 z}\right) \\
&= \frac{\partial}{\partial x}(\nabla \cdot \boldsymbol{A}) - \nabla^2 A_x \\
&= (\nabla (\nabla \cdot \boldsymbol{A}) - \nabla^2 \boldsymbol{A})_x
\end{aligned}
$$

となる．$\nabla\times(\nabla\times\boldsymbol{A})$ の y, z 成分も同じような形に書けるので，

$$\nabla\times(\nabla\times\boldsymbol{A})=\nabla(\nabla\cdot\boldsymbol{A})-\nabla^2\boldsymbol{A}$$

が成り立つことがわかる．

第7章

［問題1］ 半径 a の円をCとするとき，円周 L は1をCに沿って1周する線積分をすればよい．

$$L=\int_{\mathrm{C}}dr \tag{1}$$

このとき，円周の微小区分 dr が，それを底辺として原点を頂点とする頂角 $d\varphi$ と a で，

$$dr=a\,d\varphi$$

と表されるので，これを (1) に代入する．φ は0から 2π まで変化するので，(1) は

$$L=\int_{\mathrm{C}}dr=\int_0^{2\pi}a\,d\varphi=a\int_0^{2\pi}d\varphi=2\pi a$$

となる．

［問題2］ ベクトル場 $\boldsymbol{A}(\boldsymbol{r})$ は2次元極座標表示で

$$\boldsymbol{A}(\boldsymbol{r})=\left(\frac{-y}{\sqrt{x^2+y^2}},\ \frac{x}{\sqrt{x^2+y^2}}\right)=(-\sin\varphi,\ \cos\varphi)$$

となり，線要素ベクトル $d\boldsymbol{r}$ は例題1の場合と変わらず，

$$d\boldsymbol{r}=(-a\,d\varphi\sin\varphi,\ a\,d\varphi\cos\varphi)$$

なので，内積の定義から

$$\boldsymbol{A}(\boldsymbol{r})\cdot d\boldsymbol{r}=a\,d\varphi\sin^2\varphi+a\,d\varphi\cos^2\varphi=a\,d\varphi$$

である．これより，

$$\int_{\mathrm{C}}\boldsymbol{A}(\boldsymbol{r})\cdot d\boldsymbol{r}=a\int_0^{\pi/2}d\varphi=\frac{\pi a}{2}$$

となる．

☞ 例題1と同じように計算すればよい．

［問題3］ 半径 a の球面の面積 S は

$$S=\int_{\mathrm{S}}dS \tag{1}$$

を計算すればよい．半径 a の球面の面積要素は $dS=a^2\sin\theta\,d\theta\,d\varphi$ であり，極角 θ は0から π まで，方位角 φ は0から 2π まで変化するので，(1) は

$$S=\int_{\mathrm{S}}dS=\iint a^2\sin\theta\,d\theta\,d\varphi=a^2\int_0^{\pi}\sin\theta\,d\theta\int_0^{2\pi}d\varphi=2\pi a^2\int_0^{\pi}\sin\theta\,d\theta \tag{2}$$

となる．最後の積分で $\cos\theta = \mu$ とおくと，$d\mu = -\sin\theta\, d\theta$ であり，θ の積分範囲 $0 \sim \pi$ に対して μ の積分範囲は $1 \sim -1$ なので，

$$\int_0^\pi \sin\theta\, d\theta = \int_1^{-1} (-d\mu) = \int_{-1}^1 d\mu = 2$$

である．これを (2) に代入して，

$$S = \int_S dS = 4\pi a^2$$

となる．

［問題 4］ 静電場 $\boldsymbol{E}$ の中で電荷 q に力 $\boldsymbol{f} = q\boldsymbol{E}$ がはたらくので，この力に抗して電荷を動かすには，力 $\boldsymbol{F} = -\boldsymbol{f} = -q\boldsymbol{E}$ を加えなければならない．したがって，その際にする仕事 W は，例題 3 の (2) と $\boldsymbol{E} = -\nabla\phi$ より，

$$W = \int_A^B \boldsymbol{F}\cdot d\boldsymbol{r} = -q\int_A^B \boldsymbol{E}\cdot d\boldsymbol{r} = q\int_A^B \nabla\phi\cdot d\boldsymbol{r} = q\{\phi(\mathrm{B}) - \phi(\mathrm{A})\}$$

となる．

［問題 5］ ガウスの定理 (7.21) より

$$\int_S \boldsymbol{A}(\boldsymbol{r})\cdot\boldsymbol{n}\, dS = \int_V \nabla\cdot\boldsymbol{A}(\boldsymbol{r})\, dV \tag{1}$$

が成り立つ．他方で，回転場の発散はゼロという (6.41) の公式から

$$\nabla\cdot\boldsymbol{A}(\boldsymbol{r}) = \nabla\cdot(\nabla\times\boldsymbol{B}) = 0$$

が成り立つ．これを (1) に代入して

$$\int_S \boldsymbol{A}(\boldsymbol{r})\cdot\boldsymbol{n}\, dS = 0$$

が導かれる．

［問題 6］ 例題 5 の (3) より

$$\boldsymbol{A}(\boldsymbol{r}) = \frac{1}{2}\boldsymbol{B}\times\boldsymbol{r} = \left(-\frac{1}{2}By,\ \frac{1}{2}Bx,\ 0\right)$$

であり，回転の定義 (6.38) を使うと，

$$\nabla\times\boldsymbol{A}(\boldsymbol{r}) = \left(0-0,\ 0-0,\ \frac{1}{2}B + \frac{1}{2}B\right) = (0,\ 0,\ B) = \boldsymbol{B}$$

となる．したがって，この場合の求めたい面積分は

$$\int_S \{\nabla\times\boldsymbol{A}(\boldsymbol{r})\}\cdot\boldsymbol{n}\, dS = \int_S \boldsymbol{B}\cdot\boldsymbol{n}\, dS \tag{1}$$

であって，(1) の右辺は第 7 章の例題 2 で計算済みであり，

$$\int_S \boldsymbol{B}\cdot d\boldsymbol{\sigma} = \int_S \boldsymbol{B}\cdot\boldsymbol{n}\, dS = \pi a^2 B \tag{2}$$

であることがわかっている．(2) を (1) に代入すると，確かに例題 5 の結果が得

られる．

［問題 7］ ベクトル場 $\boldsymbol{A}(\boldsymbol{r})$ が勾配の場 $\boldsymbol{A}(\boldsymbol{r}) = \nabla\varphi$ で与えられるとき，ストークスの定理 (7.25) より，

$$\oint_{\mathrm{C}} \boldsymbol{A}(\boldsymbol{r})\cdot d\boldsymbol{r} = \int_{\mathrm{S}} \{\nabla \times \boldsymbol{A}(\boldsymbol{r})\}\cdot\boldsymbol{n}\, dS = \int_{\mathrm{S}} (\nabla \times (\nabla\varphi))\cdot\boldsymbol{n}\, dS \qquad (1)$$

となる．ところが，勾配の場の回転が恒等的にゼロであるという公式 (6.42) より，(1) の最右辺の被積分関数がゼロとなり，

$$\oint_{\mathrm{C}} \boldsymbol{A}(\boldsymbol{r})\cdot d\boldsymbol{r} = 0$$

が成り立つことになる．

第 8 章

［問題 1］

$$A + B = \begin{pmatrix} 2 & 8 \\ 5 & 9 \\ 8 & 10 \end{pmatrix}, \qquad A - B = \begin{pmatrix} 0 & -4 \\ 1 & -1 \\ 2 & 2 \end{pmatrix}$$

また，

$$2A = \begin{pmatrix} 2 & 4 \\ 6 & 8 \\ 10 & 12 \end{pmatrix}, \qquad 3B = \begin{pmatrix} 3 & 18 \\ 6 & 15 \\ 9 & 12 \end{pmatrix}$$

なので，

$$2A + 3B = \begin{pmatrix} 5 & 22 \\ 12 & 23 \\ 19 & 24 \end{pmatrix}$$

となる．

☞ 本文の説明に従い，対応する成分で演算すればよい．

［問題 2］

$$AB = \begin{pmatrix} 1 & 2 & 3 \\ 4 & 5 & 6 \end{pmatrix}\begin{pmatrix} 3 & 6 \\ 2 & 5 \\ 1 & 4 \end{pmatrix} = \begin{pmatrix} 10 & 28 \\ 28 & 73 \end{pmatrix}$$

となって，2 行 2 列の行列が得られる．

☞ 本文の例と同じように計算すればよい．

［問題 3］ 積 AB と BA を計算し，比較すると

$$AB = \begin{pmatrix} 2 & -1 \\ 3 & 5 \end{pmatrix}\begin{pmatrix} 1 & 2 \\ 4 & -2 \end{pmatrix} = \begin{pmatrix} -2 & 6 \\ 23 & -4 \end{pmatrix}, \quad BA = \begin{pmatrix} 1 & 2 \\ 4 & -2 \end{pmatrix}\begin{pmatrix} 2 & -1 \\ 3 & 5 \end{pmatrix} = \begin{pmatrix} 8 & 9 \\ 2 & -14 \end{pmatrix}$$

となって，$AB \neq BA$ であり，交換則は成り立たず可換ではない．

［問題 4］ (8.8) の両辺を別々に計算して比較すると

$$AB = \begin{pmatrix} 1 & 2 & 3 \\ 4 & 5 & 6 \end{pmatrix}\begin{pmatrix} 2 & -1 \\ -2 & 3 \\ 1 & 4 \end{pmatrix} = \begin{pmatrix} 1 & 17 \\ 4 & 35 \end{pmatrix}, \qquad \therefore \quad (AB)^{\mathrm{t}} = \begin{pmatrix} 1 & 4 \\ 17 & 35 \end{pmatrix} \quad (1)$$

他方，

$$A^{\mathrm{t}} = \begin{pmatrix} 1 & 4 \\ 2 & 5 \\ 3 & 6 \end{pmatrix}, \qquad B^{\mathrm{t}} = \begin{pmatrix} 2 & -2 & 1 \\ -1 & 3 & 4 \end{pmatrix}$$

なので，積 $B^{\mathrm{t}} A^{\mathrm{t}}$ は

$$B^{\mathrm{t}} A^{\mathrm{t}} = \begin{pmatrix} 2 & -2 & 1 \\ -1 & 3 & 4 \end{pmatrix}\begin{pmatrix} 1 & 4 \\ 2 & 5 \\ 3 & 6 \end{pmatrix} = \begin{pmatrix} 1 & 4 \\ 17 & 35 \end{pmatrix} \quad (2)$$

となって，(1) と (2) は等しく，この場合，確かに $(AB)^{\mathrm{t}} = B^{\mathrm{t}} A^{\mathrm{t}}$ が成り立つ．

［問題 5］

$$AI = \begin{pmatrix} 1 & 2 & -3 \\ 6 & 5 & 4 \\ 7 & -8 & 9 \end{pmatrix}\begin{pmatrix} 1 & 0 & 0 \\ 0 & 1 & 0 \\ 0 & 0 & 1 \end{pmatrix} = \begin{pmatrix} 1 & 2 & -3 \\ 6 & 5 & 4 \\ 7 & -8 & 9 \end{pmatrix} = A$$

$$IA = \begin{pmatrix} 1 & 0 & 0 \\ 0 & 1 & 0 \\ 0 & 0 & 1 \end{pmatrix}\begin{pmatrix} 1 & 2 & -3 \\ 6 & 5 & 4 \\ 7 & -8 & 9 \end{pmatrix} = \begin{pmatrix} 1 & 2 & -3 \\ 6 & 5 & 4 \\ 7 & -8 & 9 \end{pmatrix} = A$$

が容易に確かめられる．

☞ 行列の積の規則に従って計算してみればよい．

［問題 6］ 小行列式 M_{ij} は

$$\begin{cases} M_{11} = \begin{vmatrix} 2 & 5 \\ 3 & 6 \end{vmatrix}, & M_{12} = \begin{vmatrix} 3 & 5 \\ 4 & 6 \end{vmatrix}, & M_{13} = \begin{vmatrix} 3 & 2 \\ 4 & 3 \end{vmatrix} \\ M_{21} = \begin{vmatrix} 1 & 3 \\ 3 & 6 \end{vmatrix}, & M_{22} = \begin{vmatrix} 2 & 3 \\ 4 & 6 \end{vmatrix}, & M_{23} = \begin{vmatrix} 2 & 1 \\ 4 & 3 \end{vmatrix} \\ M_{31} = \begin{vmatrix} 1 & 3 \\ 2 & 5 \end{vmatrix}, & M_{32} = \begin{vmatrix} 2 & 3 \\ 3 & 5 \end{vmatrix}, & M_{33} = \begin{vmatrix} 2 & 1 \\ 3 & 2 \end{vmatrix} \end{cases}$$

であり，これらに対する余因子 A_{ij} は

$$\begin{cases} A_{11} = \begin{vmatrix} 2 & 5 \\ 3 & 6 \end{vmatrix}, & A_{12} = -\begin{vmatrix} 3 & 5 \\ 4 & 6 \end{vmatrix}, & A_{13} = \begin{vmatrix} 3 & 2 \\ 4 & 3 \end{vmatrix} \\ A_{21} = -\begin{vmatrix} 1 & 3 \\ 3 & 6 \end{vmatrix}, & A_{22} = \begin{vmatrix} 2 & 3 \\ 4 & 6 \end{vmatrix}, & A_{23} = -\begin{vmatrix} 2 & 1 \\ 4 & 3 \end{vmatrix} \\ A_{31} = \begin{vmatrix} 1 & 3 \\ 2 & 5 \end{vmatrix}, & A_{32} = -\begin{vmatrix} 2 & 3 \\ 3 & 5 \end{vmatrix}, & A_{33} = \begin{vmatrix} 2 & 1 \\ 3 & 2 \end{vmatrix} \end{cases}$$

となる.

☞ 例題2に従って小行列式と余因子を書き下せばよい.

[問題7] 行列式の展開式 (8.21) を2次の行列式の1列目の要素に適用すると,

$$\begin{vmatrix} a_{11} & a_{12} \\ a_{21} & a_{22} \end{vmatrix} = a_{11} A_{11} + a_{21} A_{21} \tag{1}$$

と展開される. この場合の余因子は, (8.14) ~ (8.16) を使って,

$$A_{11} = (-1)^{1+1} M_{11} = |a_{22}| = a_{22}, \qquad A_{21} = (-1)^{2+1} M_{21} = -|a_{12}| = -a_{12}$$

となる. これを (1) に代入すると,

$$\begin{vmatrix} a_{11} & a_{12} \\ a_{21} & a_{22} \end{vmatrix} = a_{11} a_{22} - a_{12} a_{21}$$

が得られ, (8.24) と一致することがわかる.

[問題8]

(1) $\begin{vmatrix} 2 & 1 \\ 4 & 3 \end{vmatrix} = 2 \cdot 3 - 1 \cdot 4 = 6 - 4 = 2$ (2) $\begin{vmatrix} 2 & -3 \\ 1 & 5 \end{vmatrix} = 13$

(3) $\begin{vmatrix} -2 & 7 \\ 0 & 5 \end{vmatrix} = -10$

☞ (8.24) に従って計算すればよい.

[問題9]

$$\begin{cases} M_{11} = \begin{vmatrix} 2 & 5 \\ 3 & 6 \end{vmatrix} = -3, \quad M_{12} = \begin{vmatrix} 3 & 5 \\ 4 & 6 \end{vmatrix} = -2, \quad M_{13} = \begin{vmatrix} 3 & 2 \\ 4 & 3 \end{vmatrix} = 1 \\ M_{21} = \begin{vmatrix} 1 & 3 \\ 3 & 6 \end{vmatrix} = -3, \quad M_{22} = \begin{vmatrix} 2 & 3 \\ 4 & 6 \end{vmatrix} = 0, \quad M_{23} = \begin{vmatrix} 2 & 1 \\ 4 & 3 \end{vmatrix} = 2 \\ M_{31} = \begin{vmatrix} 1 & 3 \\ 2 & 5 \end{vmatrix} = -1, \quad M_{32} = \begin{vmatrix} 2 & 3 \\ 3 & 5 \end{vmatrix} = 1, \quad M_{33} = \begin{vmatrix} 2 & 1 \\ 3 & 2 \end{vmatrix} = 1 \end{cases}$$

$$\begin{cases} A_{11} = -3, \quad A_{12} = 2, \quad A_{13} = 1 \\ A_{21} = 3, \quad A_{22} = 0, \quad A_{23} = -2 \\ A_{31} = -1, \quad A_{32} = -1, \quad A_{33} = 1 \end{cases}$$

☞ (8.24) に従って計算すればよい.

[問題10] 3次の行列式 $|A|$ を第2行目の要素で展開すると, (8.20) より

$$|A| = a_{21} A_{21} + a_{22} A_{22} + a_{23} A_{23}$$

これに3次の行列式の余因子 (8.19) を代入し, 2次の行列式の計算公式 (8.24) を使うと,

$$\begin{aligned} |A| &= -a_{21} \begin{vmatrix} a_{12} & a_{13} \\ a_{32} & a_{33} \end{vmatrix} + a_{22} \begin{vmatrix} a_{11} & a_{13} \\ a_{31} & a_{33} \end{vmatrix} - a_{23} \begin{vmatrix} a_{11} & a_{12} \\ a_{31} & a_{32} \end{vmatrix} \\ &= -a_{21}(a_{12} a_{33} - a_{13} a_{32}) + a_{22}(a_{11} a_{33} - a_{13} a_{31}) - a_{23}(a_{11} a_{32} - a_{12} a_{31}) \\ &= a_{11} a_{22} a_{33} + a_{12} a_{23} a_{31} + a_{13} a_{32} a_{21} - a_{13} a_{22} a_{31} - a_{11} a_{32} a_{23} - a_{12} a_{21} a_{33} \end{aligned}$$

これは (8.25) と等しい.

[問題 11] 3 次の行列式 $|A|$ を第 1 列目の要素で展開すると, (8.21) より

$$|A| = a_{11}A_{11} + a_{21}A_{21} + a_{31}A_{31}$$

これに 3 次の行列式の余因子 (8.19) を代入し, 2 次の行列式の計算公式 (8.24) を使うと,

$$\begin{aligned} |A| &= a_{11}\begin{vmatrix} a_{22} & a_{23} \\ a_{32} & a_{33} \end{vmatrix} - a_{21}\begin{vmatrix} a_{12} & a_{13} \\ a_{32} & a_{33} \end{vmatrix} + a_{31}\begin{vmatrix} a_{12} & a_{13} \\ a_{22} & a_{23} \end{vmatrix} \\ &= a_{11}(a_{22}a_{33} - a_{23}a_{32}) - a_{21}(a_{12}a_{33} - a_{13}a_{32}) + a_{31}(a_{12}a_{23} - a_{13}a_{22}) \\ &= a_{11}a_{22}a_{33} + a_{12}a_{23}a_{31} + a_{13}a_{32}a_{21} - a_{13}a_{22}a_{31} - a_{11}a_{32}a_{23} - a_{12}a_{21}a_{33} \end{aligned}$$

これも前問と同様, (8.25) と等しい.

[問題 12]

(1)
$$\begin{aligned} \begin{vmatrix} 2 & 1 & 3 \\ 3 & 2 & 5 \\ 4 & 3 & 6 \end{vmatrix} &= 2\cdot2\cdot6 + 4\cdot1\cdot5 + 3\cdot3\cdot3 - 3\cdot2\cdot4 - 6\cdot1\cdot3 - 3\cdot5\cdot2 \\ &= 24 + 20 + 27 - 24 - 18 - 30 = -1 \end{aligned}$$

(2)
$$\begin{aligned} &\begin{vmatrix} 2 & 0 & 3 \\ 3 & -1 & 5 \\ 2 & 3 & 6 \end{vmatrix} \\ &= 2\cdot(-1)\cdot6 + 2\cdot0\cdot5 + 3\cdot3\cdot3 - 3\cdot(-1)\cdot2 - 6\cdot0\cdot3 - 3\cdot5\cdot2 \\ &= -12 + 0 + 27 + 6 - 0 - 30 = -9 \end{aligned}$$

(3)
$$\begin{aligned} &\begin{vmatrix} 4 & 2 & -2 \\ 0 & -3 & 0 \\ 1 & 0 & -1 \end{vmatrix} \\ &= 4\cdot(-3)\cdot(-1) + 1\cdot2\cdot0 + 0\cdot0\cdot(-2) - (-2)\cdot(-3)\cdot1 \\ &\qquad - (-1)\cdot2\cdot0 - 0\cdot0\cdot4 \\ &= 12 + 0 + 0 - 6 - 0 - 0 = 6 \end{aligned}$$

☞ (8.25) を使って忠実に計算してもよいが, 図 8.1 (b) に従って計算すると, 覚えやすい.

[問題 13] 3 次の行列式 (8.25) で, 第 1 行と第 2 行を交換すると,

$$\begin{aligned} &\begin{vmatrix} a_{21} & a_{22} & a_{23} \\ a_{11} & a_{12} & a_{13} \\ a_{31} & a_{32} & a_{33} \end{vmatrix} \\ &= a_{21}a_{12}a_{33} + a_{31}a_{22}a_{13} + a_{32}a_{11}a_{23} - a_{23}a_{12}a_{31} - a_{33}a_{22}a_{11} - a_{32}a_{13}a_{21} \\ &= -(a_{11}a_{22}a_{33} + a_{12}a_{23}a_{31} + a_{32}a_{21}a_{13} - a_{13}a_{22}a_{31} - a_{33}a_{12}a_{21} - a_{32}a_{23}a_{11}) \end{aligned}$$

$$= -\begin{vmatrix} a_{11} & a_{12} & a_{13} \\ a_{21} & a_{22} & a_{23} \\ a_{31} & a_{32} & a_{33} \end{vmatrix}$$

となって，確かに符号が反転する．

[問題 14]　3 次の行列式 (8.25) で，第 2 列と第 3 列を交換すると，

$$\begin{vmatrix} a_{11} & a_{13} & a_{12} \\ a_{21} & a_{23} & a_{22} \\ a_{31} & a_{33} & a_{32} \end{vmatrix}$$

$$= a_{11}a_{23}a_{32} + a_{31}a_{13}a_{22} + a_{33}a_{21}a_{12} - a_{12}a_{23}a_{31} - a_{32}a_{13}a_{21} - a_{33}a_{22}a_{11}$$

$$= -(a_{11}a_{22}a_{33} + a_{12}a_{23}a_{31} + a_{32}a_{21}a_{13} - a_{13}a_{22}a_{31} - a_{33}a_{12}a_{21} - a_{32}a_{23}a_{11})$$

$$= -\begin{vmatrix} a_{11} & a_{12} & a_{13} \\ a_{21} & a_{22} & a_{23} \\ a_{31} & a_{32} & a_{33} \end{vmatrix}$$

となって，この場合も確かに符号が反転する．

[問題 15]　n 次の行列式 (8.13) を行列式 $|A|$ とする．$|A|$ の i 行目の要素をすべて c 倍して，それを k 行目のそれぞれ対応する要素に加えてできる行列式を $|B|$ とすると，$|B|$ の k 行目の要素は，順に

$$a_{k1} + ca_{i1}, \quad a_{k2} + ca_{i2}, \quad \cdots, \quad a_{kn} + ca_{in}$$

となる．行列式 $|B|$ の他の行は行列式 $|A|$ と全く変わらない．したがって，$|B|$ は行列式の性質 (5) によって，$|A|$ と $|A|$ で k 行目を i 行目の要素をすべて c 倍したもので置き換えた行列式 $|C|$ の和

$$|B| = |A| + |C| \tag{1}$$

である．

ところが，$|C|$ は行列式の性質 (4) によって，i 行目と k 行目が等しい行列式の c 倍に他ならず，i 行目と k 行目が等しい行列式は行列式の性質 (7) によってゼロであり，$|C| = 0$ となる．これを (1) に代入すれば，

$$|B| = |A|$$

が得られる．すなわち，行列式のある行の要素をすべて c 倍して，それを別の行のそれぞれの要素に加えても，行列式の値が変わらないことがわかる．

[問題 16]

$$AB = \begin{pmatrix} a_{11} & a_{12} \\ a_{21} & a_{22} \end{pmatrix}\begin{pmatrix} b_{11} & b_{12} \\ b_{21} & b_{22} \end{pmatrix} = \begin{pmatrix} a_{11}b_{11} + a_{12}b_{21} & a_{11}b_{12} + a_{12}b_{22} \\ a_{21}b_{11} + a_{22}b_{21} & a_{21}b_{12} + a_{22}b_{22} \end{pmatrix}$$

だから，

$$|AB| = \begin{vmatrix} a_{11}b_{11} + a_{12}b_{21} & a_{11}b_{12} + a_{12}b_{22} \\ a_{21}b_{11} + a_{22}b_{21} & a_{21}b_{12} + a_{22}b_{22} \end{vmatrix}$$

$$= (a_{11}b_{11} + a_{12}b_{21})(a_{21}b_{12} + a_{22}b_{22}) - (a_{11}b_{12} + a_{12}b_{22})(a_{21}b_{11} + a_{22}b_{21})$$
$$= (a_{11}b_{11}a_{21}b_{12} + a_{11}b_{11}a_{22}b_{22} + a_{12}b_{21}a_{21}b_{12} + a_{12}b_{21}a_{22}b_{22})$$
$$- (a_{11}b_{12}a_{21}b_{11} + a_{11}b_{12}a_{22}b_{21} + a_{12}b_{22}a_{21}b_{11} + a_{12}b_{22}a_{22}b_{21})$$
$$= a_{11}a_{22}(b_{11}b_{22} - b_{12}b_{21}) + a_{12}a_{21}(b_{21}b_{12} - b_{22}b_{11})$$
$$= (a_{11}a_{22} - a_{12}a_{21})(b_{11}b_{22} - b_{12}b_{21}) = |A||B|$$

となって，確かに (8.26) が成り立つ.

☞ (8.26) の左辺と右辺を別々に計算して確かめればよい.

[問題 17]

$$AB = \begin{pmatrix} 2 & 1 & 3 \\ 3 & 2 & 5 \\ 4 & 3 & 6 \end{pmatrix}\begin{pmatrix} 4 & 2 & -2 \\ 0 & -3 & 0 \\ 1 & 0 & -1 \end{pmatrix} = \begin{pmatrix} 11 & 1 & -7 \\ 17 & 0 & -11 \\ 22 & -1 & -14 \end{pmatrix}$$

だから，

$$|AB| = \begin{vmatrix} 11 & 1 & -7 \\ 17 & 0 & -11 \\ 22 & -1 & -14 \end{vmatrix}$$
$$= 11\cdot 0\cdot(-14) + 22\cdot 1\cdot(-11) + (-1)\cdot 17\cdot(-7) - (-7)\cdot 0\cdot 22$$
$$- (-14)\cdot 1\cdot 17 - (-1)\cdot(-11)\cdot 11$$
$$= -242 + 119 + 238 - 121 = -6 \qquad (1)$$

他方，

$$|A| = \begin{vmatrix} 2 & 1 & 3 \\ 3 & 2 & 5 \\ 4 & 3 & 6 \end{vmatrix} = 2\cdot 2\cdot 6 + 4\cdot 1\cdot 5 + 3\cdot 3\cdot 3 - 3\cdot 2\cdot 4 - 6\cdot 1\cdot 3 - 3\cdot 5\cdot 2$$
$$= 24 + 20 + 27 - 24 - 18 - 30 = -1$$

$$|B| = \begin{vmatrix} 4 & 2 & -2 \\ 0 & -3 & 0 \\ 1 & 0 & -1 \end{vmatrix}$$
$$= 4\cdot(-3)\cdot(-1) + 1\cdot 2\cdot 0 + 0\cdot 0\cdot(-2) - (-2)\cdot(-3)\cdot 1$$
$$- (-1)\cdot 2\cdot 0 - 0\cdot 0\cdot 4$$
$$= 12 - 6 = 6$$

なので，

$$|A||B| = (-1)\cdot 6 = -6 \qquad (2)$$

(1) と (2) より，この場合，確かに $|AB| = |A||B|$ が成り立っている.

☞ 3 行 3 列の行列について，前問と同様の計算をすればよい.

[問題 18] 行列 $A = \begin{pmatrix} 2 & 1 \\ 4 & 3 \end{pmatrix}$ の行列式は $|A| = \begin{vmatrix} 2 & 1 \\ 4 & 3 \end{vmatrix} = 2$ なので，逆行列 A^{-1} は (8.28) より

$$A^{-1}=\frac{1}{2}\begin{pmatrix}3 & -1\\ -4 & 2\end{pmatrix}=\begin{pmatrix}3/2 & -1/2\\ -2 & 1\end{pmatrix}$$

となる．

この結果を使うと，

$$AA^{-1}=\begin{pmatrix}2 & 1\\ 4 & 3\end{pmatrix}\begin{pmatrix}3/2 & -1/2\\ -2 & 1\end{pmatrix}=\begin{pmatrix}1 & 0\\ 0 & 1\end{pmatrix}=I$$

$$A^{-1}A=\begin{pmatrix}3/2 & -1/2\\ -2 & 1\end{pmatrix}\begin{pmatrix}2 & 1\\ 4 & 3\end{pmatrix}=\begin{pmatrix}1 & 0\\ 0 & 1\end{pmatrix}=I$$

が得られ，(8.27)が成り立つことがわかる．

［問題 19］ 例題 4 の (1) をそのまま使うと，

$$A^{-1}A=\begin{pmatrix}x_{11} & x_{12}\\ x_{21} & x_{22}\end{pmatrix}\begin{pmatrix}a_{11} & a_{12}\\ a_{21} & a_{22}\end{pmatrix}=\begin{pmatrix}x_{11}a_{11}+x_{12}a_{21} & x_{11}a_{12}+x_{12}a_{22}\\ x_{21}a_{11}+x_{22}a_{21} & x_{21}a_{12}+x_{22}a_{22}\end{pmatrix}$$

これが 2 行 2 列の単位行列 $I=\begin{pmatrix}1 & 0\\ 0 & 1\end{pmatrix}$ に等しいことから，

$$\begin{cases}a_{11}x_{11}+a_{21}x_{12}=1 & (1)\\ a_{12}x_{11}+a_{22}x_{12}=0 & (2)\\ a_{11}x_{21}+a_{21}x_{22}=0 & (3)\\ a_{12}x_{21}+a_{22}x_{22}=1 & (4)\end{cases}$$

が成り立つ．(2) より $x_{12}=-(a_{12}/a_{22})x_{11}$ であり，これを (1) に代入すると

$$\left(a_{11}-\frac{a_{12}a_{21}}{a_{22}}\right)x_{11}=1, \qquad \therefore \quad x_{11}=\frac{a_{22}}{a_{11}a_{22}-a_{12}a_{21}}=\frac{a_{22}}{|A|} \tag{5}$$

が得られる．(5) から

$$x_{12}=-\frac{a_{12}}{|A|} \tag{6}$$

も直ちに得られる．

同様にして，(3) より $x_{21}=-(a_{21}/a_{11})x_{22}$ であり，これを (4) に代入して

$$x_{22}=\frac{a_{11}}{a_{11}a_{22}-a_{12}a_{21}}=\frac{a_{11}}{|A|} \tag{7}$$

$$x_{21}=-\frac{a_{21}}{|A|} \tag{8}$$

が得られる．

(5) ～ (8) は例題 4 の場合と一致し，確かに $A^{-1}A=I$ からも同じ結果が得られる．

［問題 20］ この場合の係数行列は $A=\begin{pmatrix}2 & -3\\ 1 & 4\end{pmatrix}$ であり，対応する行列式は

$$|A|=\begin{vmatrix}2 & -3\\ 1 & 4\end{vmatrix}=2\cdot 4-(-3)\cdot 1=11 \tag{1}$$

このときの行列式 $|A|$ の列を定数項で置き換えた行列式 $|B_1|$，$|B_2|$ は

$$|B_1| = \begin{vmatrix} 2 & -3 \\ 12 & 4 \end{vmatrix} = 8 + 36 = 44, \quad |B_2| = \begin{vmatrix} 2 & 2 \\ 1 & 12 \end{vmatrix} = 24 - 2 = 22 \quad (2)$$

(1) と (2) を (8.49) の $n = 2$ の場合に代入して，

$$x_1 = \frac{|B_1|}{|A|} = \frac{44}{11} = 4, \qquad x_2 = \frac{|B_2|}{|A|} = \frac{22}{11} = 2$$

となる．これが解であることを，元の連立方程式に代入して確かめてみよ．

☞　例題5と同じように計算すればよい．

［問題 21］　この行列の固有値 λ を求めるための特性方程式は (8.57) より，

$$\begin{vmatrix} -2-\lambda & 6 \\ 1 & 3-\lambda \end{vmatrix} = (-2-\lambda)(3-\lambda) - 6 = \lambda^2 - \lambda - 12 = (\lambda - 4)(\lambda + 3) = 0$$

となって，固有値として

$$\lambda_1 = 4, \qquad \lambda_2 = -3$$

の2つが得られる．

このときの固有値方程式は，(8.56) で $A = \begin{pmatrix} -2 & 6 \\ 1 & 3 \end{pmatrix}$ とおいて具体的に書き下すと，固有値を λ として，

$$\begin{cases} (-2-\lambda)x_1 + 6x_2 = 0 \\ x_1 + (3-\lambda)x_2 = 0 \end{cases} \quad (1)$$

である．

ここで，固有値として $\lambda = \lambda_1 = 4$ をとると，(1) は

$$\begin{cases} -6x_1 + 6x_2 = 0 \\ x_1 - x_2 = 0 \end{cases}$$

となり，2式は共に $x_1 = x_2$ を与え，不定である．そこで，1つ目の固有ベクトルを X_1 とすれば，最も簡単な形として，

$$X_1 = \begin{pmatrix} x_1 \\ x_2 \end{pmatrix} = \begin{pmatrix} 1 \\ 1 \end{pmatrix}$$

となる．

同様にして，固有値として $\lambda = \lambda_2 = -3$ とすると，(1) は

$$\begin{cases} x_1 + 6x_2 = 0 \\ x_1 + 6x_2 = 0 \end{cases}$$

となり，方程式はやはり不定であって，$x_1 = -6x_2$ という関係式が得られる．したがって，2つ目の固有ベクトルを X_2 とすれば，最も簡単な形として，

$$X_1 = \begin{pmatrix} x_1 \\ x_2 \end{pmatrix} = \begin{pmatrix} -6 \\ 1 \end{pmatrix}$$

となる．

☞　例題6と同じように計算すればよい．

索　　引

著者略歴

松下　貢（まつした　みつぐ）

1943年 富山県出身．東京大学工学部物理工学科卒，同大学院理学系物理学博士課程修了．日本電子（株）開発部，東北大学電気通信研究所助手，中央大学理工学部助教授，教授を経て，現在，同大学名誉教授．理学博士．

主な著訳書：「裳華房テキストシリーズ－物理学　物理数学（増補修訂版）」，「裳華房フィジックスライブラリー　フラクタルの物理（Ⅰ）・（Ⅱ）」，「物理学講義　力学」，「物理学講義　電磁気学」，「物理学講義　熱力学」，「物理学講義　量子力学入門」，「物理学講義　統計力学入門」（以上，裳華房），「医学・生物学におけるフラクタル」（編著，朝倉書店），「カオス力学入門」（ベイカー・ゴラブ著，啓学出版），「フラクタルな世界」（ブリッグズ著，監訳，丸善），「生物にみられるパターンとその起源」（編著，東京大学出版会），「英語で楽しむ寺田寅彦」（共著，岩波科学ライブラリー203），「キリンの斑論争と寺田寅彦」（編著，岩波科学ライブラリー220），他．

力学・電磁気学・熱力学のための 基礎数学

2016年 7月15日　第1版1刷発行
2025年 2月15日　第1版2刷発行

検印省略

定価はカバーに表示してあります．

著作者	松下　貢
発行者	吉野和浩
発行所	東京都千代田区四番町8-1 電話　03-3262-9166（代） 郵便番号　102-0081 株式会社 裳華房
印刷製本	株式会社 デジタルパブリッシングサービス

一般社団法人
自然科学書協会会員

ISBN 978-4-7853-2250-2